智能系统与技术丛书

Reinforcement Learning
Theory and Python Implementation

强化学习

原理与Python实现

肖智清 著

机械工业出版社
China Machine Press

图书在版编目（CIP）数据

强化学习：原理与 Python 实现 / 肖智清著 . —北京：机械工业出版社，2019.8（2021.10 重印）
（智能系统与技术丛书）

ISBN 978-7-111-63177-4

I. 强… II. 肖… III. 软件工具 - 程序设计 IV. TP311.561

中国版本图书馆 CIP 数据核字（2019）第 138489 号

强化学习：原理与 Python 实现

出版发行：机械工业出版社（北京市西城区百万庄大街 22 号 邮政编码：100037）

责任编辑：高婧雅	责任校对：殷 虹
印 刷：北京建宏印刷有限公司	版 次：2021 年 10 月第 1 版第 7 次印刷
开 本：186mm×240mm 1/16	印 张：15.5
书 号：ISBN 978-7-111-63177-4	定 价：89.00 元

凡购本书，如有缺页、倒页、脱页，由本社发行部调换
客服热线：（010）88379426 88361066 投稿热线：（010）88379604
购书热线：（010）68326294 读者信箱：hzjsj@hzbook.com

PREFACE

前　言

强化学习正在改变人类社会的方方面面：基于强化学习的游戏AI已经在围棋、星际争霸等游戏上战胜人类顶尖选手，基于强化学习的控制算法已经运用于机器人、无人机等设备，基于强化学习的交易算法已经部署在金融平台上并取得超额收益。由于同一套强化学习代码在使用同一套参数的情况下能解决多个看起来毫无关联的问题，所以强化学习常被认为是迈向通用人工智能的重要途径。在此诚邀相关专业人士研究强化学习，以立于人工智能的时代之巅。

内容梗概

本书介绍强化学习理论及其Python实现，全书分为三个部分。

- 第1章：介绍强化学习的基础知识与环境库Gym的使用，并给出一个完整的编程实例。
- 第2～9章：介绍强化学习的理论和算法。采用严谨的数学语言，推导强化学习的基本理论，进而在理论的基础上讲解算法，并为算法提供配套的Python实现。算法的讲解和Python实现逐一对应，覆盖了所有主流的强化学习算法。
- 第10～12章：介绍多个综合案例，包括电动游戏、棋盘游戏和自动驾驶。环境部分涵盖Gym库的完整安装和自定义扩展，也包括Gym库以外的环境。算法部分涵盖了《自然》《科学》等权威期刊发表的多个深度强化学习明星算法。

本书特色

本书完整地介绍了主流的强化学习理论。

- 全书采用完整的数学体系，各章内容循序渐进，严谨地讲授强化学习的理论基础，主要定理均给出证明过程。基于理论讲解强化学习算法，覆盖了所有主流强化学习算法，包括资格迹等经典算法和深度确定性梯度策略等深度强化学习算法。
- 全书采用一致的数学符号，并且与权威强化学习教程（如R. Sutton等的《Reinforcement Learning: An Introduction（第2版）》和D. Silver的视频课程）完美兼容。

本书各章均提供 Python 代码，实战性强。

- 全书代码统一规范，基于最新的 Python 3.8（兼容 Python 3.9）、Gym 0.18 和 TensorFlow 2.4（兼容 TensorFlow 1）实现强化学习算法。所有代码在 Windows、macOS 和 Linux 三大操作系统上均可运行，书中给出了环境的安装和配置方法。
- 涉及环境全面。第 1 ～ 9 章提供算法的配套实现，强化学习环境只依赖于 Gym 的最小安装，使理论学习免受环境安装困扰；第 10 ～ 12 章的综合案例既涵盖 Gym 库的完整安装和自定义扩展，还包括 Gym 库以外的环境，让读者体验更加复杂的强化学习任务。
- 全书实现对硬件配置要求低。第 1 ～ 9 章代码在没有 GPU 的计算机上也可运行；第 10 ～ 12 章代码在配置普通 GPU 的计算机上即可运行。

代码下载和技术支持

本书代码下载地址为：http://github.com/zhiqingxiao/rl-book。笔者会不定期更新代码，以适应软件版本的升级。

在此推荐你加入本书学习交流 QQ 群：935702193。如果有任何意见、建议或经过网络搜索仍不能解决的问题，可以在 QQ 群里提问。笔者的邮箱是：xzq.xiaozhiqing@gmail.com。

致谢

在此感谢为本书出版做出贡献的所有工作人员。其中，机械工业出版社的高婧雅女士是本书的责任编辑，她对本书的写作提出了很多建设性意见。同时，还要感谢机械工业出版社的郭懿蒙、常晓敏、李杨、闫南等编辑为提升本书质量所做的大量工作，与他们合作是一个愉快的过程。本书还采纳了以下专家提出的宝贵意见：童峥岩、赵永进、黄永杰、李伟、马云龙、黄俊峰、李岳铸、李柯、龙涛、陈庆虎等。我要特别感谢我的父亲肖林进和母亲许丽平，他们也参与了本书的编写。同时，还要感谢我的上级、同事和其他亲友，他们在本书写作期间给予我极大的支持。

感谢你选择本书。祝你学习快乐！

CONTENTS

目录

CHAPTER 1

第1章 初识强化学习

强化学习（Reinforcement Learning，简称 RL，又译为“增强学习”）这一名词来源于行为心理学，表示生物为了趋利避害而更频繁实施对自己有利的策略。例如，我每天工作中会根据策略决定做出各种动作。如果我的某种决定使我升职加薪，或者使我免遭处罚，那么我在以后的工作中会更多采用这样的策略。据此，心理学家 Ivan Pavlov 在 1927 年发表的专著中用“强化”(reinforcement) 这一名词来描述特定刺激使生物更趋向于采用某些策略的现象。强化行为的刺激可以称为“强化物”(reinforcer)。因为强化物导致策略的改变称为“强化学习”。

心理学家 Jack Michael 于 1975 年发表文章《Positive and negative reinforcement, a distinction that is no longer necessary》，说明了强化包括正强化（positive reinforcement）和负强化（negative reinforcement)，其中正强化使得生物趋向于获得更多利益，负强化使得生物趋向于避免损害。在前面例子中，升职加薪就是正强化，免遭处罚就是负强化。正强化和负强化都能够起到强化的效果。

人工智能（Artificial Intelligence，AI）领域中有许多类似的趋利避害的问题。例如，著名的围棋 AI 程序 AlphaGo 可以根据不同的围棋局势下不同的棋。如果它下得好，它就会赢；如果下得不好，它就会输。它根据下棋的经验不断改进自己的棋艺，这就和行为心理学中的情况如出一辙。所以，人工智能借用了行为心理学的这一概念，把与环境交互中趋利避害的学习过程称为强化学习。

本章介绍人工智能领域中强化学习的基础知识，阐述强化学习的学习方法，并给出强化学习中智能体和环境交互的编程实例。

1.1 强化学习及其关键元素

在人工智能领域中，强化学习是一类特定的机器学习问题。在一个强化学习系统中，决策者可以观察环境，并根据观测做出行动。在行动之后，能够获得奖励。强化学习通过与环境的交互来学习如何最大化奖励。例如，一个走迷宫的机器人在迷宫里游荡（见

图 1-1）。机器人观察周围的环境，并且根据观测来决定如何移动。错误的移动会让机器人浪费宝贵的时间和能量，正确的移动会让机器人成功走出迷宫。在这个例子中，机器人的移动就是它根据观测而采取的行动，浪费的时间能量和走出迷宫的成功就是给机器人的奖励（时间能量的浪费可以看作负奖励）。

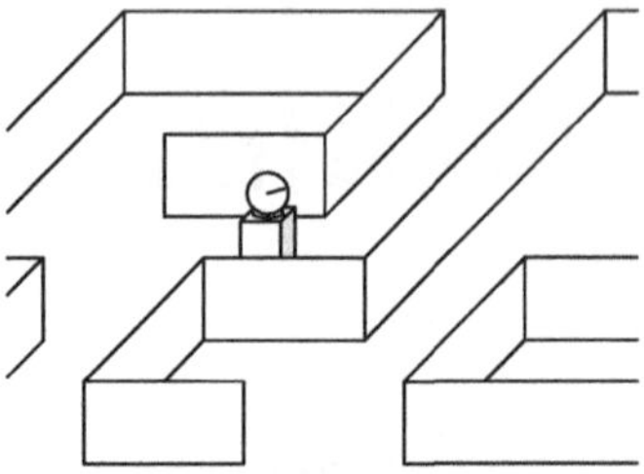

图 1-1　机器人走迷宫

强化学习的最大特点是在学习过程中没有正确答案，而是通过奖励信号来学习。在机器人走迷宫的例子中，机器人不会知道每次移动是否正确，只能通过花费的时间能量以及是否走出迷宫来判断移动的合理性。

一个强化学习系统中有两个关键元素：奖励和策略。

- **奖励**（reward）：奖励是强化学习系统的学习目标。学习者在行动后会接收到环境发来的奖励，而强化学习的目标就是要最大化在长时间里的总奖励。在机器人走迷宫的例子中，机器人花费的时间和能量就是负奖励，机器人走出迷宫就可以得到正奖励。
- **策略**（policy）：决策者会根据不同的观测决定采用不同的动作，这种从观测到动作的关系称为策略。强化学习的学习对象就是策略。强化学习通过改进策略以期最大化总奖励。策略可以是确定性的，也可以不是确定性的。在机器人走迷宫的例子中，机器人根据当前的策略来决定如何移动。

强化学习试图修改策略以最大化奖励。例如，机器人在学习过程中不断改进策略，使得以后能更快更省事地走出迷宫。

强化学习与监督学习和非监督学习有着本质的区别。

- 强化学习与监督学习的区别在于：对于监督学习，学习者知道每个动作的正确答案是什么，可以通过逐步比对来学习；对于强化学习，学习者不知道每个动作的正确答案，只能通过奖励信号来学习。强化学习要最大化一段时间内的奖励，需要关注更加长远的性能。与此同时，监督学习希望能将学习的结果运用到未知的数据，要求结果可推广、可泛化；强化学习的结果却可以用在训练的环境中。所以，监督学习一般运用于判断、预测等任务，如判断图片的内容、预测股票价格等；而强化学习不适用于这样的任务。

- 强化学习与非监督学习的区别在于：非监督学习旨在发现数据之间隐含的结构；而强化学习有着明确的数值目标，即奖励。它们的研究目的不同。所以，非监督学习一般用于聚类等任务，而强化学习不适用于这样的任务。

1.2 强化学习的应用

基于强化学习的人工智能已经有了许多成功的应用。本节将介绍强化学习的一些成功案例，让你更直观地理解强化学习，感受强化学习的强大。

- 电动游戏：电动游戏，主要指玩家需要根据屏幕画面的内容进行操作的游戏，包括主机游戏吃豆人（PacMan，见图 1-2）、PC 游戏星际争霸（StarCraft）、手机游戏 Flappy Bird 等。很多游戏需要得到尽可能高的分数，或是要在多方对抗中获得胜利。同时，对于这些游戏，很难获得在每一步应该如何操作的标准答案。从这个角度看，这些游戏的游戏 AI 需要使用强化学习。基于强化学习，研发人员已经开发出了许多强大的游戏 AI，能够超越人类能够得到的最佳结果。例如，在主机 Atari 2600 的数十个经典游戏中，基于强化学习的游戏 AI 已经在将近一半的游戏中超过人类的历史最佳结果。

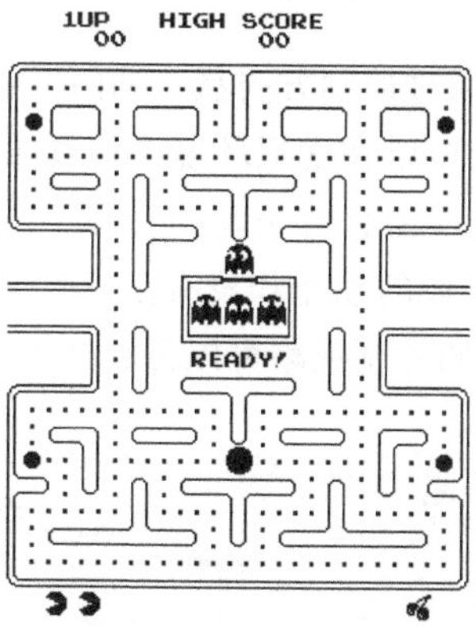

图 1-2 街机游戏吃豆人（本图片改编自 https://en.wikipedia.org/wiki/Pac-Man#Gameplay）

- 棋盘游戏：棋盘游戏是围棋（见图 1-3）、黑白翻转棋、五子棋等桌上游戏的统称。通过强化学习可以实现各种棋盘运动的 AI。棋盘 AI 有着明确的目标——提高胜率，但是每一步往往没有绝对正确的答案，这正是强化学习所针对的场景。Deepmind 公司使用强化学习研发出围棋 AI AlphaGo，于 2016 年 3 月战胜围棋顶尖选手李世石，于 2017 年 5 月战胜排名世界第一的围棋选手柯洁，引起了全社会的关注。截至目前，最强的棋盘游戏 AI 是 DeepMind 在 2018 年 12 月发表的 AlphaZero，它可以在围棋、日本将棋、国际象棋等多个棋盘游戏上达到最高水平，并远远超出人类的最高水平。

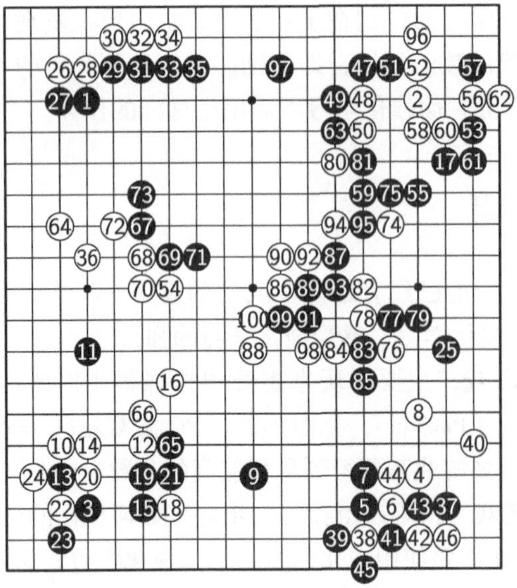

图 1-3 一局围棋棋谱（图中实心圆表示黑棋的棋子，空心圆表示白棋的棋子，圆里的数字记录棋子是在第几步被放在棋盘上，本图片改编自论文 D. Silver, et al. Mastering the game of Go without human knowledge, Nature, 2017）

- 自动驾驶：自动驾驶问题通过控制方向盘、油门、刹车等设备完成各种运输目标（见图 1-4）。自动驾驶问题既可以在虚拟环境中仿真（比如在电脑里仿真），也可能在现实世界中出现。有些任务往往有着明确的目标（比如从一个指定地点到达另外一个指定地点），但是每一个具体的动作却没有正确答案作为参考。这正是强化学习所针对的任务。基于强化学习的控制策略可以帮助开发自动驾驶的算法。

图 1-4 自动驾驶（本图截取自仿真平台 AirSimNH）

1.3 智能体 / 环境接口

强化学习问题常用**智能体 / 环境接口**（Agent-Environment Interface）来研究（见图 1-5）。

智能体 / 环境接口将系统划分为智能体和环境两个部分。

- **智能体**（agent）是强化学习系统中的决策者和学习者，它可以做出决策和接受奖励信号。一个强化学习系统里可以有一个或多个智能体。我们并不需要对智能体本身进行建模，只需要了解它在不同环境下可以做出的动作，并接受奖励信号。
- **环境**（environment）是强化系统中除智能体以外的所有事物，它是智能体交互的对象。环境本身可以是确定性的，也可以是不确定性的。环境可能是已知的，也可能是未知的。我们可以对环境建模，也可以不对环境建模。

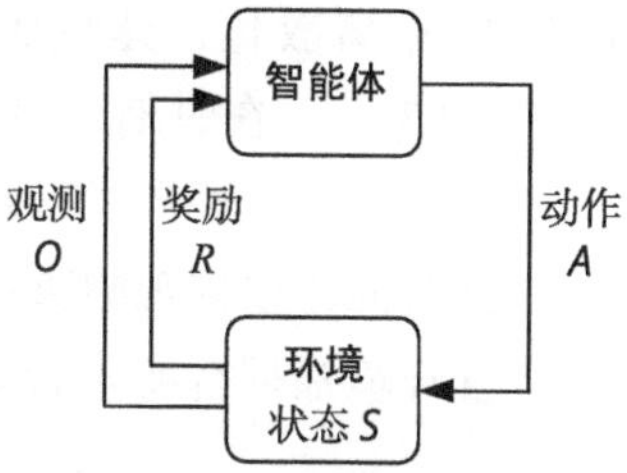

图 1-5　智能体 / 环境接口

智能体 / 环境接口的核心思想在于分隔主观可以控制的部分和客观不能改变的部分。例如，在工作的时候，我是决策者和学习者。我可以决定自己要做什么，并且能感知到获得的奖励。我的决策部分和学习部分就是智能体。同时，我的健康状况、困倦程度、饥饿状况则是我不能控制的部分，这部分则应当视作环境。我可以根据我的健康状况、困倦程度和饥饿状况来进行决策。

注意： 强化学习问题不一定要借助智能体 / 环境接口来研究。

在智能体 / 环境接口中，智能体和环境的交互主要有以下三个环节：

- 智能体观测环境，可以获得环境的**观测**（observation），记为 O；
- 智能体根据观测做出决策，决定要对环境施加的**动作**（action），记为 A；
- 环境受智能体动作的影响，改变自己的**状态**（state），记为 S，并给出**奖励**（reward），记为 R。

在这三个环节中，观测 O、动作 A 和奖励 R 是智能体可以直接观测到的。

注意： 状态、观测、动作不一定是数量（例如标量或矢量），也可以是“感觉到饿”、“吃饭”这样一般的量。在本书中用无衬线字体表示这样的量。奖励总是数量（而且往往是数量中的标量），本书中用衬线字体表示数量（包括标量或矢量）。

绝大多数的强化学习问题是按时间顺序或因果顺序发生的问题。这类问题的特点是具有先后顺序，并且先前的状态和动作会影响后续的状态等。例如，在玩电脑游戏时，游戏随着时间不断进行，之前玩家的每个动作都可能会影响后续的局势。对于这样的问题，我们可以引入时间指标 t，记 t 时刻的状态为 S_t，观测为 O_t，动作为 A_t，奖励为 R_t。

注意： 用智能体 / 环境接口建模的问题并不一定要建模成和时间有关的问题。有些问题一共只需要和环境交互一次，就没有必要引入时间指标。例如，以不同的方式投掷一个给定的骰子并以点数作为奖励，就没有必要引入时间指标。

在很多任务中，智能体和环境是在离散的时间步骤上交互的，这样的问题可以将时间指标离散化，建模为离散时间智能体 / 环境接口。具体而言，假设交互的时间为 $t = 0,1,2,3,\ldots$。在时刻 t，依次发生以下事情：

- 智能体观察环境得到观测 O_t；
- 智能体根据观测决定做出动作 A_t；
- 环境根据智能体的动作，给予智能体奖励 R_{t+1} 并进入下一步的状态 S_{t+1}。

注意： 智能体 / 环境接口问题不一定能时间上离散化。有些问题在时间上是连续的，需要使用偏微分方程来建模环境。连续时间的问题也可以近似为离散时间的问题。

在智能体 / 环境接口的基础上，研究人员常常将强化学习进一步建模为 Markov 决策过程。本书第 2 章会介绍 Markov 决策过程。

1.4 强化学习的分类

强化学习的任务和算法多种多样，本节介绍一些常见的分类（见图 1-6）。

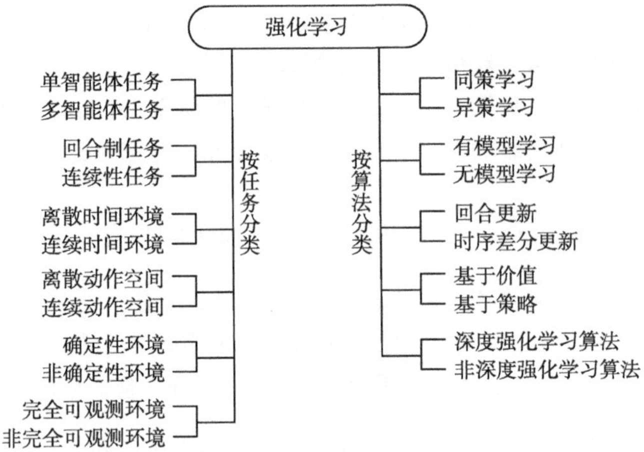

图 1-6 强化学习的分类

1.4.1 按任务分类

根据强化学习的任务和环境，可以将强化学习任务作以下分类。

- **单智能体任务**（single agent task）和**多智能体任务**（multi-agent task）：顾名思义，根据系统中的智能体数量，可以将任务划分为单智能体任务和多智能体任务。单智能体任务中只有一个决策者，它能得到所有可以观察到的观测，并能感知全局的奖励值；多智能体任务中有多个决策者，它们只能知道自己的观测，感受到环境给它的奖励。当然，在有需要的情况下，多个智能体间可以交换信息。在多智能体任务中，不同智能体奖励函数的不同会导致它们有不同的学习目标（甚至是互相对抗的）。在本书没有特别说明的情况下，一般都是指单智能体任务。

- **回合制任务**（episodic task）和**连续性任务**（sequential task）：对于回合制任务，可以有明确的开始状态和结束状态。例如在下围棋的时候，刚开始棋盘空空如也，最后棋盘都摆满了，一局棋就可以看作是一个回合。下一个回合开始时，一切重新开始。也有一些问题没有明确的开始和结束，比如机房的资源调度。机房从启用起就要不间断地处理各种信息，没有明确的结束又重新开始的时间点。
- **离散时间环境**（discrete time environment）和**连续时间环境**（continuous time environment）：如果智能体和环境的交互是分步进行的，那么就是离散时间环境。如果智能体和环境的交互是在连续的时间中进行的，那么就是连续时间环境。
- **离散动作空间**（discrete action space）和**连续动作空间**（continuous action space）：这是根据决策者可以做出的动作数量来划分的。如果决策得到的动作数量是有限的，则为离散动作空间，否则为连续动作空间。例如，走迷宫机器人如果只有东南西北这 4 种移动方式，则其为离散动作空间；如果机器人向 360° 中的任意角度都可以移动，则为连续动作空间。
- **确定性环境任务**（deterministic environment）和**非确定性环境**（stochastic environment）：按照环境是否具有随机性，可以将强化学习的环境分为确定性环境和非确定性环境。例如，对于机器人走固定的某个迷宫的问题，只要机器人确定了移动方案，那么结果就总是一成不变的。这样的环境就是确定性的。但是，如果迷宫会时刻随机变化，那么机器人面对的环境就是非确定性的。
- **完全可观测环境**（fully observable environment）和**非完全可观测环境**（partially observable environment）：如果智能体可以观测到环境的全部知识，则环境是完全可观测的；如果智能体只能观测到环境的部分知识，则环境是非完全可观测的。例如，围棋问题就可以看作是一个完全可观测的环境，因为我们可以看到棋盘的所有内容，并且假设对手总是用最优方法执行；扑克则不是完全可观测的，因为我们不知道对手手里有哪些牌。

1.4.2 按算法分类

从算法角度，可以对强化学习算法作以下分类。

- **同策学习**（on policy）和**异策学习**（off policy）：同策学习是边决策边学习，学习者同时也是决策者。异策学习则是通过之前的历史（可以是自己的历史也可以是别人的历史）进行学习，学习者和决策者不需要相同。在异策学习的过程中，学习者并不一定要知道当时的决策。例如，围棋 AI 可以边对弈边学习，这就算同策学习；围棋 AI 也可以通过阅读人类的对弈历史来学习，这就算异策学习。

- **有模型学习**（model-based）和**无模型学习**（model free）：在学习的过程中，如果用到了环境的数学模型，则是有模型学习；如果没有用到环境的数学模型，则是无模型学习。对于有模型学习，可能在学习前环境的模型就已经明确，也可能环境的模型也是通过学习来获得。例如，对于某个围棋 AI，它在下棋的时候可以在完全了解游戏规则的基础上虚拟出另外一个棋盘并在虚拟棋盘上试下，通过试下来学习。这就是有模型学习。与之相对，无模型学习不需要关于环境的信息，不需要搭建假的环境模型，所有经验都是通过与真实环境交互得到。
- **回合更新**（Monte Carlo update）和**时序差分更新**（temporal difference update）：回合制更新是在回合结束后利用整个回合的信息进行更新学习；而时序差分更新不需要等回合结束，可以综合利用现有的信息和现有的估计进行更新学习。
- **基于价值**（value based）和**基于策略**（policy based）：基于价值的强化学习定义了状态或动作的价值函数，来表示到达某种状态或执行某种动作后可以得到的回报。基于价值的强化学习倾向于选择价值最大的状态或动作；基于策略的强化学习算法不需要定义价值函数，它可以为动作分配概率分布，按照概率分布来执行动作。
- **深度强化学习**（Deep Reinforcement Learning，DRL）算法和非深度强化学习算法。如果强化学习算法用到了深度学习，则这种强化学习可以称为深度强化学习算法。

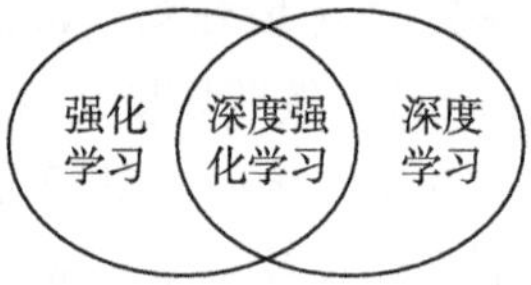

图 1-7　强化学习与深度学习之间的关系

值得一提的是，强化学习和深度学习是两个独立的概念。一个学习算法是不是强化学习和它是不是深度学习算法是相互独立的（见图 1-7）。如果一个算法解决了强化学习的问题，这个算法就是强化学习的算法；如果一个算法用到了深度神经网络，这个算法就是深度学习算法。一个强化学习算法可以是深度学习算法，也可以不是深度学习算法；一个深度学习算法可以是强化学习算法，也可以不是强化学习算法。对于强化学习算法而言，在问题规模比较小时，能够获得精确解；当问题规模比较大时，常常使用近似的方法。深度学习则利用神经网络来近似复杂的输入 / 输出关系。对于规模比较大的强化学习问题，可以考虑利用深度学习来实现近似。如果一个算法既是强化学习算法，又是深度学习算法，则可以称它是深度强化学习算法。例如，很多电动游戏 AI 需要读取屏幕显示并据此做出决策。对屏幕数据的解读可以采用卷积神经网络这一深度学习算法。这时，这个 AI 就用到了深度强化学习算法。

1.5 如何学习强化学习

本节介绍强化学习需要的预备知识，以及如何学习强化学习，本节中还提供了一些参考资料。

1.5.1 学习路线

在正式学习强化学习前，需要了解一些预备的知识。在理论知识方面，你需要会概率论，了解概率、条件概率、期望等概念。要学习强化学习的最新进展，特别是AlphaGo等明星算法，你需要学习微积分和深度学习。在学习过程中往往需要编程实现来加深对强化学习的理解。这时你需要掌握一门程序设计语言。本书将使用Python 3作为编程语言。对于第6章到第9章的深度学习算法，配套的实现将基于深度学习库TensorFlow。本书不介绍这些预备知识。

要学习强化学习理论，需要理解强化学习的概念，并了解强化学习的建模方法。目前绝大多数的研究将强化学习问题建模为Markov决策过程。Markov决策过程有几种固定的求解模式。规模不大的问题可以求得精确解，规模太大的问题往往只能求得近似解。对于近似算法，可以和深度学习结合，得到深度强化学习算法。最近引起广泛关注的明星算法，如AlphaGo使用的算法，都是深度强化学习算法。本书第2章介绍Markov决策过程，第3章到第9章介绍Markov决策问题的求解，其中也涵盖了大多经典的深度强化学习算法。

在强化学习的学习和实际应用中，难免需要通过编程来实现强化学习算法。强化学习算法需要运行在环境中。Python扩展库Gym是最广泛使用的强化学习实验环境。本书1.6节将介绍强化学习实验环境Gym库的安装。强化学习算法需要和环境交互。本书各章节在介绍理论知识的同时，都会涉及强化学习算法的实现。本书第10章到第12章通过一些比较大型的例子来演示强化学习的综合应用。

1.5.2 学习资源

本书作为一套完整的强化学习教程，将引领读者实现从入门到精通。同时，如果还希望阅读英文教程对照参考，推荐Richard Sutton等在2018年出版的《Reinforcement Learning: An Introduction（第2版）》。该书和本书使用相同的数学符号和技术术语，和本书完全兼容。

1.6 案例：基于Gym库的智能体/环境交互

强化学习算法需要在难易适中的合适环境里才能发挥出其强大的功能。在本节中，我们将安装和应用影响力巨大的强化学习环境库——Gym库。

Gym库（https://gym.openai.com/）是OpenAI推出的强化学习实验环境库。它用Python语言实现了离散时间智能体/环境接口中的环境部分。除了依赖少量商业库外，整个项目是开源免费的。

Gym库内置上百种实验环境，包括以下几类。

- 算法环境：包括一些字符串处理等传统计算机算法的实验环境。

- 简单文本环境：包括几个用文本表示的简单游戏。
- 经典控制环境：包括一些简单几何体的运动，常用于经典强化学习算法的研究。
- Atari 游戏环境：包括数十个 Atari 2600 游戏，具有像素化的图形界面，希望玩家尽可能争夺高分。
- 二维方块（Box2D）环境：包括一些连续性控制的任务。
- MuJoCo 环境：利用收费的 MuJoCo 运动引擎进行连续性控制任务。
- 机械控制环境：关于机械臂的抓取和控制等。

Gym 环境列表可参见网址 https://gym.openai.com/envs/。

本节我们将安装并使用 Gym 库，通过一个完整的实例来演示智能体与环境的交互。

1.6.1　安装 Gym 库

Gym 库在 Windows 系统、Linux 系统和 macOS 系统上都可以安装。本节与你一起在 Anaconda 3 环境里安装 Gym 库。

请在安装 Gym 前升级 Python 和 pip。升级 pip 的命令是：

```
pip install --upgrade pip
```

安装 Gym 可以选择最小安装和完整安装。最小安装的方法是在安装环境（如 Anaconda 3 的管理员模式）里输入下列命令：

```
pip install gym
```

但是，这样安装的 Gym 库只包括少量的内置环境，如算法环境、简单文字游戏环境和经典控制环境。在此可以先使用这些环境。Gym 库完整安装的方法见第 10 章。

注意：本书后续章节的实战环节将反复使用 Gym 库，请务必安装。前几章配套的案例只需要用到 Gym 的最小安装，而最后的综合案例需要依赖最小安装以外的完整安装。本书各章节配套实例需要使用的 Gym 库范围见表 1-1。

表 1-1　本书实例的智能体和环境依赖的主要 Python 扩展库

实例所在章节	智能体主要依赖的库	环境主要依赖的库
第 1 章～第 5 章	numpy	最小安装的 Gym 库
第 6 章～第 9 章	TensorFlow	最小安装的 Gym 库
第 10 章	TensorFlow（使用 GPU）	带 Atari 的 Gym 库（即 gym[atari]）
第 11 章	TensorFlow（使用 GPU）	基于最小安装的 Gym 库进行自定义扩展
第 12 章	TensorFlow（使用 GPU）	AirSimNH（不依赖 Gym 库）

1.6.2　使用 Gym 库

本节介绍 Gym 库的使用。

要使用 Gym 库，当然首先要导入 Gym 库。导入 Gym 库的方法显然是：

```
import gym
```

在导入 Gym 库后，可以通过 make() 函数来得到环境对象。每一个环境都有一个 ID，它是形如“Xxxxx-vd”的 Python 字符串，如 'CartPole-v0'、'Taxi-v2' 等。环境名称最后的部分表示版本号，不同版本的环境可能有不同的行为。使用取出环境 'CartPole-v0' 的代码为：

```
env = gym.make('CartPole-v0')
```

想要查看当前 Gym 库已经注册了哪些环境，可以使用以下代码：

```
from gym import envs
env_specs = envs.registry.all()
env_ids = [env_spec.id for env_spec in env_specs]
env_ids
```

每个环境都定义了自己的观测空间和动作空间。环境 env 的观测空间用 env.observation_space 表示，动作空间用 env.action_space 表示。观测空间和动作空间既可以是离散空间（即取值是有限个离散的值），也可以是连续空间（即取值是连续的）。在 Gym 库中，离散空间一般用 gym.spaces.Discrete 类表示，连续空间用 gym.spaces.Box 类表示。例如，环境 'MountainCar-v0' 的观测空间是 Box(2,)，表示观测可以用 2 个 float 值表示；环境 'MountainCar-v0' 的动作空间是 Discrete(3)，表示动作取值自 $\{0,1,2\}$。对于离散空间，gym.spaces.Discrete 类实例的成员 n 表示有几个可能的取值；对于连续空间，Box 类实例的成员 low 和 high 表示每个浮点数的取值范围。

接下来使用环境对象 env。首先，初始化环境对象 env，代码为：

```
env.reset()
```

该调用能返回智能体的初始观测，是 np.array 对象。

环境初始化后就可以使用了。使用环境的核心是使用环境对象的 step() 方法。step() 方法接收智能体的动作作为参数，并返回以下 4 个参数。

- 观测（observation）：np.array 对象，表示观测，和 env.reset() 返回值的意义相同。
- 奖励（reward）：float 类型的值。
- 本回合结束指示（done）：bool 类型的数值。Gym 库里的实验环境大多都是回合制的。这个返回值可以指示在当前动作后游戏是否结束。如果游戏结束了，可以通过“env.reset()”开始下一回合。
- 其他信息（info）：dict 类型的值，含有一些调试信息。不一定要使用这个参数。

env.step() 的参数需要取自动作空间。可以使用以下语句从动作空间中随机选取一个动作：

```
action = env.action_space.sample()
```

每次调用 env.step() 只会让环境前进一步。所以，env.step() 往往放在循环结构里，通过循环调用来完成整个回合。

在 env.reset() 或 env.step() 后，可以用以下语句以图形化的方法显示当前环境。

```
env.render()
```

使用完环境后，可以使用下列语句关闭环境：

```
env.close()
```

注意： 如果绘制了实验的图形界面窗口，那么关闭该窗口的最佳方式是调用 env.close()。试图直接关闭图形界面窗口可能会导致内存不能释放，甚至会导致死机。

测试智能体在 Gym 库中某个任务的性能时，学术界一般最关心 100 个回合的平均回合奖励。至于为什么是 100 个回合而不是其他回合数（比如 128 个回合），完全是习惯使然，没有什么特别的原因。对于有些环境，还会指定一个参考的回合奖励值，当连续 100 个回合的奖励大于指定的值时，就认为这个任务被解决了。但是，并不是所有的任务都指定了这样的值。对于没有指定值的任务，就无所谓任务被解决了或者没有被解决。

1.6.3　小车上山

本节通过一个完整的例子来学习如何与 Gym 库中的环境交互。本节选用的例子是经典的控制任务：小车上山（MountainCar-v0）。本节主要关心交互的 Python 代码，而不详细介绍这个控制任务及其求解。任务的具体描述和求解方式会在第 6 章中介绍。

首先我们来看看这个任务的观测空间和动作空间，可以通过执行代码清单 1-1 实现。

代码清单 1-1　导入环境并查看观测空间和动作空间

```
import gym
env = gym.make('MountainCar-v0')
print('观测空间 = {}'.format(env.observation_space))
print('动作空间 = {}'.format(env.action_space))
print('观测范围 = {} ~ {}'.format(env.observation_space.low,
      env.observation_space.high))
print('动作数 = {}'.format(env.action_space.n))
```

这段代码的运行结果为：

```
观测空间 = Box(2,)
动作空间 = Discrete(3)
观测范围 = [-1.2  -0.07] ~ [0.6  0.07]
动作数 = 3
```

运行结果告诉我们，观测空间是形状为 (2,) 的浮点型 np.array，而动作空间是取 {0,1,2} 的 int 型数值。

接下来考虑智能体。智能体往往是我们自己实现的。代码清单 1-2 给出了一个智能体类——BespokeAgent 类。智能体的 decide() 方法实现了决策功能，而 learn() 方法实现了学习功能。代码清单 1-2 给出的 BespokeAgent 类是一个比较简单的类，它只能根据给定的数学表达式进行决策，并且不能有效学习。所以它并不是一个真正意义上的强化学习智能体类。但是，用于演示智能体和环境的交互已经足够了。

代码清单 1-2　根据指定确定性策略决定动作的智能体

```
class BespokeAgent:
    def __init__(self, env):
        pass

    def decide(self, observation): # 决策
        position, velocity = observation
        lb = min(-0.09 * (position + 0.25) ** 2 + 0.03,
                0.3 * (position + 0.9) ** 4 - 0.008)
        ub = -0.07 * (position + 0.38) ** 2 + 0.06
        if lb < velocity < ub:
            action = 2
        else:
            action = 0
        return action # 返回动作

    def learn(self, *args): # 学习
        pass

agent = BespokeAgent(env)
```

接下来我们试图让智能体与环境交互。代码清单 1-3 中的 play_once() 函数可以让智能体和环境交互一个回合。这个函数有 4 个参数。

- 参数 env 是环境类。
- 参数 agent 是智能体类。
- 参数 render 是 bool 类型变量，指示在运行过程中是否要图形化显示。如果函数参数 render 为 True，那么在交互过程中会调用 env.render() 以显示图形化界面，而这个界面可以通过调用 env.close() 关闭。
- 参数 train 是 bool 类型的变量，指示在运行过程中是否训练智能体。在训练过程中应当设置为 True，以调用 agent.learn() 函数；在测试过程中应当设置为 False，使得智能体不变。

这个函数有一个返回值 episode_reward，是 float 类型的数值，表示智能体与环境交互一个回合的回合总奖励。

代码清单 1-3　智能体和环境交互一个回合的代码

```
def play_montecarlo(env, agent, render=False, train=False):
    episode_reward = 0. # 记录回合总奖励，初始化为 0
```

```
    observation = env.reset() # 重置游戏环境，开始新回合
    while True: # 不断循环，直到回合结束
        if render: # 判断是否显示
            env.render() # 显示图形界面，图形界面可以用 env.close() 语句关闭
        action = agent.decide(observation)
        next_observation, reward, done, _ = env.step(action) # 执行动作
        episode_reward += reward # 收集回合奖励
        if train: # 判断是否训练智能体
            agent.learn(observation, action, reward, done) # 学习
        if done: # 回合结束，跳出循环
            break
        observation = next_observation
    return episode_reward # 返回回合总奖励
```

借助于代码清单1-1给出的环境、代码清单1-2给出的智能体和代码清单1-3给出的交互函数，我们可以用下列代码让智能体和环境交互一个回合，并在交互过程中图形化显示。交互完毕后，可用env.close()语句关闭图形化界面。

```
env.seed(0) # 设置随机数种子，只是为了让结果可以精确复现，一般情况下可删去
episode_reward = play_montecarlo(env, agent, render=True)
print('回合奖励 = {}'.format(episode_reward))
env.close() # 此语句可关闭图形界面
```

为了系统评估智能体的性能，下列代码求出了连续交互100回合的平均回合奖励。小车上山环境有一个参考的回合奖励值−110，如果当连续100个回合的平均回合奖励大于−110，则认为这个任务被解决了。BespokeAgent类对应的策略的平均回合奖励大概就在−110左右。

代码清单1-4　运行100回合求平均以测试性能

```
episode_rewards = [play_montecarlo(env, agent) for _ in range(100)]
print('平均回合奖励 = {}'.format(np.mean(episode_rewards)))
```

1.7　本章小结

本章介绍了强化学习的概念和应用，学习了强化学习的分类，讲解了强化学习的学习路线和学习资源。我们还学习了强化学习环境库Gym的使用。后续几个章节将介绍强化学习的理论，并且利用Gym库实践相关理论。

本章要点

- 强化学习是根据奖励信号以改进策略的机器学习方法。策略和奖励是强化学习的核心元素。强化学习试图找到最大化总奖励的策略。
- 强化学习不是监督学习，因为强化学习的学习过程中没有参考答案；强化学习也不

是非监督学习，因为强化学习需要利用奖励信号来学习。

- 强化学习的应用包括棋牌运动、自动控制、电动游戏。
- 强化学习任务常用智能体/环境接口建模。学习和决策的部分称为智能体，其他部分称为环境。智能体向环境执行动作，从环境得到奖励和反馈。
- 按智能体的数量分，强化学习任务可以分为单智能体任务和多智能体任务。按环境是否有明确的终止状态分，强化学习任务可以分为回合制任务和连续性任务。按照时间是否可以离散可以分为离散时间和连续时间。动作空间可以划分为离散动作空间和连续动作空间。环境可以划分为确定性环境和非确定性环境。按照环境是否完全可以观测分，可以分为完全可观测环境和非完全可观测环境。
- 强化学习算法可以按照学习的策略和决策的行为策略是否相同分为同策学习和异策学习。按照是否需要环境模型，分为有模型学习和无模型学习。按照策略更新时机可以分为回合更新和时序差分更新。更新价值函数的学习方法称为基于价值的学习，直接更新策略的概率分布的学习方法称为基于策略的学习。如果一个强化学习算法用到了深度学习，则它是深度强化学习算法。
- Python 扩展库 Gym 是 OpenAI 推出的免费强化学习实验环境。Gym 库的使用方法是：使用 env = gym.make(环境名) 取出环境，使用 env.reset() 初始化环境，使用 env.step (动作) 执行一步环境，使用 env.render() 显示环境，使用 env.close() 关闭环境。

CHAPTER 2

第 2 章

Markov 决策过程

本章介绍强化学习最经典、最重要的数学模型——**Markov 决策过程**（Markov Decision Process，MDP）。首先我们从离散时间智能体 / 环境接口引入 Markov 决策过程的定义，然后介绍在求解 Markov 决策过程时会用到的重要性质，最后介绍一种求解 Markov 决策过程最优策略的方法。

2.1 Markov 决策过程模型

在智能体 / 环境接口中，智能体可以向环境发送动作，并从环境得到状态和奖励信息。本节将从离散时间的智能体 / 环境接口出发导出离散时间 Markov 决策过程模型，并介绍离散时间 Markov 决策过程模型的关键数学概念。

2.1.1 离散时间 Markov 决策过程

离散时间 Markov 决策过程模型可以在离散时间的智能体 / 环境接口的基础上进一步引入具有 Markov 性的概率模型得到。首先我们来回顾上一章提到的离散时间智能体 / 环境接口。

在离散时间智能体 / 环境接口中，智能体和环境交互的时刻为 $\{0,1,2,3,\ldots\}$。在时刻 t，依次发生以下事情。

- 智能体观察状态 $S_t \in \mathcal{S}$ 的环境，得到观测 $O_t \in \mathcal{O}$，其中 $\mathcal{S}$ 是**状态空间**（state space），表示状态取值的综合；$\mathcal{O}$ 是**观测空间**（observation space），表示观测取值的集合。
- 智能体根据观测决定做出动作 $A_t \in \mathcal{A}$，其中 $\mathcal{A}$ 是动作集合。
- 环境根据智能体的动作，给予智能体奖励 $R_{t+1} \in \mathcal{R}$，并进入下一步的状态 $S_{t+1} \in \mathcal{S}$。其中 $\mathcal{R}$ 是**奖励空间**（reward space），表示奖励取值的集合，它是实数集 $\mathbb{R}$ 的子集。

在运行过程中，每一步的可能取值范围不同。很多时候，这是由于在不同观测下可选的动作集合可能不同造成的。为了分析方便，往往用一个包括所有可能动作的更大的集合来表示，使得每一步的动作集合在数学上可以用同样的字母表示。

注意： ① 不同的文献可能会用不同的数学记号。例如，有些文献会将动作 A_t 后得到的奖赏记为 R_t，而本书记为 R_{t+1}。本书采用这样的字母是考虑到 R_{t+1} 和 S_{t+1} 往往是同时确定的。

② 这里的离散时间并不一定是间隔相同或是间隔预先设定好的时间。这里的离散时间指标 t 只是表示决策和动作的指标。

一个时间离散化的智能体 / 环境接口可以用这样的**轨道**（trajectory）表示：

$$S_0,O_0,A_0,R_1,S_1,O_1,A_1,R_2,S_2,O_2,A_2,R_3,\ldots$$

对于回合制的任务，可能会有一个终止状态 $s_{终止}$。终止状态和其他普通的状态有着本质的不同：当达到终止状态时，回合结束，不再有任何观测或动作。所以，状态空间 $\mathcal{S}$ 里的状态不包括终止状态。在回合制任务中，为了强调终止状态的存在，会将含有终止状态的状态空间记为 $\mathcal{S}^+$。回合制任务的轨道形式是：

$$S_0,O_0,A_0,R_1,S_1,O_1,A_1,R_2,S_2,O_2,A_2,R_3,\ldots,S_T=s_{终止}$$

其中 T 是达到终止状态的步数。

注意： 回合制任务中一个回合的步数 T 是一个随机变量。它在随机过程中可以视为一个停时（stop time）。

在时间离散化的智能体 / 环境中，如果智能体可以完全观察到环境的状态，则称环境是完全可观测的。这时，不失一般性地，可以令 $O_t=S_t$（$t=0,1,2,\ldots$），完全可观测任务的轨道可以简化为：

$$S_0,A_0,R_1,S_1,A_1,R_2,S_2,A_2,R_3,\ldots,S_T=s_{终止}$$

这样就不需要再使用字母 O_t 和 $\mathcal{O}$ 了。

注意： 智能体 / 环境接口没有假设状态是完全可观测的。部分不完全可观测的问题可以建模为部分可观测的 Markov 决策过程（Partially Observable Markov Decision Process，POMDP），并用相应方法求解。

在上述基础上进一步引入概率和 Markov 性，就可以得到 Markov 决策过程模型。定义在时间 t，从状态 $S_t=s$ 和动作 $A_t=a$ 跳转到下一状态 $S_{t+1}=s'$ 和奖励 $R_{t+1}=r$ 的概率为：

$$\Pr\left[S_{t+1}=s',R_{t+1}=r \mid S_t=s,A_t=a\right]$$

引入这一概念，我们就得到了 Markov 决策过程模型。值得一提的是，这样的概率假设认为奖励 R_{t+1} 和下一状态 S_{t+1} 仅仅依赖于当前的状态 S_t 和动作 A_t，而不依赖于更早的状态和动作。这样的性质称为 Markov 性。Markov 性是 Markov 决策过程模型对状态的额外约束，它要求状态必须含有可能对未来产生影响的所有过去信息。

注意：智能体/环境接口没有假设状态满足 Markov 性。Markov 性是 Markov 决策过程的特点。另外，有时也能从不满足 Markov 性的观测中构造满足 Markov 性的状态，或者去学习 Markov 性。

如果状态空间 $\mathcal{S}$、动作空间 $\mathcal{A}$、奖励空间 $\mathcal{R}$ 都是元素个数有限的集合，这样的 Markov 决策过程称为**有限 Markov 决策过程**（Finite Markov Decision Process，Finite MDP）。

2.1.2　环境与动力

Markov 决策过程的环境由动力刻画。本节介绍动力的定义和导出量。

对于有限 Markov 决策过程，可以定义函数 $p:\mathcal{S}\times\mathcal{R}\times\mathcal{S}\times\mathcal{A}\to[0,1]$ 为 Markov 决策过程的**动力**（dynamics）：

$$p(s',r\,|\,s,a)=\Pr[S_{t+1}=s',R_{t+1}=r\,|\,S_t=s,A_t=a]$$

p 函数中间的竖线“|”取材于条件概率中间的竖线。

利用动力的定义，可以得到以下其他导出量。

- 状态转移概率：

$$p(s'\,|\,s,a)=\Pr[S_{t+1}=s'\,|\,S_t=s,A_t=a]=\sum_{r\in\mathcal{R}}p(s',r\,|\,s,a),\quad s\in\mathcal{S},a\in\mathcal{A},s'\in\mathcal{S}$$

- 给定“状态–动作”的期望奖励：

$$r(s,a)=\mathrm{E}[R_{t+1}\,|\,S_t=s,A_t=a]=\sum_{r\in\mathcal{R}}r\sum_{s'\in\mathcal{S}}p(s',r\,|\,s,a),\quad s\in\mathcal{S},a\in\mathcal{A}$$

- 给定“状态–动作–下一状态”的期望奖励：

$$r(s,a,s')=\mathrm{E}[R_{t+1}\,|\,S_t=s,A_t=a,S_{t+1}=s']=\sum_{r\in\mathcal{R}}r\frac{p(s',r\,|\,s,a)}{p(s'\,|\,s,a)},\quad s\in\mathcal{S},a\in\mathcal{A},s'\in\mathcal{S}$$

对于不是有限 Markov 决策过程的 Markov 决策过程，可以用类似的方法定义动力函数与导出量，只是定义时应当使用概率分布函数。动力的定义将离散空间的情况和连续空间的情况用统一的字母表示，简化了书写。

我们来看一个有限 Markov 决策过程的例子：某个任务的状态空间为 $\mathcal{S}=\{饿,饱\}$，动作空间为 $\mathcal{A}=\{不吃,吃\}$，奖励空间为 $\mathcal{R}=\{-3,-2,-1,+1,+2,+3\}$，转移概率由表 2-1 定义。

表 2-1　动力系统示例（其中 $\alpha,\beta\in(0,1)$ 是参数）

s'	r	s	a	$p(s',r\|s,a)$
饿	−2	饿	不吃	1
饿	−3	饿	吃	$1-\alpha$
饱	+1	饿	吃	α
饿	−2	饱	不吃	β
饱	+2	饱	不吃	$1-\beta$
饱	+1	饱	吃	1
其他				0

该 Markov 决策过程可以用状态转移图

（见图 2-1）表示。

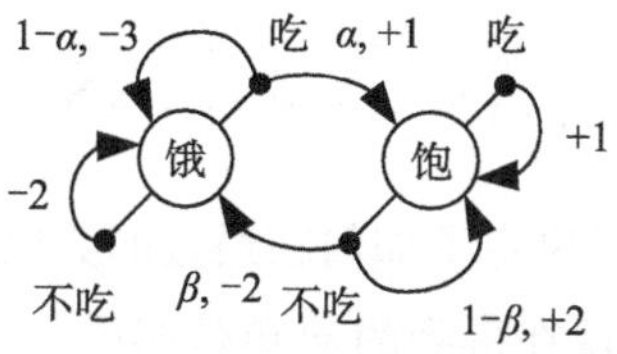

图 2-1　示例的状态转移图

2.1.3　智能体与策略

如前所述，智能体根据其观测决定其行为。在 Markov 决策过程中，定义**策略**（policy）为从状态到动作的转移概率。对于有限 Markov 决策过程，其策略 $\pi:\mathcal{S}\times\mathcal{A}\to[0,1]$ 可以定义为

$$\pi(a|s)=\Pr[A_t=a|S_t=s],\quad s\in\mathcal{S},a\in\mathcal{A}$$

对于动作集为连续的情况，可以用概率分布来定义策略。

如果某个策略 π 对于任意的 $s\in\mathcal{S}$，均存在一个 $a\in\mathcal{A}$，使得

$$\pi(a'|s)=0,\qquad a'\neq a$$

则这样的策略被称为确定性策略。这个策略可以简记为 $\pi:\mathcal{S}\to\mathcal{A}$，即 $\pi:s\mapsto\pi(s)$。

例如，对于表 2-1 的环境，某个智能体可以采用表 2-2 中的策略。

表 2-2　表 2-1 对应的策略示例（其中 $x,y\in(0,1)$ 是参数）

s	a	$\pi(a\|s)$
饿	不吃	$1-x$
饿	吃	x
饱	不吃	y
饱	吃	$1-y$

2.1.4　奖励、回报与价值函数

在第 1 章中已经介绍过，强化学习的核心概念是奖励，强化学习的目标是最大化长期的奖励。本节就来定义这个长期的奖励。

对于回合制任务，假设某一回合在第 T 步达到终止状态，则从步骤 t（$t<T$）以后的**回报**（return）G_t 可以定义为未来奖励的和：

$$G_t=R_{t+1}+R_{t+2}+\cdots+R_T$$

注意： 在上式中，t 是一个确定性的变量，而回合的步数 T 是一个随机变量。因此，在 G_t 的定义式中，不仅每一项是随机变量，而且含有的项数也是随机变量。

对于连续性任务，上述 G_t 的定义会带来一些麻烦。由于连续性的任务没有终止时间，所以 G_t 会包括 t 时刻以后所有的奖励信息。但是，如果对未来的奖励信息简单求和，那么

未来奖励信息的总和往往是无穷大。为了解决这一问题，引入了**折扣**（discount）这一概念，进而定义回报为：

$$G_t = R_{t+1} + \gamma R_{t+2} + \gamma^2 R_{t+3} + \cdots = \sum_{\tau=0}^{+\infty} \gamma^\tau R_{t+\tau+1}$$

其中折扣因子 $\gamma \in [0,1]$。折扣因子决定了如何在最近的奖励和未来的奖励间进行折中：未来 τ 步后得到的 1 单位奖励相当于现在得到的 γ^τ 单位奖励。若指定 $\gamma = 0$，智能体会只考虑眼前利益，完全无视远期利益，就相当于贪心算法的效果；若指定 $\gamma = 1$，智能体会认为当前的 1 单位奖励和未来的 1 单位奖励是一样重要的。对于连续性任务，一般设定 $\gamma \in (0,1)$。这时，如果未来每一步的奖励有界，则回报也是有界的。这样的定义也可以用于回合制任务。

注意： 有些文献为连续性任务定义了平均奖励（average reward）。平均奖励的定义为 $\bar{R} = \lim_{t \to +\infty} \mathrm{E}\left[\frac{1}{t}\sum_{\tau=1}^{t} R_\tau\right]$，是对除以步数的期望求极限的结果。还有文献会进一步定义相对于平均奖励的回报，即让每一步的奖励都减去平均奖励后再求回报。

基于回报的定义，可以进一步定义**价值函数**（value function）。对于给定的策略 π，可以定义以下价值函数。

- **状态价值函数**（state value function）：状态价值函数 $v_\pi(\mathsf{s})$ 表示从状态 s 开始采用策略 π 的预期回报。如下式所示：

$$v_\pi(\mathsf{s}) = \mathrm{E}_\pi[G_t | S_t = \mathsf{s}]$$

- **动作价值函数**（action value function）：动作价值函数 $q_\pi(\mathsf{s},\mathsf{a})$ 表示在状态 s 采取动作 a 后，采用策略 π 的预期回报。如下式所示：

$$q_\pi(\mathsf{s},\mathsf{a}) = \mathrm{E}_\pi[G_t | S_t = \mathsf{s}, A_t = \mathsf{a}]$$

终止状态 $\mathsf{s}_{终止}$ 不是一个一般的状态，终止状态后没有动作。为了在数学上有统一的形式，一般定义 $v_\pi(\mathsf{s}_{终止}) = 0$，$q_\pi(\mathsf{s}_{终止},\mathsf{a}) = 0$（$\mathsf{a} \in \mathcal{A}$）。

例如，对于表 2-1 和表 2-2 的例子，有：

$$v_\pi(饿) = \mathrm{E}_\pi[G_t | S_t = 饿]$$
$$v_\pi(饱) = \mathrm{E}_\pi[G_t | S_t = 饱]$$
$$q_\pi(饿,吃) = \mathrm{E}_\pi[G_t | S_t = 饿, A_t = 吃]$$
$$q_\pi(饿,不吃) = \mathrm{E}_\pi[G_t | S_t = 饿, A_t = 不吃]$$
$$q_\pi(饱,吃) = \mathrm{E}_\pi[G_t | S_t = 饱, A_t = 吃]$$
$$q_\pi(饱,不吃) = \mathrm{E}_\pi[G_t | S_t = 饱, A_t = 不吃]$$

下一节将为给定的动力和策略计算价值函数。

2.2 Bellman 期望方程

2.1 节定义了策略和价值函数。**策略评估**（policy evaluation）则是试图求解给定策略的价值函数。本节将介绍价值函数的性质，包括状态价值和动作价值之间的关系，以及 Bellman 期望方程（Bellman Expectation Equations）。Bellman 期望方程常用来进行策略评估。

我们先来看状态价值和动作价值之间的关系。状态价值与动作价值之间可以用以下两种方法互相表示。

- 用 t 时刻的动作价值函数表示 t 时刻的状态价值函数：

$$v_\pi(s)=\sum_a \pi(a|s)q_\pi(s,a),\quad s\in\mathcal{S}$$

（推导：对任一状态 $s\in\mathcal{S}$，有

$$\begin{aligned}v_\pi(s)&=\mathrm{E}_\pi[G_t|S_t=s]\\&=\sum_g g\Pr[G_t=g|S_t=s]\\&=\sum_g g\sum_a \Pr[G_t=g,A_t=a|S_t=s]\\&=\sum_g g\sum_a \Pr[A_t=a|S_t=s]\Pr[G_t=g|S_t=s,A_t=a]\\&=\sum_a \Pr[A_t=a|S_t=s]\sum_g g\Pr[G_t=g|S_t=s,A_t=a]\\&=\sum_a \Pr[A_t=a|S_t=s]\mathrm{E}_\pi[G_t|S_t=s,A_t=a]\\&=\sum_a \pi(a|s)q_\pi(s,a)\end{aligned}$$

这样就得到了结果。）如果用空心圆圈代表状态，实心圆圈表示状态 – 动作对，则用动作价值函数表示状态价值函数的过程可以用**备份图**（backup diagram）表示，见图 2-2a。

- 用 $t+1$ 时刻的状态价值函数表示 t 时刻的动作价值函数：

$$\begin{aligned}q_\pi(s,a)&=r(s,a)+\gamma\sum_{s'}p(s'|s,a)v_\pi(s')\\&=\sum_{s',r}p(s',r|s,a)\left[r+\gamma v_\pi(s')\right],\quad s\in\mathcal{S},a\in\mathcal{A}\end{aligned}$$

（推导：对任意的状态 $s\in\mathcal{S}$ 和动作 $a\in\mathcal{A}$，有

$$\begin{aligned}&\mathrm{E}_\pi[G_{t+1}|S_t=s,A_t=a]\\&=\sum_g g\Pr[G_{t+1}=g|S_t=s,A_t=a]\\&=\sum_g g\sum_{s'}\Pr[S_{t+1}=s',G_{t+1}=g|S_t=s,A_t=a]\end{aligned}$$

$$
\begin{aligned}
&=\sum_{g} g \sum_{s'} \Pr\left[S_{t+1}=s' \mid S_t=s, A_t=a\right] \Pr\left[G_{t+1}=g \mid S_t=s, A_t=a, S_{t+1}=s'\right] \\
&=\sum_{g} g \sum_{s'} \Pr\left[S_{t+1}=s' \mid S_t=s, A_t=a\right] \Pr\left[G_{t+1}=g \mid S_{t+1}=s'\right] \\
&=\sum_{s'} \Pr\left[S_{t+1}=s' \mid S_t=s, A_t=a\right] \sum_{g} g \Pr\left[G_{t+1}=g \mid S_{t+1}=s'\right] \\
&=\sum_{s'} \Pr\left[S_{t+1}=s' \mid S_t=s, A_t=a\right] \mathrm{E}_{\pi}\left[G_{t+1} \mid S_{t+1}=s'\right] \\
&=\sum_{s'} p\left(s' \mid s, a\right) v_{\pi}\left(s'\right)
\end{aligned}
$$

其中 $\Pr\left[G_{t+1}=g \mid S_t=s, A_t=a, S_{t+1}=s'\right]=\Pr\left[G_{t+1}=g \mid S_{t+1}=s'\right]$ 用到了 Markov 性。利用上式，有

$$
\begin{aligned}
q_{\pi}(s, a) &=\mathrm{E}_{\pi}\left[G_t \mid S_t=s, A_t=a\right] \\
&=\mathrm{E}_{\pi}\left[R_{t+1}+\gamma G_{t+1} \mid S_t=s, A_t=a\right] \\
&=\mathrm{E}_{\pi}\left[R_{t+1} \mid S_t=s, A_t=a\right]+\gamma \mathrm{E}_{\pi}\left[G_{t+1} \mid S_t=s, A_t=a\right] \\
&=\sum_{s', r} p\left(s', r \mid s, a\right)\left[r+\gamma v_{\pi}\left(s'\right)\right]
\end{aligned}
$$

这样就得到了结果。）用状态价值函数表示动作价值函数可以用备份图表示，见图 2-2b。

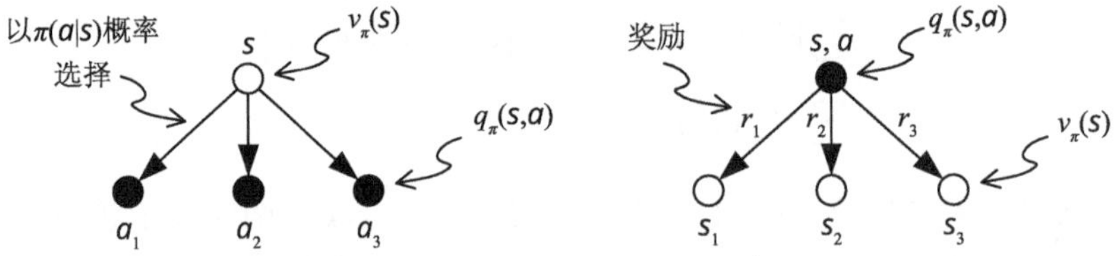

a）用动作价值函数表示状态价值函数　　b）用状态价值函数表示动作价值函数

图 2-2　动作价值函数和状态价值函数互相表示的备份图

从状态价值和动作价值的互相表示出发，用代入法消除其中一种价值，就可以得到 **Bellman 期望方程**。它有以下两种形式。

- 用状态价值函数表示状态价值函数，备份图见图 2-3a：

$$
v_{\pi}(s)=\sum_{a} \pi(a \mid s)\left[r(s, a)+\gamma \sum_{s'} p\left(s' \mid s, a\right) v_{\pi}\left(s'\right)\right], \quad s \in \mathcal{S}
$$

- 用动作价值函数表示动作价值函数，备份图见图 2-3b：

$$
q_{\pi}(s, a)=\sum_{s', r} p\left(s', r \mid s, a\right)\left[r+\gamma \sum_{a'} \pi\left(a' \mid s'\right) q_{\pi}\left(s', a'\right)\right], \quad s \in \mathcal{S}, a \in \mathcal{A}
$$

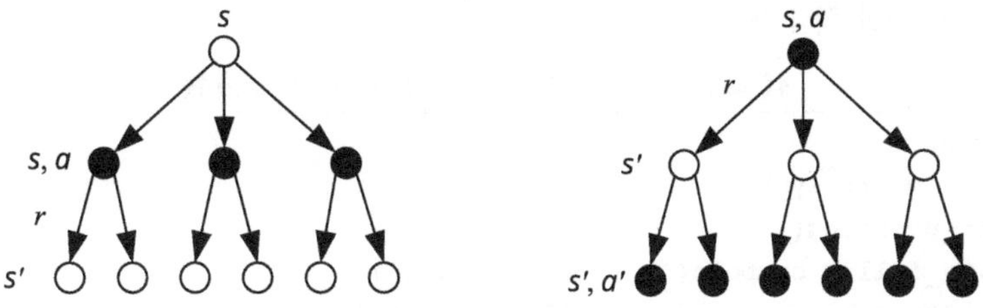

a）用状态价值函数表示状态价值函数　　b）用动作价值函数表示动作价值函数

图 2-3　状态价值函数和动作价值函数自我表示的备份图

例如，对于表 2-1 和表 2-2 的例子中，状态价值函数和动作价值函数有以下关系：

$$v_\pi(饿)=(1-x)q_\pi(饿,不吃)+xq_\pi(饿,吃)$$
$$v_\pi(饱)=yq_\pi(饱,不吃)+(1-y)q_\pi(饱,吃)$$
$$q_\pi(饿,不吃)=1\cdot(-2+\gamma v_\pi(饿))+0$$
$$q_\pi(饿,吃)=(1-\alpha)(-3+\gamma v_\pi(饿))+\alpha(+1+\gamma v_\pi(饱))$$
$$q_\pi(饱,不吃)=\beta(-2+\gamma v_\pi(饿))+(1-\beta)(+2+\gamma v_\pi(饱))$$
$$q_\pi(饱,吃)=0+1\cdot(+1+\gamma v_\pi(饱)),$$

用这个方程可以求得价值函数。

接下来演示如何通过 sympy 求解上述方程，获得价值策略。不失一般性，假设 $0<\alpha,\beta,\gamma<1$。

由于这个方程组是含有字母的线性方程组，我们用 sympy 的 solve_linear_system() 函数来求解它。solve_linear_system() 函数可以接受整理成标准形式的线性方程组，它有以下参数。

- ❑ 矩阵参数 system。对于有 n 个等式、m 个待求变量的线性方程组，system 是一个 $n\times(m+1)$ 的 sympy.Matrix 对象。
- ❑ 可变列表参数 symbols。若有 m 个待求变量的线性方程组，则 symbols 是 m 个 sympy.Symbol 对象。
- ❑ 可变关键字参数 flags。

该函数返回一个 dict，为每个待求变量给出结果。

我们把待求的线性方程组整理成标准形式，得到：

$$\begin{bmatrix} 1 & 0 & x-1 & -x & 0 & 0 \\ 0 & 1 & 0 & 0 & -y & y-1 \\ -\gamma & 0 & 1 & 0 & 0 & 0 \\ (\alpha-1)\gamma & -\alpha\gamma & 0 & 1 & 0 & 0 \\ -\beta\gamma & (\beta-1)\gamma & 0 & 0 & 1 & 0 \\ 0 & -\gamma & 0 & 0 & 0 & 1 \end{bmatrix} \begin{bmatrix} v_\pi(饿) \\ v_\pi(饱) \\ q_\pi(饿,不吃) \\ q_\pi(饿,吃) \\ q_\pi(饱,不吃) \\ q_\pi(饱,吃) \end{bmatrix} = \begin{bmatrix} 0 \\ 0 \\ -2 \\ 4\alpha-3 \\ -4\beta+2 \\ 1 \end{bmatrix}$$

用代码清单 2-1 可以求解上述方程。

代码清单 2-1 求解示例 Bellman 期望方程

```
import sympy
from sympy import symbols
sympy.init_printing()
v_hungry, v_full = symbols('v_hungry v_full')
q_hungry_eat, q_hungry_none, q_full_eat, q_full_none = \
        symbols('q_hungry_eat q_hungry_none q_full_eat q_full_none')
alpha, beta, x, y, gamma = symbols('alpha beta x y gamma')
system = sympy.Matrix((
        (1, 0, x-1, -x, 0, 0, 0),
        (0, 1, 0, 0, -y, y-1, 0),
        (-gamma, 0, 1, 0, 0, 0, -2),
        ((alpha-1)*gamma, -alpha*gamma, 0, 1, 0, 0, 4*alpha-3),
        (-beta*gamma, (beta-1)*gamma, 0, 0, 1, 0, -4*beta+2),
        (0, -gamma, 0, 0, 0, 1, 1) )) # 标准形式的系数矩阵
sympy.solve_linear_system(system,
        v_hungry, v_full,
        q_hungry_none, q_hungry_eat, q_full_none, q_full_eat) # 求解
```

代码清单 2-1 求得的状态价值函数和动作价值函数为：

$$v_\pi(\text{饿})=\frac{1}{\Delta}\left(\alpha\gamma xy-3\alpha\gamma x+4\alpha x-\beta\gamma xy-2\beta\gamma y+\gamma x+2\gamma-x-2\right)$$

$$v_\pi(\text{饱})=\frac{1}{\Delta}\left(\alpha\gamma xy+\alpha\gamma x-\beta\gamma xy+2\beta\gamma y-4\beta y-\gamma y-\gamma+y+1\right)$$

$$q_\pi(\text{饿},\text{不吃})=\frac{1}{\Delta}\left(\alpha\gamma^2xy-\alpha\gamma^2x+2\alpha\gamma x-\beta\gamma^2xy-2\beta\gamma y+\gamma^2x-\gamma x+2\gamma-2\right)$$

$$\begin{aligned}q_\pi(\text{饿},\text{吃})=\frac{1}{\Delta}\big(&\alpha\gamma^2xy-\alpha\gamma^2x-\alpha\gamma^2y+\alpha\gamma^2+2\alpha\gamma x+\alpha\gamma y-5\alpha\gamma+4\alpha-\beta\gamma^2xy+\beta\gamma^2y\\&-3\beta\gamma y+\gamma^2x-\gamma^2-\gamma x+4\gamma-3\big)\end{aligned}$$

$$\begin{aligned}q_\pi(\text{饱},\text{不吃})=\frac{1}{\Delta}\big(&\alpha\gamma^2xy-\alpha\gamma^2x+2\alpha\gamma x-\beta\gamma^2xy+\beta\gamma^2x+\beta\gamma^2y-\beta\gamma^2-\beta\gamma x-3\beta\gamma y\\&+5\beta\gamma-4\beta-\gamma^2y+\gamma^2+\gamma y-3\gamma+2\big)\end{aligned}$$

$$q_\pi(\text{饱},\text{吃})=\frac{1}{\Delta}\left(\alpha\gamma^2xy+\alpha\gamma x-\beta\gamma^2xy+\beta\gamma^2y-3\beta\gamma y-\gamma^2y+\gamma y-\gamma+1\right)$$

其中

$$\Delta=(1-\gamma)\big(1-(1-\alpha x-\beta y)\gamma\big)$$

2.3 最优策略及其性质

前一节我们为策略定义了价值函数。价值函数实际上给出了策略的一个偏序关系：对于两个策略 π 和 π'，如果对于任意 $s \in \mathcal{S}$ 都满足 $v_\pi(s) \leqslant v_{\pi'}(s)$，则称策略 π 小于等于 π'，记作 $\pi \leqslant \pi'$。本节将基于这个偏序关系来定义最优策略，并考虑最优策略的性质和求解。

2.3.1 最优策略与最优价值函数

对于一个动力而言，如果动作空间 $\mathcal{A}(s)(s \in \mathcal{S})$ 是闭集，那么就存在着一个策略 π_*，使得所有的策略都小于等于这个策略。这时，策略 π_* 就称为**最优策略**（optimal policy）。最优策略的价值函数称为最优价值函数。最优价值函数包括以下两种形式。

- **最优状态价值函数**（optimal state value function），即

$$v_*(s) = \max_\pi v_\pi(s), \quad s \in \mathcal{S}$$

- **最优动作价值函数**（optimal action value function），即

$$q_*(s,a) = \max_\pi q_\pi(s,a), \quad s \in \mathcal{S}, a \in \mathcal{A}$$

对于一个动力，可能存在多个最优策略。事实上，这些最优策略总是有相同的价值函数。所以，对于同时存在多个最优策略的情况，任取一个最优策略来考察不失一般性。其中一种选取方法是选择这样的确定性策略：

$$\pi_*(s) = \arg\max_{a \in \mathcal{A}} q_*(s,a), \quad s \in \mathcal{S}$$

其中，如果有多个动作 a 使得 $q_*(s,a)$ 取得最大值，则任选一个动作即可。从这个角度看，只要求得了最优价值函数，就可以直接得到一个最优策略。所以，求解最优价值函数是一个值得关注的重要问题。

2.3.2 Bellman 最优方程

最优价值函数具有一个重要的性质——**Bellman 最优方程**（Bellman optimal equation）。Bellman 最优方程可以用于求解最优价值函数。

回顾 2.2 节，策略的状态价值和动作价值可以互相表示。最优价值函数也是如此。具体而言，将最优策略的性质：

$$\pi_*(a \mid s) = \begin{cases} 1, & a = \arg\max_{a' \in \mathcal{A}} q_*(s,a') \\ 0, & \text{其他} \end{cases}$$

代入状态价值和动作价值互相表示的关系中，就可以得到最优状态价值和最优动作价值之间的关系。它包括以下两个部分。

- 用最优动作价值函数表示最优状态价值函数，备份图见图 2-4a：

$$v_*(s)=\max_{a\in\mathcal{A}} q_*(s,a),\quad s\in\mathcal{S}$$

❑ 用最优状态价值函数表示最优动作价值函数，备份图见图 2-4b：

$$\begin{aligned}q_*(s,a)&=r(s,a)+\gamma\sum_{s'}p(s'|s,a)v_*(s')\\&=\sum_{s',r}p(s',r|s,a)\left[r+\gamma v_*(s')\right],\quad s\in\mathcal{S},a\in\mathcal{A}\end{aligned}$$

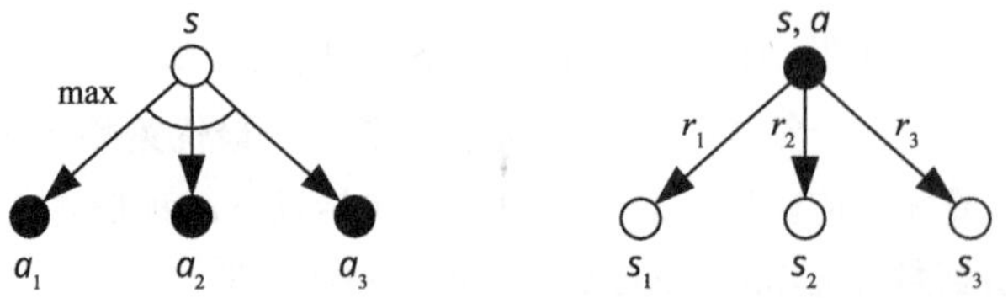

a）用最优动作价值函数表示最优状态价值函数　　b）用最优状态价值函数表示最优动作价值函数

图 2-4　最优状态价值函数和最优动作价值函数互相表示的备份图

基于最优状态价值函数和最优动作价值函数互相表示的形式，可以进一步导出 Bellman 最优方程。Bellman 最优方程具有以下两种形式。

❑ 用最优状态价值函数表示最优状态价值函数，备份图见图 2-5a：

$$v_*(s)=\max_{a\in\mathcal{A}}\left[r(s,a)+\gamma\sum_{s'}p(s'|s,a)v_*(s')\right],\quad s\in\mathcal{S}$$

❑ 用最优动作价值函数表示最优动作价值函数，备份图见图 2-5b：

$$q_*(s,a)=r(s,a)+\gamma\sum_{s'}p(s'|s,a)\max_{a'}q_*(s',a'),\quad s\in\mathcal{S},a\in\mathcal{A}$$

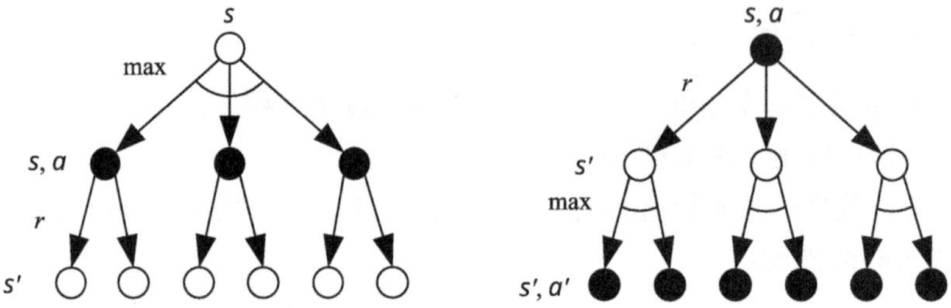

a）用最优状态价值函数表示最优状态价值函数　　b）用最优动作价值函数表示最优动作价值函数

图 2-5　最优状态价值函数和最优动作价值函数自我表示的备份图

例如，对于表 2-1 的动力系统，其最优价值满足：

$$
\begin{aligned}
v_*(饿) &= \max\left\{q_*(饿,不吃), q_*(饿,吃)\right\} \\
v_*(饱) &= \max\left\{q_*(饱,不吃), q_*(饱,吃)\right\} \\
q_*(饿,不吃) &= 1\cdot\left(-2+\gamma v_*(饿)\right)+0 \\
q_*(饿,吃) &= (1-\alpha)\left(-3+\gamma v_*(饿)\right)+\alpha\left(+1+\gamma v_*(饱)\right) \\
q_*(饱,不吃) &= \beta\left(-2+\gamma v_*(饿)\right)+(1-\beta)\left(+2+\gamma v_*(饱)\right) \\
q_*(饱,吃) &= 0+1\cdot\left(+1+\gamma v_*(饱)\right)
\end{aligned}
$$

用这个方程可以求得最优价值函数。

接下来我们来用 sympy 求解这个方程组。这个方程组里含有 max() 运算，是一个非线性方程组。我们可以通过分类讨论来化解这个 max() 运算，将其转化为多个线性方程组分别求解。具体而言，这个方程组可分为 4 类情况讨论，用代码清单 2-2 求解。

代码清单 2-2　求解示例 Bellman 最优方程

```
import sympy
from sympy import symbols
sympy.init_printing()
alpha, beta, gamma = symbols('alpha beta gamma')
v_hungry, v_full = symbols('v_hungry v_full')
q_hungry_eat, q_hungry_none, q_full_eat, q_full_none = \
        symbols('q_hungry_eat q_hungry_none q_full_eat q_full_none')
xy_tuples = ((0, 0), (1, 0), (0, 1), (1, 1))
for x, y in xy_tuples: # 分类讨论
    system = sympy.Matrix((
            (1, 0, x-1, -x, 0, 0, 0),
            (0, 1, 0, 0, -y, y-1, 0),
            (-gamma, 0, 1, 0, 0, 0, -2),
            ((alpha-1)*gamma, -alpha*gamma, 0, 1, 0, 0, 4*alpha-3),
            (-beta*gamma, (beta-1)*gamma, 0, 0, 1, 0, -4*beta+2),
            (0, -gamma, 0, 0, 0, 1, 1) ))
    result = sympy.solve_linear_system(system,
            v_hungry, v_full,
            q_hungry_none, q_hungry_eat, q_full_none, q_full_eat)
    msgx = 'v(饿) = q(饿,{}吃)'.format('' if x else '不')
    msgy = 'v(饱) = q(饱,{}吃)'.format('不' if y else '')
    print('==== {}, {} ==== x = {}, y = {} ===='.format(msgx, msgy, x, y))
    display(result)
```

接下来，我们对这个方程组进行进一步的分析。比较最优价值满足的方程组和一般策略的价值方程组可以发现，最优价值方程组的解正是在一般策略价值方程组的解中 (x,y) 分别取 $(0,0)$、$(0,1)$、$(1,0)$、$(1,1)$ 得到。所以，我们用一般策略价值方程组的解的形式来表示最优价值方程组的解，并比较其中 $q_*(饱,不吃)$ 和 $q_*(饱,吃)$ 的大小，以及 $q_*(饿,不吃)$ 和 $q_*(饿,吃)$ 的大小。在比较时，注意到 $x,y\in\{0,1\}$ 并且已经假设 $\alpha,\beta,\gamma\in(0,1)$。所以可以验证

$$\Delta=(1-\gamma)\big(1-(1-\alpha x-\beta y)\gamma\big)>0$$

进而比较大小可以只比较分子部分。

首先来比较 q_*(饿,不吃) 和 q_*(饿,吃) 的大小。q_*(饿,不吃) $\leqslant q_*$(饿,吃) 等价于

$$\begin{aligned}&\alpha\gamma^2xy-\alpha\gamma^2x+2\alpha\gamma x-\beta\gamma^2xy-2\beta\gamma y+\gamma^2x-\gamma x+2\gamma-2\leqslant\\&\alpha\gamma^2xy-\alpha\gamma^2x-\alpha\gamma^2y+\alpha\gamma^2+2\alpha\gamma x+\alpha\gamma y-5\alpha\gamma+4\alpha-\beta\gamma^2xy+\beta\gamma^2y\\&-3\beta\gamma y+\gamma^2x-\gamma^2-\gamma x+4\gamma-3\end{aligned}$$

即

$$-\alpha\gamma^2y+\alpha\gamma^2+\alpha\gamma y-5\alpha\gamma+4\alpha+\beta\gamma^2y-\beta\gamma y-\gamma^2+2\gamma-1\geqslant0$$

两边除以 $(1-\gamma)$ 可得

$$\alpha\gamma y-\alpha\gamma+4\alpha-\beta\gamma y+\gamma-1\geqslant0\ ,$$

注意到 $1-\alpha+(\alpha-\beta)y>0$，上述不等式等价于

$$\gamma\geqslant\frac{1-4\alpha}{1-\alpha+(\alpha-\beta)y}$$

接着来比较 q_*(饱,不吃) 和 q_*(饱,吃) 的大小。q_*(饱,不吃) $\leqslant q_*$(饱,吃) 等价于

$$\begin{aligned}&\alpha\gamma^2xy-\alpha\gamma^2x+2\alpha\gamma x-\beta\gamma^2xy+\beta\gamma^2x+\beta\gamma^2y-\beta\gamma^2-\beta\gamma x-3\beta\gamma y\\&+5\beta\gamma-4\beta-\gamma^2y+\gamma^2+\gamma y-3\gamma+2\leqslant\\&\alpha\gamma^2xy+\alpha\gamma x-\beta\gamma^2xy+\beta\gamma^2y-3\beta\gamma y-\gamma^2y+\gamma y-\gamma+1\end{aligned}$$

即

$$\alpha\gamma^2x-\alpha\gamma x-\beta\gamma^2x+\beta\gamma x+\beta\gamma^2-5\beta\gamma+4\beta-\gamma^2+2\gamma-1\geqslant0$$

两边除以 $(1-\gamma)$ 可得

$$-\alpha\gamma x+\beta\gamma x-\beta\gamma+4\beta+\gamma-1\geqslant0$$

注意到 $1-\beta+(\beta-\alpha)x>0$，上述不等式等价于

$$\gamma\geqslant\frac{1-4\beta}{1-\beta+(\beta-\alpha)x}$$

综合以上分析，有以下 4 种情况。

情况Ⅰ： q_*(饿,不吃) $>q_*$(饿,吃) 且 q_*(饱,不吃) $\leqslant q_*$(饱,吃)。这时有 v_*(饿) $=q_*$(饿,不吃) 且 v_*(饱) $=q_*$(饱,吃)，以及 $x=0$ 且 $y=0$。相应条件简化为 $\gamma<\dfrac{1-4\alpha}{1-\alpha}$ 且 $\gamma\geqslant\dfrac{1-4\beta}{1-\beta}$，最优价值简化为

$$q_*(饿,吃)=\frac{1}{1-\gamma}(-\alpha\gamma+4\alpha+\gamma-3)\text{，}\ v_*(饿)=q_*(饿,不吃)=\frac{-2}{1-\gamma}\text{，}$$

$$v_*(饱)=q_\pi(饱,吃)=\frac{1}{1-\gamma}，\quad q_\pi(饱,不吃)=\frac{1}{1-\gamma}(\beta\gamma-4\beta-\gamma+2)$$

情况 II：$q_*(饿,不吃)\leqslant q_*(饿,吃)$ 且 $q_*(饱,不吃)\leqslant q_*(饱,吃)$。这时有 $v_*(饿)=q_*(饿,吃)$ 且 $v_*(饱)=q_*(饱,吃)$，以及 $x=1$ 且 $y=0$。相应条件简化为 $\gamma\geqslant\frac{1-4\alpha}{1-\alpha}$ 且 $\gamma<\frac{1-4\beta}{1-\alpha}$，最优价值简化为

$$q_*(饿,不吃)=\frac{1}{\Delta_{\text{II}}}\left(-\alpha\gamma^2+2\alpha\gamma+\gamma^2+\gamma-2\right)，\quad v_*(饿)=q_*(饿,吃)=\frac{1}{\Delta_{\text{II}}}(-3\alpha\gamma+4\alpha+3\gamma-3)，$$

$$q_*(饱,不吃)=\frac{1}{\Delta_{\text{II}}}\left(-\alpha\gamma^2+2\alpha\gamma+4\beta\gamma-4\beta+\gamma^2-3\gamma+2\right)，\quad v_*(饱)=q_\pi(饱,吃)=\frac{1}{1-\gamma}，$$

其中

$$\Delta_{\text{II}}=(1-\gamma)\big(1-(1-\alpha)\gamma\big)$$

情况 III：$q_*(饿,不吃)>q_*(饿,吃)$ 且 $q_*(饱,不吃)>q_*(饱,吃)$。这时有 $v_*(饿)=q_*(饿,不吃)$ 且 $v_*(饱)=q_*(饱,不吃)$，以及 $x=0$ 且 $y=1$。相应条件简化为 $\gamma<\frac{1-4\alpha}{1-\beta}$ 且 $\gamma<\frac{1-4\beta}{1-\beta}$，最优价值简化为

$$v_*(饿)=q_*(饿,不吃)=\frac{-2}{1-\gamma}，\quad q_*(饿,吃)=\frac{1}{\Delta_{\text{III}}}\left(-4\alpha\gamma+4\alpha+\beta\gamma^2-3\beta\gamma-\gamma^2+4\gamma-3\right)，$$

$$v_*(饱)=q_*(饱,不吃)=\frac{1}{\Delta_{\text{III}}}(2\beta\gamma-4\beta-2\gamma+2)，\quad q_\pi(饱,吃)=\frac{1}{\Delta_{\text{III}}}\left(\beta\gamma^2-3\beta\gamma-\gamma^2+1\right)，$$

其中

$$\Delta_{\text{III}}=(1-\gamma)\big(1-(1-\beta)\gamma\big)$$

情况 IV：$q_*(饿,不吃)\leqslant q_*(饿,吃)$ 且 $q_*(饱,不吃)>q_*(饱,吃)$。这时有 $v_*(饿)=q_*(饿,吃)$ 且 $v_*(饱)=q_*(饱,不吃)$，以及 $x=1$ 且 $y=1$。相应条件简化为 $\gamma\geqslant\frac{1-4\alpha}{1-\beta}$ 且 $\gamma<\frac{1-4\beta}{1-\alpha}$，最优价值简化为

$$q_*(饿,不吃)=\frac{1}{\Delta_{\text{IV}}}\left(2\alpha\gamma-\beta\gamma^2-2\beta\gamma+\gamma^2+\gamma-2\right)，$$

$$v_*(饿)=q_*(饿,吃)=\frac{1}{\Delta_{\text{IV}}}(-2\alpha\gamma+4\alpha-3\beta\gamma+3\gamma-3)，$$

$$v_*(饱)=q_*(饱,不吃)=\frac{1}{\Delta_{\text{IV}}}(2\alpha\gamma+\beta\gamma-4\beta-2\gamma+2)，$$

$$q_*(饱,吃)=\frac{1}{\Delta_{\text{IV}}}\left(\alpha\gamma^2+\alpha\gamma-3\beta\gamma-\gamma^2+1\right)$$

其中

$$\Delta_{\mathrm{IV}}=(1-\gamma)(1-(1-\alpha-\beta)\gamma)$$

对于给定数值的情况，更常将 $v_*(s)=\max_{a\in\mathcal{A}} q_*(s,a)$（$s\in\mathcal{S}$）松弛为 $v_*(s)\geqslant q_*(s,a)$（$s\in\mathcal{S},a\in\mathcal{A}(s)$），并消去 $q_*(s,a)$ 以减少决策变量，得到新的线性规划：

$$\begin{array}{ll} \text{minimize} & \sum_{s\in\mathcal{S}} c(s)v(s) \\ \text{over} & v(s),\ \ s\in\mathcal{S} \\ \text{s.t.} & v(s)\geqslant r(s,a)+\gamma\sum_{s'} p(s'|s,a)v(s'),\ \ s\in\mathcal{S},a\in\mathcal{A} \end{array}$$

其中 $c(s)$（$s\in\mathcal{S}$）是一组任意取值的正实数。Bellman 最优方程的解显然在线性规划的可行域内。而由于 $c(s)>0$（$s\in\mathcal{S}$），所以线性规划的最优解肯定会让约束条件中的某些不等式取到等号，使得 Bellman 最优方程成立。可以证明，这个线性规划的最优解满足 Bellman 最优方程。

例如，在之前的例子中，如果限定 $\alpha=\frac{2}{3}$，$\beta=\frac{3}{4}$，$\gamma=\frac{4}{5}$，我们用这个线性规划求得最优状态价值为

$$v_\pi(饿)=\frac{35}{11},\ \ v_\pi(饱)=5$$

进而由最优状态价值推算出最优动作价值为

$$q_\pi(饿,不吃)=\frac{6}{11},\ \ q_\pi(饿,吃)=\frac{35}{11},\ \ q_\pi(饱,不吃)=\frac{21}{11},\ \ q_\pi(饱,吃)=5$$

2.3.3　用 Bellman 最优方程求解最优策略

在理论上，通过求解 Bellman 最优方程，就可以找到最优价值函数。一旦找到最优价值函数，就能很轻易地找到一个最优策略：对于每个状态 $s\in\mathcal{S}$，总是选择让 $q_*(s,a)$ 最大的动作 a。

例如，对于表 2-1 的动力系统，我们已经通过分类讨论求得了最优价值。那么它的最优策略也可以通过分类讨论立即得到：

情况 I：当 $\gamma<\frac{1-4\alpha}{1-\alpha}$ 且 $\gamma\geqslant\frac{1-4\beta}{1-\beta}$ 时，最优策略为

$$\pi_*(饿)=不吃,\ \ \pi(饱)=吃\ ,$$

即饿时不吃，饱时吃。

情况 II：当 $\gamma\geqslant\frac{1-4\alpha}{1-\alpha}$ 且 $\gamma<\frac{1-4\beta}{1-\alpha}$ 时，最优策略为

$$\pi_*(饿)=吃,\quad \pi(饱)=吃\ ,$$

即一直吃。

情况 III：当 $\gamma<\dfrac{1-4\alpha}{1-\beta}$ 且 $\gamma<\dfrac{1-4\beta}{1-\beta}$ 时，最优策略为

$$\pi_*(饿)=不吃,\quad \pi(饱)=不吃\ ,$$

即一直不吃。

情况 IV：当 $\gamma\geqslant\dfrac{1-4\alpha}{1-\beta}$ 且 $\gamma<\dfrac{1-4\beta}{1-\alpha}$ 时，最优策略为

$$\pi_*(饿)=吃,\quad \pi(饱)=不吃\ ,$$

即饿时吃，饱时不吃。

对于一组特定的数值，求解则更加直接。例如，当 $\alpha=\dfrac{2}{3}$，$\beta=\dfrac{3}{4}$，$\gamma=\dfrac{4}{5}$ 时，2.3.2 节已经求得了最优动作价值，且最优动作价值满足 $q_*(饿,不吃)<q_*(饿,吃)$ 且 $q_*(饱,不吃)<q_*(饱,吃)$。所以，它对应的最优策略为 $\pi_*(饿)=\pi_*(饱)=吃$。

但是，实际使用 Bellman 最优方程求解最优策略可能会遇到下列困难。

- 难以列出 Bellman 最优方程。列出 Bellman 最优方程要求对动力系统完全了解，并且动力系统必须可以用有 Markov 性的 Markov 决策过程来建模。在实际问题中，环境往往十分复杂，很难非常周全地用概率模型完全建模。
- 难以求解 Bellman 最优方程。在实际问题中，状态空间往往非常巨大，状态空间和动作空间的组合更是巨大。这种情况下，没有足够的计算资源来求解 Bellman 最优方程。所以这时候会考虑采用间接的方法求解最优价值函数的值，甚至是近似值。

2.4 案例：悬崖寻路

本节考虑 Gym 库中的悬崖寻路问题（CliffWalking-v0）。悬崖寻路问题是这样一种回合制问题：在一个 4×12 的网格中，智能体最开始在左下角的网格，希望移动到右下角的网格，见图 2-6。智能体每次可以在上、下、左、右这 4 个方向中移动一步，每移动一步会惩罚一个单位的奖励。但是，移动有以下限制。

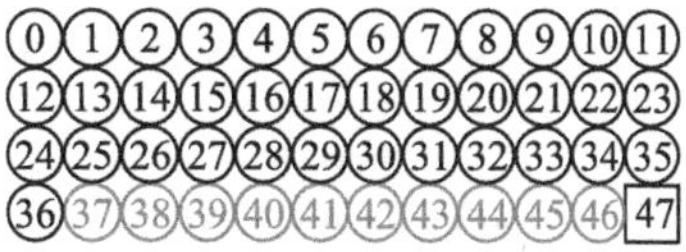

图 2-6　悬崖寻路问题示意图（其中 36 是起点，37 ～ 46 是悬崖，47 是终点）

- 智能体不能移出网格。如果智能体想执行某个动作移出网格，那么就让本步智能体不移动。但是这个操作依然会惩罚一个单位的奖励。

- 如果智能体将要到达最下一排网格（即开始网格和目标网格之间的 10 个网格），智能体会立即回到开始网格，并惩罚 100 个单位的奖励。这 10 个网格可被视为“悬崖”。

当智能体移动到终点时，回合结束，回合总奖励为各步奖励之和。

2.4.1 实验环境使用

Gym 库中的环境 'CliffWalking-v0' 实现了悬崖寻路的环境。代码清单 2-3 演示了如何导入这个环境并查看这个环境的基本信息。

代码清单 2-3　导入 'CliffWalking-v0' 环境

```
import gym
env = gym.make('CliffWalking-v0')
print('观测空间 = {}'.format(env.observation_space))
print('动作空间 = {}'.format(env.action_space))
print('状态数量 = {}, 动作数量 = {}'.format(env.nS, env.nA))
print('地图大小 = {}'.format(env.shape))
```

这个环境是一个离散的 Markov 决策过程。在这个 Markov 决策过程中，每个状态是取自 $\mathcal{S}=\{0,1,\ldots,46\}$ 的 int 型数值（加上终止状态则为 $\mathcal{S}^+=\{0,1,\ldots,46,47\}$），表示当前智能体在图 2-6 中对应的位置上。动作是取自 $\mathcal{A}=\{0,1,2,3\}$ 的 int 型数值：0 表示向上，1 表示向右，2 表示向下，3 表示向左。奖励取自 $\{-1,-100\}$，遇到悬崖为 -100，否则为 -1。

代码清单 2-4 给出了用给出的策略运行一个回合的代码。函数 play_once() 有两个参数，一个是环境对象，另外一个是策略 policy，它是 np.array 类型的实例。

代码清单 2-4　运行一个回合

```
import numpy as np
def play_once(env, policy):
    total_reward = 0
    state = env.reset()
    while True:
        loc = np.unravel_index(state, env.shape)
        print('状态 = {}, 位置 = {}'.format(state, loc), end=' ')
        action = np.random.choice(env.nA, p=policy[state])
        state, reward, done, _ = env.step(action)
        print('动作 = {}, 奖励 = {}'.format(action, reward))
        total_reward += reward
        if done:
            break
    return total_reward
```

代码清单 2-5 给出了一个最优策略 optimal_policy。最优策略是在开始处向上，接着一路向右，然后到最右边时向下。

代码清单 2-5　最优策略

```
actions = np.ones(env.shape, dtype=int)
actions[-1, :] = 0
```

```
actions[:, -1] = 2
optimal_policy = np.eye(4)[actions.reshape(-1)]
```

下面的代码用最优策略运行一个回合。采用最优策略，从开始网格到目标网格一共要移动 13 步，回合总奖励为 –13 。

```
total_reward = play_once(env, optimal_policy)
print('总奖励 = {}'.format(total_reward))
```

2.4.2 求解 Bellman 期望方程

接下来考虑策略评估。我们用 Bellman 期望方程求解给定策略的状态价值和动作价值。首先来看状态价值。用状态价值表示状态价值的 Bellman 期望方程为：

$$v_\pi(s)=\sum_a \pi(a|s)\left[\sum_{s',r} p(s',r|s,a)\left[r+\gamma v_\pi(s')\right]\right],\quad s\in\mathcal{S}$$

这是一个线性方程组，其标准形式为：

$$v_\pi(s)-\gamma\sum_a\sum_{s'}\pi(a|s)p(s'|s,a)v_\pi(s')=\sum_a\pi(a|s)\sum_{s',r}rp(s',r|s,a),\quad s\in\mathcal{S}$$

得到标准形式后就可以调用相关函数直接求解。得到状态价值函数后，可以用状态价值表示动作价值的 Bellman 期望方程：

$$q_\pi(s,a)=\sum_{s',r}p(s',r|s,a)\left[r+\gamma v_\pi(s')\right],\quad s\in\mathcal{S},a\in\mathcal{A}$$

来求动作价值函数。

代码清单 2-6 中的函数 evaluate_bellman() 实现了上述功能。状态价值求解部分用 np.linalg.solve() 函数求解标准形式的线性方程组。得到状态价值后，直接计算得到动作价值。

代码清单 2-6 用 Bellman 方程求解状态价值和动作价值

```
def evaluate_bellman(env, policy, gamma=1.):
    a, b = np.eye(env.nS), np.zeros((env.nS))
    for state in range(env.nS - 1):
        for action in range(env.nA):
            pi = policy[state][action]
            for p, next_state, reward, done in env.P[state][action]:
                a[state, next_state] -= (pi * gamma * p)
                b[state] += (pi * reward * p)
    v = np.linalg.solve(a, b)
    q = np.zeros((env.nS, env.nA))
    for state in range(env.nS - 1):
        for action in range(env.nA):
            for p, next_state, reward, done in env.P[state][action]:
                q[state][action] += ((reward + gamma * v[next_state]) * p)
    return v, q
```

接下来我们用代码清单 2-6 中的 evaluate_bellman() 函数评估给出的策略。代码清单 2-7 和代码清单 2-8 分别评估了一个随机策略和最优确定性策略，并输出了状态价值函数和动作价值函数。

代码清单 2-7　评估随机策略

```
policy = np.random.uniform(size=(env.nS, env.nA))
policy = policy / np.sum(policy, axis=1)[:, np.newaxis]
state_values, action_values = evaluate_bellman(env, policy)
print('状态价值 = {}'.format(state_values))
print('动作价值 = {}'.format(action_values))
```

代码清单 2-8　评估最优策略

```
optimal_state_values, optimal_action_values = \
        evaluate_bellman(env, optimal_policy)
print('最优状态价值 = {}'.format(optimal_state_values))
print('最优动作价值 = {}'.format(optimal_action_values))
```

2.4.3　求解 Bellman 最优方程

对于悬崖寻路这样的数值环境，可以使用线性规划求解。线性规划问题的标准形式为：

$$\begin{aligned} &\text{minimize} && \sum_{s\in\mathcal{S}} v(s) \\ &\text{over} && v(s),\quad s\in\mathcal{S} \\ &\text{s.t.} && v(s)-\gamma\sum_{s',r}p(s',r|s,a)v(s')\geqslant\sum_{s',r}rp(s',r|s,a),\quad s\in\mathcal{S},\quad a\in\mathcal{A} \end{aligned}$$

其中目标函数中状态价值的系数已经被固定为 1。也可以选择其他正实数作为系数。

代码清单 2-9 使用 scipy.optimize.linprog() 函数来计算这个线性规划问题。这个函数的第 0 个参数是目标函数中各决策变量在目标函数中的系数，本例中都取 1；第 1 个和第 2 个参数是形如"$\mathbf{Ax}\leqslant\mathbf{b}$"这样的不等式约束的 $\mathbf{A}$ 和 $\mathbf{b}$ 的值。函数 optimal_bellman() 刚开始就计算得到这些值。scipy.optimize.linprog() 还有关键字参数 bounds，指定决策变量是否为有界的。本例中，决策变量都是无界的。无界也要显式指定，不可以忽略。还有关键字参数 method 确定优化方法。默认的优化方法不能处理不等式约束，这里选择了能够处理不等式约束的内点法（interior-point method）。

代码清单 2-9　用线性规划求解 Bellman 最优方程

```
import scipy

def optimal_bellman(env, gamma=1.):
    p = np.zeros((env.nS, env.nA, env.nS))
    r = np.zeros((env.nS, env.nA))
    for state in range(env.nS - 1):
        for action in range(env.nA):
            for prob, next_state, reward, done in env.P[state][action]:
```

```
                p[state, action, next_state] += prob
                r[state, action] += (reward * prob)
    c = np.ones(env.nS)
    a_ub = gamma * p.reshape(-1, env.nS) - \
            np.repeat(np.eye(env.nS), env.nA, axis=0)
    b_ub = -r.reshape(-1)
    a_eq = np.zeros((0, env.nS))
    b_eq = np.zeros(0)
    bounds = [(None, None),] * env.nS
    res = scipy.optimize.linprog(c, a_ub, b_ub, bounds=bounds,
            method='interior-point')
    v = res.x
    q = r + gamma * np.dot(p, v)
    return v, q

optimal_state_values, optimal_action_values = optimal_bellman(env)
print('最优状态价值 = {}'.format(optimal_state_values))
print('最优动作价值 = {}'.format(optimal_action_values))
```

求得最优动作价值后，可以用 argmax 计算出最优确定策略，代码清单 2-10 给出了从最优动作价值函数计算最优确定策略的代码。运行结果表明，计算得到的最优策略就是代码清单 2-5 给出的策略。

代码清单 2-10 用最优动作价值确定最优确定性策略

```
optimal_actions = optimal_action_values.argmax(axis=1)
print('最优策略 = {}'.format(optimal_actions))
```

2.5 本章小结

本章介绍了强化学习最重要的数学模型：Markov 决策模型。Markov 决策模型用动力系统来描述环境，用策略来描述智能体。本章还介绍了策略的价值函数和最优策略的最优价值函数。理论上，价值函数和最优价值函数可以通过 Bellman 期望方程和 Bellman 最优方程求解。但是在实际问题中，Bellman 期望方程和 Bellman 最优方程往往难以获得或难以求解。在后续的章节中，将给出解决这些问题的方法。

本章要点

- 在完全可观测的离散时间智能体/环境接口中引入概率和 Markov 性，可以得到 Markov 决策过程。
- 在 Markov 决策过程中，$\mathcal{S}$ 是状态空间（包括终止状态 $s_{终止}$ 的状态空间为 $\mathcal{S}^+$），$\mathcal{A}$ 是动作空间，$\mathcal{R}$ 是奖励空间，p 是动力。$p(s',r|s,a)$ 表示从状态 s 和动作 a 到状态 s' 和奖励 r 的转移概率。π 是策略。$\pi(a|s)$ 表示在状态 s 决定执行动作 a 的概率。
- 回报是未来奖励的和，奖励按折扣因子 γ 进行折扣。

- 对于一个策略 π，在某个状态 s 下的期望回报称为状态价值 $v_\pi(s)$，在某个状态动作对 (s,a) 下的期望回报称为动作价值 $q_\pi(s,a)$。
- 状态价值和动作价值满足：

$$v_\pi(s)=\sum_{a\in\mathcal{A}}\pi(a|s)q_\pi(s,a), \qquad s\in\mathcal{S}$$

$$q_\pi(s,a)=r(s,a)+\gamma\sum_{s'\in\mathcal{S}}p(s'|s,a)v_\pi(s'), \quad s\in\mathcal{S},a\in\mathcal{A}$$

- 用状态价值函数可以定义策略的偏序关系。对于一个环境，如果所有策略都小于等于某个策略 π_*，则称 π_* 是一个最优策略。
- 任何环境都存在最优策略。一个环境的所有最优策略有着相同的状态价值和动作价值，分别称为最优状态价值（记为 v_*）和最优动作价值（记为 q_*）。
- 最优状态价值和最优动作价值满足：

$$v_*(s)=\max_{a\in\mathcal{A}}q_*(s,a), \qquad s\in\mathcal{S}$$

$$q_*(s,a)=r(s,a)+\gamma\sum_{s'\in\mathcal{S}}p(s'|s,a)v_*(s'), \quad s\in\mathcal{S},a\in\mathcal{A}$$

- 可以应用下列线性规划求解最优状态价值：

$$\begin{array}{ll}\text{minimize} & \sum_{s\in\mathcal{S}}c(s)v(s) \\ \text{over} & v(s), \quad s\in\mathcal{S} \\ \text{s.t.} & v(s)\geqslant r(s,a)+\gamma\sum_{s'\in\mathcal{S}}p(s'|s,a)v(s'), \quad s\in\mathcal{S},a\in\mathcal{A}\end{array}$$

- 求解出最优动作价值后，可以用

$$\pi_*(s)=\arg\max_{a\in\mathcal{A}}q_*(s,a), \quad s\in\mathcal{S}$$

确定出一个确定性的最优策略。其中，对于某个 $s\in\mathcal{S}$，如果有多个动作值 a 使得 $q_*(s,a)$ 取得最大值，则任选一个动作即可。

CHAPTER 3

第 3 章

有模型数值迭代

在实际问题中，直接求解 Bellman 期望方程和 Bellman 最优方程往往有困难。其中的一大困难在于直接求解 Bellman 方程需要极多的计算资源。本章在假设动力系统完全已知的情况下，用迭代的数值方法来求解 Bellman 方程，得到价值函数与最优策略。由于有模型迭代并没有从数据里学习，所以一般不认为是一种机器学习或强化学习方法。

3.1 度量空间与压缩映射

本节介绍有模型策略迭代的理论基础：度量空间上的 Banach 不动点定理。度量空间和 Banach 不动点定理在一般的泛函分析教程中都会介绍。本节对必要的概念加以简要的复习，然后证明 Bellman 算子是压缩映射，可以用 Banach 不动点定理迭代求解 Bellman 方程。

3.1.1 度量空间及其完备性

度量（metric，又称距离），是定义在集合上的二元函数。对于集合 $\mathcal{X}$，其上的度量 $d:\mathcal{X}\times\mathcal{X}\to\mathbb{R}$，需要满足：

- 非负性：对任意的 $x',x''\in\mathcal{X}$，有 $d(x',x'')\geqslant 0$；
- 同一性：对任意的 $x',x''\in\mathcal{X}$，如果 $d(x',x'')=0$，则 $x'=x''$；
- 对称性：对任意的 $x',x''\in\mathcal{X}$，有 $d(x',x'')=d(x'',x')$；
- 三角不等式：对任意的 $x',x'',x'''\in\mathcal{X}$，有 $d(x',x''')\leqslant d(x',x'')+d(x'',x''')$。

有序对 $(\mathcal{X},d)$ 又称为**度量空间**（metric space）。

我们来看一个度量空间的例子。考虑有限 Markov 决策过程状态函数 $v(s)$（$s\in\mathcal{S}$），其所有可能的取值组成集合 $\mathcal{V}=\mathbb{R}^{|\mathcal{S}|}$，定义 d_∞ 如下：

$$d_\infty(v',v'')=\max_{s\in\mathcal{S}}|v'(s)-v''(s)|, v',v''\in\mathcal{V}$$

可以证明，d_∞ 是 $\mathcal{V}$ 上的一个度量。（证明：非负性、同一性、对称性是显然的。由于对于

$\forall s\in\mathcal{S}$有

$$\begin{aligned}&\left|v'(s)-v'''(s)\right|\\&=\left|\left[v'(s)-v''(s)\right]+\left[v''(s)-v'''(s)\right]\right|\\&\leqslant\left|v'(s)-v''(s)\right|+\left|v''(s)-v'''(s)\right|\\&\leqslant\max_{s\in\mathcal{S}}\left|v'(s)-v''(s)\right|+\max_{s\in\mathcal{S}}\left|v''(s)-v'''(s)\right|\end{aligned}$$

可得三角不等式。）所以，$(\mathcal{V},d_\infty)$是一个度量空间。

对于一个度量空间，如果 Cauchy 序列都收敛在该空间内，则称这个度量空间是**完备的**（complete）。

例如，实数集 $\mathbb{R}$ 就是一个著名的完备空间（事实上实数集就是由完备性定义出来的。有理数集不完备，加上无理数集就完备了），对于度量空间$(\mathcal{V},d_\infty)$也是完备的。（证明：考虑其中任意 Cauchy 列$\{v_k:k=0,1,2,\ldots\}$，即对任意的正实数$\varepsilon>0$，存在正整数κ使得任意的$k',k''>\kappa$，均有$d_\infty(v_{k'},v_{k''})<\varepsilon$。对于$\forall s\in\mathcal{S}$，$\left|v_{k'}(s)-v_{k''}(s)\right|\leqslant d_\infty(v_{k'},v_{k''})<\varepsilon$，所以$\{v_k(s):k=0,1,2,\ldots\}$是 Cauchy 列。由实数集的完备性，可以知道$\{v_k(s):k=0,1,2,\ldots\}$收敛于某个实数，记这个实数为$v_\infty(s)$。所以，对于$\forall\varepsilon>0$，存在正整数$\kappa(s)$，对于任意$k>\kappa(s)$，有$\left|v_k(s)-v_\infty(s)\right|<\varepsilon$。取$\kappa(\mathcal{S})=\max_{s\in\mathcal{S}}\kappa(s)$，有$d_\infty(v_k,v_\infty)<\varepsilon$，所以$\{v_k:k=0,1,2,\ldots\}$收敛于$v_\infty$，而$v_\infty\in\mathcal{V}$，完备性得证）。

3.1.2 压缩映射与 Bellman 算子

本节介绍压缩映射的定义，并证明 Bellman 期望算子和 Bellman 最优算子是度量空间$(\mathcal{V},d_\infty)$上的压缩映射。

对于一个度量空间$(\mathcal{X},d)$和其上的一个映射$t:\mathcal{X}\to\mathcal{X}$，如果存在某个实数$\gamma\in(0,1)$，使得对于任意的$x',x''\in\mathcal{X}$，都有

$$d\left(t(x'),t(x'')\right)<\gamma d(x',x'')$$

则称映射t是**压缩映射**（contraction mapping，或 Lipschitzian mapping）。其中的实数γ被称为 Lipschitz 常数。

第 2 章中介绍了 Bellman 期望方程和 Bellman 最优方程。这两个方程都有用状态价值表示状态价值的形式。根据这个形式，我们可以为度量空间$(\mathcal{V},d_\infty)$定义 Bellman 期望算子和 Bellman 最优算子。

- 给定策略$\pi(a|s)$（$s\in\mathcal{S},a\in\mathcal{A}(s)$）的 Bellman 期望算子$t_\pi:\mathcal{V}\to\mathcal{V}$：

$$t_\pi(v)(s)=\sum_a\pi(a|s)\left[r(s,a)+\gamma\sum_{s'}p(s'|s,a)v(s')\right],\quad s\in\mathcal{S}$$

- Bellman 最优算子 $t_*:\mathcal{V}\to\mathcal{V}$：

$$t_*(v)(s)=\max_{a\in\mathcal{A}}\left[r(s,a)+\gamma\sum_{s'\in\mathcal{S}}p(s'\mid s,a)v(s')\right],\quad s\in\mathcal{S}$$

下面我们就来证明，这两个算子都是压缩映射。

首先来看 Bellman 期望算子 t_π。由 t_π 的定义可知，对任意的 $v',v''\in\mathcal{V}$，有

$$t_\pi(v')(s)-t_\pi(v'')(s)=\gamma\sum_a\pi(a\mid s)\sum_{s'}p(s'\mid s,a)\left[v'(s')-v''(s')\right]$$

所以

$$\left|t_\pi(v')(s)-t_\pi(v'')(s)\right|\leqslant\gamma\sum_a\pi(a\mid s)\sum_{s'}p(s'\mid s,a)\max_{s'}\left|v'(s')-v''(s')\right|=\gamma d_\infty(v',v'')$$

考虑到 s 是任取的，所以有

$$d_\infty\left(t_\pi(v'),t_\pi(v'')\right)\leqslant\gamma d_\infty(v',v'')$$

当 $\gamma<1$ 时，t_π 就是压缩映射。

接下来看 Bellman 最优算子 t_*。要证明 t_* 是压缩映射，需要用到下列不等式：

$$\left|\max_a f'(a)-\max_a f''(a)\right|\leqslant\max_a\left|f'(a)-f''(a)\right|$$

其中 f' 和 f'' 是任意的以 a 为自变量的函数。（证明：设 $a'=\arg\max_a f'(a)$，则

$$\max_a f'(a)-\max_a f''(a)=f'(a')-\max_a f''(a)\leqslant f'(a')-f''(a')\leqslant\max_a\left|f'(a)-f''(a)\right|$$

同理可证 $\max_a f''(a)-\max_a f'(a)\leqslant\max_a\left|f'(a)-f''(a)\right|$，于是不等式得证。）利用这个不等式，对任意的 $v',v''\in\mathcal{V}$，有

$$\begin{aligned}
&t_*(v')(s)-t_*(v'')(s)\\
&=\max_{a\in\mathcal{A}}\left[r(s,a)+\gamma\sum_{s'\in\mathcal{S}}p(s'\mid s,a)v'(s')\right]-\max_{a\in\mathcal{A}}\left[r(s,a)+\gamma\sum_{s'\in\mathcal{S}}p(s'\mid s,a)v''(s')\right]\\
&\leqslant\max_{a'\in\mathcal{A}}\left|\gamma\sum_{s'\in\mathcal{S}}p(s'\mid s,a')\left(v'(s')-v''(s')\right)\right|\\
&\leqslant\gamma\max_{a'\in\mathcal{A}}\left|\sum_{s'\in\mathcal{S}}p(s'\mid s,a')\right|\max_{s'\in\mathcal{S}}\left|v'(s')-v''(s')\right|\\
&\leqslant\gamma d_\infty(v',v'')
\end{aligned}$$

进而易知 $\left|t_*(v')(s)-t_*(v'')(s)\right|\leqslant\gamma d_\infty(v',v'')$，所以 t_* 是压缩映射。

3.1.3 Banach 不动点定理

对于度量空间 $(\mathcal{X},d)$ 上的映射 $t:\mathcal{X}\to\mathcal{X}$，如果 $x\in\mathcal{X}$ 使得 $t(x)=x$，则称 x 是映射 t 的**不动点**（fixed point）。

例如，策略 π 的状态价值函数 $v_\pi(s)$（$s \in \mathcal{S}$）满足 Bellman 期望方程，是 Bellman 期望算子 t_π 的不动点。最优状态价值 $v_*(s)$（$s \in \mathcal{S}$）满足 Bellman 最优方程，是 Bellman 最优算子 t_* 的不动点。

完备度量空间上的压缩映射有非常重要的结论：Banach 不动点定理。**Banach 不动点定理**（Banach fixed-point theorem，又称压缩映射定理，compressed mapping theorem）的内容是：$(\mathcal{X},d)$ 是非空的完备度量空间，$t:\mathcal{X} \to \mathcal{X}$ 是一个压缩映射，则映射 t 在 $\mathcal{X}$ 内有且仅有一个不动点 $x_{+\infty}$。更进一步，这个不动点可以通过下列方法求出：从 $\mathcal{X}$ 内的任意一个元素 x_0 开始，定义迭代序列 $x_k = t(x_{k-1})$（$k=1,2,3,\ldots$），这个序列收敛，且极限为 $x_{+\infty}$。（证明：考虑任取的 x_0 及其确定的列 $\{x_k : k = 0,1,\ldots\}$，我们可以证明它是 Cauchy 序列。对于任意的 k',k'' 且 $k' < k''$，用距离的三角不等式和非负性可知，

$$d(x_{k'},x_{k''}) \leqslant d(x_{k'},x_{k'+1}) + d(x_{k'+1},x_{k'+2}) + \cdots + d(x_{k''-1},x_{k''}) \leqslant \sum_{k=k'}^{+\infty} d(x_{k+1},x_k)$$

再反复利用压缩映射可知，对于任意的正整数 k 有 $d(x_{k+1},x_k) \leqslant \gamma^k d(x_1,x_0)$，代入得：

$$d(x_{k'},x_{k''}) \leqslant \sum_{k=k'}^{+\infty} d(x_{k+1},x_k) \leqslant \sum_{k=k'}^{+\infty} \gamma^k d(x_1,x_0) = \frac{\gamma^{k'}}{1-\gamma} d(x_1,x_0)$$

由于 $\gamma \in (0,1)$，所以上述不等式右端可以任意小，得证。）

Banach 不动点定理给出了求完备度量空间中压缩映射不动点的方法：从任意的起点开始，不断迭代使用压缩映射，最终就能收敛到不动点。并且在证明的过程中，还给出了收敛速度，即迭代正比于 γ^k 的速度收敛（其中 k 是迭代次数）。在 3.1.1 节我们已经证明了 $(\mathcal{V},d_\infty)$ 是完备的度量空间，而 3.1.2 节又证明了 Bellman 期望算子和 Bellman 最优算子是压缩映射，那么就可以用迭代的方法求 Bellman 期望算子和 Bellman 最优算子的不动点。由于 Bellman 期望算子的不动点就是策略价值，Bellman 最优算子的不动点就是最优价值，所以这就意味着我们可以用迭代的方法求得策略的价值或最优价值。在后面的小节中，我们就来具体看看求解的算法。

3.2 有模型策略迭代

本节介绍在给定动力系统 p 的情况下的策略评估、策略改进和策略迭代。策略评估、策略改进和策略迭代分别指以下操作。

- **策略评估**（policy evaluation）：对于给定的策略 π，估计策略的价值，包括动作价值和状态价值；
- **策略改进**（policy improvement）：对于给定的策略 π，在已知其价值函数的情况下，找到一个更优的策略；
- **策略迭代**（policy iteration）：综合利用策略评估和策略改进，找到最优策略。

3.2.1 策略评估

本节介绍如何用迭代方法评估给定策略的价值函数。如果能求得状态价值函数，那么就能很容易地求出动作价值函数。由于状态价值函数只有$|\mathcal{S}|$个自变量，而动作价值函数有$|\mathcal{S}|\times|\mathcal{A}|$个自变量，所以存储状态价值函数比较节约空间。

用迭代的方法评估给定策略的价值函数的算法如算法 3-1 所示。算法 3-1 一开始初始化状态价值函数v_0，并在后续的迭代中用 Bellman 期望方程的表达式更新一轮所有状态的状态价值函数。这样对所有状态价值函数的一次更新又称为一次扫描（sweep）。在第k次扫描时，用v_{k-1}的值来更新v_k的值，最终得到一系列的$v_0,v_1,v_2,\ldots$。

算法 3-1 有模型策略评估迭代算法

输入：动力系统p，策略π。

输出：状态价值函数v_π的估计值。

参数：控制迭代次数的参数（如误差容忍度$\vartheta_{\max}$或最大迭代次数$k_{\max}$）。

1.（初始化）对于$s\in\mathcal{S}$，将$v_0(s)$初始化为任意值（比如 0）。如果有终止状态，将终止状态初始化为 0，即$v_0(s_{终止})\leftarrow 0$。

2.（迭代）对于$k\leftarrow 0,1,2,3,\ldots$，迭代执行以下步骤。

2.1 对于$s\in\mathcal{S}$，逐一更新$v_{k+1}(s)\leftarrow\sum_a\pi(a|s)q_k(s,a)$，其中

$$q_k(s,a)\leftarrow r(s,a)+\gamma\sum_{s'}p(s'|s,a)v_k(s')$$

2.2 如果满足迭代终止条件（如对$s\in\mathcal{S}$均有$|v_{k+1}(s)-v_k(s)|<\vartheta_{\max}$，或达到最大迭代次数$k=k_{\max}$），则跳出循环。

在实际迭代过程中，迭代不能无止境地进行下去。所以，需要设定迭代的终止条件。迭代的终止条件可以有多种形式，这里给出两种常见的形式。

- 迭代次数不能超过最大迭代次数$k_{\max}$，这里$k_{\max}$是一个比较大的正整数；
- 如果某次迭代的所有状态价值的变化值都小于误差容忍度$\vartheta_{\max}$（$\vartheta_{\max}>0$），则认为迭代达到了精度，迭代可以停止。

误差容忍度和最大迭代次数可以单独使用，也可以配合使用。

值得一提的是，算法 3-1 没必要为每次扫描都重新分配一套空间来存储。一种优化的方法是，设置奇数次迭代的存储空间和偶数次迭代的存储空间，一开始初始化偶数次存储空间，当k是奇数时，用偶数次存储空间来更新奇数次存储空间；当k是偶数时，用奇数次存储空间来更新偶数次存储空间。这样，一共只需要两套存储空间就可以完成算法。

如果想进一步减少空间使用，可以考虑算法 3-2。算法 3-2 只使用一套存储空间。每次扫描时，它都及时更新状态价值函数。这样，在更新后续的状态时，用来更新的状态价值

函数有些在本次迭代中已经更新了，有些在本次迭代中还没有更新。所以，算法 3-2 的计算结果和算法 3-1 的计算结果不完全相同。不过，算法 3-2 在迭代次数不限的情况下也能收敛到状态价值函数。

算法 3-2　有模型策略评估迭代算法（节省空间的做法）

输入：动力系统 p，策略 π。

输出：v_π 的估计值。

参数：控制迭代次数的参数（如误差容忍度 $\vartheta_{\max}$ 或最大迭代次数 $k_{\max}$）。

1.（初始化）$v(s) \leftarrow$ 任意值，$s \in \mathcal{S}$。如果有终止状态，将终止状态初始化为 0，即 $v(s_{终止}) \leftarrow 0$。

2.（迭代）对于 $k \leftarrow 0,1,2,3,\ldots$，迭代执行以下步骤。

2.1 对于使用误差容忍度的情况，初始化本次迭代观测到的最大误差 $\vartheta \leftarrow 0$；

2.2 对于 $s \in \mathcal{S}$：

2.2.1 计算新状态价值 $v_{新} \leftarrow \sum_a \pi(a|s)\left[r(s,a)+\gamma\sum_{s'} p(s'|s,a)v(s')\right]$；

2.2.2 对于使用误差容忍度的情况，更新本次迭代观测到的最大误差 $\vartheta \leftarrow \max\left\{\vartheta, \left|v_{新} - v(s)\right|\right\}$；

2.2.3 更新状态价值函数 $v(s) \leftarrow v_{新}$；

2.3 如果满足迭代终止条件（如 $\vartheta < \vartheta_{\max}$ 或 $k = k_{\max}$），则跳出循环。

这里的迭代策略评估算法具有以下两大意义：一方面，这个策略评估算法将作为策略迭代算法的一部分，用于最优策略的求解；另一方面，在这个策略评估算法的基础上进行修改，可以得到迭代求解最优策略的算法。相关内容将分别在 3.2.3 节和 3.3 节中介绍。

3.2.2　策略改进

对于给定的策略 π，如果得到该策略的价值函数，则可以用策略改进定理得到一个改进的策略。

策略改进定理的内容如下：对于策略 π 和 π'，如果

$$v_\pi(s) \leqslant \sum_a \pi'(a|s) q_\pi(s,a), \quad s \in \mathcal{S} \tag{3-1}$$

则 $\pi \leqslant \pi'$，即

$$v_\pi(s) \leqslant v_{\pi'}(s), \quad s \in \mathcal{S} \tag{3-2}$$

在此基础上，如果存在状态使得（3-1）式的不等号是严格小于号，那么就存在状态使得（3-2）式中的不等号也是严格小于号。（证明：考虑到不等式（3-1）等价于

$$v_\pi(s)=\mathrm{E}_{\pi'}\left[v_\pi(S_t)|S_t=s\right]\leqslant\mathrm{E}_{\pi'}\left[q_\pi(S_t,A_t)|S_t=s\right],\quad s\in\mathcal{S}$$

其中的期望是针对用策略 π' 生成的轨迹中，选取 $S_t=s$ 的那些轨迹而言的。进而有

$$\begin{aligned}&\mathrm{E}_{\pi'}\left[v_\pi(S_{t+\tau})|S_t=s\right]\\&=\mathrm{E}_{\pi'}\left[\mathrm{E}_{\pi'}\left[v_\pi(S_{t+\tau})|S_{t+\tau}\right]|S_t=s\right]\\&\leqslant\mathrm{E}_{\pi'}\left[\mathrm{E}_{\pi'}\left[q_\pi(S_{t+\tau},A_{t+\tau})|S_{t+\tau}\right]|S_t=s\right]\\&=\mathrm{E}_{\pi'}\left[q_\pi(S_{t+\tau},A_{t+\tau})|S_t=s\right],\qquad s\in\mathcal{S},\tau=0,1,2,\dots\end{aligned}$$

考虑到

$$\mathrm{E}_{\pi'}\left[q_\pi(S_{t+\tau},A_{t+\tau})|S_t=s\right]=\mathrm{E}_{\pi'}\left[R_{t+\tau+1}+\gamma v_\pi(S_{t+\tau+1})|S_t=s\right],\quad s\in\mathcal{S},\tau=0,1,2,\dots$$

所以

$$\mathrm{E}_{\pi'}\left[v_\pi(S_{t+\tau})|S_t=s\right]\leqslant\mathrm{E}_{\pi'}\left[R_{t+\tau+1}+\gamma v_\pi(S_{t+\tau+1})|S_t=s\right],\quad s\in\mathcal{S},\tau=0,1,2,\dots$$

进而有

$$\begin{aligned}v_\pi(s)&=\mathrm{E}_{\pi'}\left[v_\pi(S_t)|S_t=s\right]\\&\leqslant\mathrm{E}_{\pi'}\left[R_{t+1}+\gamma v_\pi(S_{t+1})|S_t=s\right]\\&\leqslant\mathrm{E}_{\pi'}\left[R_{t+1}+\gamma\mathrm{E}_{\pi'}\left[R_{t+2}+\gamma v_\pi(S_{t+2})|S_t=s\right]|S_t=s\right]\\&\leqslant\mathrm{E}_{\pi'}\left[R_{t+1}+\gamma R_{t+2}+\gamma^2 v_\pi(S_{t+2})|S_t=s\right]\\&\leqslant\mathrm{E}_{\pi'}\left[R_{t+1}+\gamma R_{t+2}+\gamma^2 R_{t+3}+\gamma^3 v_\pi(S_{t+4})|S_t=s\right]\\&\cdots\\&\leqslant\mathrm{E}_{\pi'}\left[R_{t+1}+\gamma R_{t+2}+\gamma^2 R_{t+3}+\gamma^3 R_{t+4}+\cdots|S_t=s\right]\\&=\mathrm{E}_{\pi'}\left[G_t|S_t=s\right]\\&=v_{\pi'}(s),\qquad s\in\mathcal{S}\end{aligned}$$

严格不等号的证明类似。）

对于一个确定性策略 π，如果存在着 $s\in\mathcal{S},a\in\mathcal{A}$，使得 $q_\pi(s,a)>v_\pi(s)$，那么我们可以构造一个新的确定策略 π'，它在状态 s 做动作 a，而在除状态 s 以外的状态的动作都和策略 π 一样。可以验证，策略 π 和 π' 满足策略改进定理的条件。这样，我们就得到了一个比策略 π 更好的策略 π'。这样的策略更新算法可以用算法 3-3 来表示。

算法 3-3　有模型策略改进算法

输入：动力系统 p，策略 π 及其状态价值函数 v_π。

输出：改进的策略 π'，或策略 π 已经达到最优的标志。

1. 对于每个状态 $s\in\mathcal{S}$，执行以下步骤：

   1.1 为每个动作 $a\in\mathcal{A}$，求得动作价值函数 $q_\pi(s,a)\leftarrow r(s,a)+\gamma\sum_{s'}p(s'|s,a)v_\pi(s')$；

1.2 找到使得 $q_\pi(s,a)$ 最大的动作 a，即 $\pi'(s)=\arg\max_a q(s,a)$。

2. 如果新策略 π' 和旧策略 π 相同，则说明旧策略已是最优；否则，输出改进的新策略 π'。

值得一提的是，在算法 3-3 中，旧策略 π 和新策略 π' 只在某些状态上有不同的动作值，新策略 π' 可以很方便地在旧策略 π 的基础上修改得到。所以，如果在后续不需要使用旧策略的情况下，可以不为新策略分配空间。算法 3-4 就是基于这种思路的策略改进算法。

算法 3-4　有模型策略改进算法（节约空间的做法）

输入：动力系统 p，策略 π 及其状态价值函数 v。

输出：改进的策略（仍然存储为 π），或策略已经达到最优的标志 o。

1. 初始化原策略是否为最优的标记 o 为 True。

2. 对于每个状态 $s\in\mathcal{S}$，执行以下步骤：

   2.1 为每个动作 $a\in\mathcal{A}$，求得动作价值函数 $q(s,a)\leftarrow r(s,a)+\gamma\sum_{s'}p(s'|s,a)v(s')$；

   2.2 找到使得 $q(s,a)$ 最大的动作 a'，即 $a'=\arg\max_a q(s,a)$；

   2.3 如果 $\pi(s)\neq a'$，则更新 $\pi(s)\leftarrow a'$，$o\leftarrow$ False。

3.2.3　策略迭代

策略迭代是一种综合利用策略评估和策略改进求解最优策略的迭代方法。

见图 3-1 和算法 3-5，策略迭代从一个任意的确定性策略 π_0 开始，交替进行策略评估和策略改进。这里的策略改进是严格的策略改进，即改进后的策略和改进前的策略是不同的。对于状态空间和动作空间均有限的 Markov 决策过程，其可能的确定性策略数是有限的。由于确定性策略总数是有限的，所以在迭代过程中得到的策略序列 $\pi_0,\pi_1,\pi_2,\ldots$ 一定能收敛，使得到某个 k，有 $\pi_k=\pi_{k+1}$（即对任意的 $s\in\mathcal{S}$ 均有 $\pi_{k+1}(s)=\pi_k(s)$）。由于在 $\pi_k=\pi_{k+1}$ 的情况下，$\pi_k(s)=\pi_{k+1}(s)=\arg\max_a q_{\pi_k}(s,a)$，进而 $v_{\pi_k}(s)=\max_a q_{\pi_k}(s,a)$，满足 Bellman 最优方程。因此，$\pi_k$ 就是最优策略。这样就证明了策略迭代能够收敛到最优策略。

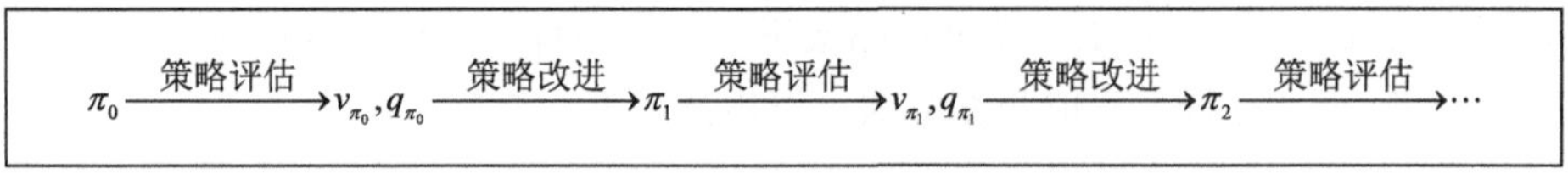

图 3-1　策略迭代示意图

算法 3-5　有模型策略迭代

输入：动力系统 p。

输出：最优策略。

1.（初始化）将策略 π_0 初始化为一个任意的确定性策略。

2.（迭代）对于 $k \leftarrow 0,1,2,3,\ldots$，执行以下步骤。

　2.1（策略评估）使用策略评估算法，计算策略 π_k 的状态价值函数 v_{π_k}。

　2.2（策略更新）利用状态价值函数 v_{π_k} 改进确定性策略 π_k，得到改进的确定性策略 π_{k+1}。如果 $\pi_{k+1}=\pi_k$（即对任意的 $s\in\mathcal{S}$ 均有 $\pi_{k+1}(s)=\pi_k(s)$），则迭代完成，返回策略 π_k 为最终的最优策略。

策略迭代也可以通过重复利用空间来节约空间。在算法 3-6 中，为了节约空间，在各次迭代中用相同的空间 $v(s)$（$s\in\mathcal{S}$）来存储状态价值函数，用空间 $\pi(s)$（$s\in\mathcal{S}$）来存储确定性策略。

算法 3-6　有模型策略迭代算法（节约空间的版本）

输入：动力系统 p。

输出：最优策略 π。

参数：策略评估需要的参数。

1.（初始化）将策略 π 初始化为一个任意的确定性策略。

2.（迭代）迭代执行以下步骤。

　2.1（策略评估）使用策略评估算法，计算策略 π 的状态价值函数，存在 v 中。

　2.2（策略更新）利用 v 中存储的价值函数进行策略改进，将改进的策略存储在 π 中。如果本次策略改进算法指示当前策略 π 已经是最优策略，则迭代完成，返回策略 π 为最终的最优策略。

3.3 有模型价值迭代

价值迭代是一种利用迭代求解最优价值函数进而求解最优策略的方法。在 3.2.1 节介绍的策略评估中，迭代算法利用 Bellman 期望方程迭代求解给定策略的价值函数。与之相对，本节将利用 Bellman 最优方程迭代求解最优策略的价值函数，并进而求得最优策略。

与策略评估的情形类似，价值迭代算法有参数来控制迭代的终止条件，可以是误差容忍度 $\vartheta_{\max}$ 或是最大迭代次数 $k_{\max}$。

算法 3-7 给出了一个价值迭代算法。这个价值迭代算法中先初始化状态价值函数，然后用 Bellman 最优方程来更新状态价值函数。根据第 3.1 节的证明，只要迭代次数足够多，最终会收敛到最优价值函数。得到最优价值函数后，就能很轻易地给出确定性的最优策略。

算法 3-7　有模型价值迭代算法

输入：动力系统 p。

输出：最优策略估计 π。
参数：策略评估需要的参数。
1.（初始化）$v_0(s) \leftarrow$ 任意值，$s \in \mathcal{S}$。如果有终止状态，$v_0(s_{终止}) \leftarrow 0$。
2.（迭代）对于 $k \leftarrow 0,1,2,3,\dots$，执行以下步骤。
  2.1 对于 $s \in \mathcal{S}$，逐一更新 $v_{k+1}(s) \leftarrow \max_a \left\{ r(s,a) + \gamma \sum_{s'} p(s' | s,a) v_k(s') \right\}$。
  2.2 如果满足误差容忍度（即对于 $s \in \mathcal{S}$ 均有 $|v_{k+1}(s) - v_k(s)| < \vartheta$）或达到最大迭代次数（即 $k = k_{\max}$），则跳出循环。
3.（策略）根据价值函数输出确定性策略 π_*，使得

$$\pi_*(s) \leftarrow \arg\max_a \left\{ r(s,a) + \gamma \sum_{s'} p(s' | s,a) v_{k+1}(s') \right\}, \quad s \in \mathcal{S}。$$

与策略评估的迭代求解类似，价值迭代也可以在存储状态价值函数时重复使用空间。算法 3-8 给出了重复使用空间以节约空间的版本。

算法 3-8　有模型价值迭代（节约空间的版本）

输入：动力系统 p。
输出：最优策略。
参数：策略评估需要的参数。
1.（初始化）$v_0(s) \leftarrow$ 任意值，$s \in \mathcal{S}$。如果有终止状态，$v_0(s_{终止}) \leftarrow 0$。
2.（迭代）对于 $k \leftarrow 0,1,2,3,\dots$，执行以下步骤。
  2.1 对于使用误差容忍度的情况，初始化本次迭代观测到的最大误差 $\vartheta \leftarrow 0$。
  2.2 对于 $s \in \mathcal{S}$ 执行以下操作：
    2.2.1 计算新状态价值 $v_{新} \leftarrow \max_a \left\{ r(s,a) + \gamma \sum_{s'} p(s' | s,a) v(s') \right\}$；
    2.2.2 对于使用误差容忍度的情况，更新本次迭代观测到的最大误差 $\vartheta \leftarrow \max\left\{ \vartheta, |v_{新} - v(s)| \right\}$；
    2.2.3 更新状态价值函数 $v(s) \leftarrow v_{新}$。
  2.3 如果满足误差容忍度（即 $\vartheta < \vartheta_{\max}$）或达到最大迭代次数（即 $k = k_{\max}$），则跳出循环。
3.（策略）根据价值函数输出确定性策略：

$$\pi(s) = \arg\max_a \left\{ r(s,a) + \gamma \sum_{s'} p(s' | s,a) v(s') \right\}。$$

3.4 动态规划

3.2.1 节介绍的策略评估迭代算法和 3.3 节介绍的价值迭代算法都应用了动态规划这一方法。本节将介绍动态规划的思想，并且指出动态规划的缺点和可能的改进方法。

3.4.1 从动态规划看迭代算法

动态规划（Dynamic Programming，DP）是一种迭代求解方法，它的核心思想是：

- 将原问题分解成多个子问题，如果知道了子问题的解，就很容易知道原问题的解；
- 分解得到多个子问题中，有许多子问题是相同的，不需要重复计算。

求解 Bellman 期望方程和 Bellman 最优方程的迭代算法就实践了动态规划的思想。在第 k 次迭代的过程中（$k=0,1,2,3,\dots$），计算 $\left(v_{k+1}(\mathsf{s}),\mathsf{s}\in\mathcal{S}\right)$ 中的每一个值，都需要用到 $\left(v_k(\mathsf{s}),\mathsf{s}\in\mathcal{S}\right)$ 中所有的数值。但是，考虑到求解 v_{k+1} 各个元素时使用了相同的 v_k 数值，所以并不需要重复计算 v_k。从这个角度看，这样的迭代算法就使用了动态规划的思想。

在求解的过程中，v_k 和 v_{k+1} 都是 v 的估计值。用一个估计值来估计另外一个估计值的做法又称为**自益**（bootstrap）。动态规划迭代算法就运用了自益的思想。

在实际问题中，直接使用这样的动态规划常出现困难。原因在于，许多实际问题有着非常大的状态空间（例如 AlphaGo 面对的围棋问题的状态数约为 $3^{19\times19}\approx10^{172}$ 种），仅仅扫描一遍所有状态都是不可能的事情。在一遍全面扫描中，很可能大多数时候都在做无意义的更新：例如某个状态 s 所依赖的状态（即那些 $p(\mathsf{s}\,|\,\mathsf{s}',\mathsf{a})\neq0$ 的状态 s'）都还没被更新过。下一节将给出一些针对这个问题的改进。

3.4.2 异步动态规划

上一节提到，扫描一遍全部状态可能会涉及许多无意义的状态，浪费过多的时间和计算资源。本节介绍的**异步动态规划**（asynchronous dynamic programming）可以解决部分问题。

异步动态规划的思想是，每次扫描不再完整地更新一整套状态价值函数，而是只更新部分感兴趣的值。例如，有些状态 s 不会转移到另一些状态（例如对任意 $\mathsf{a}\in\mathcal{A}$ 均有 $p(\mathsf{s}'\,|\,\mathsf{s},\mathsf{a})=0$ 的状态 s'），那么更新状态 s 的价值函数后再更新 s' 的价值函数就没有意义。通过只做有意义的更新，可能会大大减小计算量。

在异步动态规划中，优先更新（prioritized sweeping）是一种根据 Bellman 误差来选择性更新状态的算法。在迭代过程中，当更新一个状态后，试图找到一个 Bellman 误差最大的状态并更新该状态。具体而言，当更新一个状态价值函数后，针对这个状态价值函数会影响到的状态价值函数，计算 Bellman 误差：

$$\left|\max_a\left(r(s,a)+\gamma\sum_{s'}p(s'|s,a)v(s')\right)-v(s)\right|$$

并用一个优先队列来维护各状态的 Bellman 误差。然后从队头中取出 Bellman 误差最大的状态，更新其状态价值函数。

3.5 案例：冰面滑行

冰面滑行问题（FrozenLake-v0）是扩展库 Gym 里内置的一个文本环境任务。该问题的背景是这样的：在一个大小为 4×4 的湖面上，有些地方结冰了，有些地方没有结冰。我们可以用一个 4×4 的字符矩阵来表示湖面的情况，例如：

```
SFFF
FHFH
FFFH
HFFG
```

其中字母 “F”（Frozen）表示结冰的区域，字母 “H”（Hole）表示未结冰的冰窟窿，字母 “S”（Start）和字母 “G”（Goal）分别表示移动任务的起点和目标。在这个湖面上要执行以下移动任务：要从 “S” 处移动到 “G” 处。每一次移动，可以选择 “左”、“下”、“右”、“上”4 个方向之一进行移动，每次移动一格。如果移动到 “G” 处，则回合结束，获得 1 个单位的奖励；如果移动到 “H” 处，则回合结束，没有获得奖励；如果移动到其他字母，暂不获得奖励，可以继续。由于冰面滑，所以实际移动的方向和想要移动的方向并不一定完全一致。例如，如果在某个地方想要左移，但是由于冰面滑，实际也可能下移、右移和上移。任务的目标是尽可能达到 “G” 处，以获得奖励。

本节将基于策略迭代算法和价值迭代算法求解冰面滑行问题。通过这个 AI 的开发，我们将更好地理解有模型算法的原理及其实现。

3.5.1 实验环境使用

本节我们来看如何使用扩展库 Gym 中的环境。

首先，用下列语句引入环境对象：

```
import gym
env = gym.make('FrozenLake-v0')
env = env.unwrapped
```

这个环境的状态空间有 16 个不同的状态 $\{s_0,s_1,s_2,\ldots,s_{15}\}$，表示当前处在哪一个位置；动作空间有 4 个不同的动作 $\{a_0,a_1,a_2,a_3\}$，分别表示 “左” “下” “右” “上” 四个方向。在扩展库 Gym 中，直接用 int 型数值来表示这些状态和动作。下列代码可以查看环境的状态空间和动作空间：

```
print(env.observation_space)
print(env.action_space)
```

这个环境的动力系统存储在 env.P 里。可以用下列方法查看在某个状态（如状态 14）某个动作（例如右移）情况下的动力：

```
env.unwrapped.P[14][2]
```

它是一个元组列表，每个元组包括概率、下一状态、奖励值、回合结束指示这 4 个部分。例如，env.P[14][2] 返回元组列表 [(0.3333333333333333, 14, 0.0, False), (0.3333333333333333, 15, 1.0, True), (0.3333333333333333, 10, 0.0, False)]，这表明：

$$p(s_{14},0|s_{14},a_2)=\frac{1}{3}$$

$$p(s_{15},1|s_{14},a_2)=\frac{1}{3}$$

$$p(s_{10},0|s_{14},a_2)=\frac{1}{3}$$

接下来我们来看怎么使用环境。与之前在第 1 章介绍的内容一致，要使用 env.reset() 和 env.step() 来执行。执行一个回合的代码如代码清单 3-1 所示，其中的 play_policy() 函数接收参数 policy，这是一个 16×4 的 np.array 对象，表示策略 π。play_policy() 函数返回一个浮点数，表示本回合的奖励。

代码清单 3-1 用策略执行一个回合

```
def play_policy(env, policy, render=False):
    total_reward = 0.
    observation = env.reset()
    while True:
        if render:
            env.render() # 此行可显示
        action = np.random.choice(env.action_space.n, p=policy[observation])
        observation, reward, done, _ = env.step(action)
        total_reward += reward # 统计回合奖励
        if done: # 游戏结束
            break
    return total_reward
```

接下来用刚刚定义的 play_policy() 函数来看看随机策略的性能。下面的代码构造了随机策略 random_policy，它对于任意的 $s\in\mathcal{S},a\in\mathcal{A}$ 均有 $\pi(s,a)=1/|\mathcal{A}|$。运行下列代码，可以求得随机策略获得奖励的期望值。一般情况下的结果基本为 0，这意味着随机策略几乎不可能成功到达目的地。

代码清单 3-2 求随机策略的期望奖励

```
# 随机策略
random_policy = \
```

```
        np.ones((env.unwrapped.nS, env.unwrapped.nA)) / env.unwrapped.nA

episode_rewards = [play_policy(env, random_policy)  for _ in range(100)]
print("随机策略 平均奖励：{}".format(np.mean(episode_rewards)))
```

3.5.2 有模型策略迭代求解

本节实现策略评估、策略提升和策略迭代。

首先来看策略评估。代码清单 3-3 给出了策略评估的代码。代码清单 3-3 首先定义了函数 v2q()，这个函数可以根据状态价值函数计算含有某个状态的动作价值函数。利用这个函数，evaluate_policy() 函数迭代计算了给定策略 policy 的状态价值。这个函数使用 tolerant 作为精度控制的参数。代码清单 3-4 测试了 evaluate_policy() 函数。它首先求得了随机策略的状态价值函数，然后用函数 v2q() 求得动作价值函数。

代码清单 3-3　策略评估的实现

```
def v2q(env, v, s=None, gamma=1.): # 根据状态价值函数计算动作价值函数
    if s is not None: # 针对单个状态求解
        q = np.zeros(env.unwrapped.nA)
        for a in range(env.unwrapped.nA):
            for prob, next_state, reward, done in env.unwrapped.P[s][a]:
                q[a] += prob * \
                        (reward + gamma * v[next_state] * (1. - done))
    else: # 针对所有状态求解
        q = np.zeros((env.unwrapped.nS, env.unwrapped.nA))
        for s in range(env.unwrapped.nS):
            q[s] = v2q(env, v, s, gamma)
    return q

def evaluate_policy(env, policy, gamma=1., tolerant=1e-6):
    v = np.zeros(env.unwrapped.nS) # 初始化状态价值函数
    while True: # 循环
        delta = 0
        for s in range(env.unwrapped.nS):
            vs = sum(policy[s] * v2q(env, v, s, gamma)) # 更新状态价值函数
            delta = max(delta, abs(v[s]-vs)) # 更新最大误差
            v[s] = vs # 更新状态价值函数
        if delta < tolerant: # 查看是否满足迭代条件
            break
    return v
```

代码清单 3-4　对随机策略进行策略评估

```
print('状态价值函数：')
v_random = evaluate_policy(env, random_policy)
print(v_random.reshape(4, 4))

print('动作价值函数：')
q_random = v2q(env, v_random)
print(q_random)
```

接下来看看策略改进。代码清单 3-5 的 improve_policy() 函数实现了策略改进算法。输入的策略是 policy，改进后的策略直接覆盖原有的 policy。该函数返回一个 bool 类型的值，表示输入的策略是不是最优策略。代码清单 3-6 测试了 improve_policy() 函数，它对随机策略进行改进，得到了一个确定性策略。

代码清单 3-5 策略改进的实现

```
def improve_policy(env, v, policy, gamma=1.):
    optimal = True
    for s in range(env.unwrapped.nS):
        q = v2q(env, v, s, gamma)
        a = np.argmax(q)
        if policy[s][a] != 1.:
            optimal = False
            policy[s] = 0.
            policy[s][a] = 1.
    return optimal
```

代码清单 3-6 对随机策略进行策略改进

```
policy = random_policy.copy()
optimal = improve_policy(env, v_random, policy)
if optimal:
    print('无更新，最优策略为：')
else:
    print('有更新，更新后的策略为：')
print(policy)
```

实现了策略评估和策略改进后，我们就可以实现策略迭代。代码清单 3-7 的 iterate_policy() 函数实现了策略迭代算法。代码清单 3-8 对 iterate_policy() 进行测试。针对冰面滑行问题，该代码求得了最优策略，并进行了测试。

代码清单 3-7 策略迭代的实现

```
def iterate_policy(env, gamma=1., tolerant=1e-6):

    policy = np.ones((env.unwrapped.nS, env.unwrapped.nA)) \
            / env.unwrapped.nA  # 初始化为任意一个策略
    while True:
        v = evaluate_policy(env, policy, gamma, tolerant) # 策略评估
        if improve_policy(env, v, policy): # 策略改进
            break
    return policy, v
```

代码清单 3-8 利用策略迭代求解最优策略

```
policy_pi, v_pi = iterate_policy(env)
print('状态价值函数 =')
print(v_pi.reshape(4, 4))
print('最优策略 =')
print(np.argmax(policy_pi, axis=1).reshape(4, 4))
```

3.5.3 有模型价值迭代求解

现在我们用价值迭代算法求解冰面滑行问题的最优策略。代码清单 3-9 的 iterate_value() 函数实现了价值迭代算法。这个函数使用参数 tolerant 来控制价值迭代的精度。代码清单 3-10 在冰面滑行问题上测试了 iterate_value() 函数。

代码清单 3-9　价值迭代的实现

```
def iterate_value(env, gamma=1, tolerant=1e-6):
    v = np.zeros(env.unwrapped.nS) # 初始化
    while True:
        delta = 0
        for s in range(env.unwrapped.nS):
            vmax = max(v2q(env, v, s, gamma)) # 更新价值函数
            delta = max(delta, abs(v[s]-vmax))
            v[s] = vmax
        if delta < tolerant: # 满足迭代需求
            break

    policy = np.zeros((env.unwrapped.nS, env.unwrapped.nA)) # 计算最优策略
    for s in range(env.unwrapped.nS):
        a = np.argmax(v2q(env, v, s, gamma))
        policy[s][a] = 1.
    return policy, v
```

代码清单 3-10　利用价值迭代算法求解最优策略

```
policy_vi, v_vi = iterate_value(env)
print('状态价值函数 =')
print(v_vi.reshape(4, 4))
print('最优策略 =')
print(np.argmax(policy_vi, axis=1).reshape(4, 4))
episode_rewards = [play_policy(env, policy_vi) for _ in range(100)]
print("价值迭代 平均奖励：{}".format(np.mean(episode_rewards)))
```

策略迭代和价值迭代得到的最优价值函数和最优策略应该是一致的。最优状态价值函数为：

$$\begin{pmatrix} 0.8235 & 0.8235 & 0.8235 & 0.8235 \\ 0.8235 & 0 & 0.5294 & 0 \\ 0.8235 & 0.8235 & 0.7647 & 0 \\ 0 & 0.8824 & 0.9412 & 0 \end{pmatrix}$$

最优策略为：

$$\begin{pmatrix} 0 & 3 & 3 & 3 \\ 0 & 0 & 0 & 0 \\ 3 & 1 & 0 & 0 \\ 0 & 2 & 1 & 0 \end{pmatrix}$$

3.6 本章小结

本章对动力已知的 Markov 决策过程进行迭代的策略评估和最优策略求解。严格意义上说，这些迭代算法都是求解 Bellman 方程的数值算法，而不是从数据中进行学习的机器学习算法。从下一章开始，我们将利用经验进行学习，进入机器学习的部分。

本章要点

- 策略评估是求解给定策略的价值。利用 Banach 不动点定理，可以用迭代的方法求解 Bellman 期望方程，得到价值估计。
- 对于给定的价值函数，可以进行策略改进。策略改进的一种方法是为每个状态 s 选择动作 $\arg\max_a q_\pi(s,a)$。
- 策略迭代交替使用策略评估算法和策略改进算法求解给定环境的最优策略。
- 利用 Banach 不动点定理，可以用迭代的方法求解 Bellman 最优方程，得到最优价值估计。这就是价值迭代算法。可以用迭代得到的最优价值估计计算得到最优策略估计。
- 基于迭代的策略评估和最优价值估计都用到了动态规划方法和自益的思想。
- 传统动态规划的一次扫描需要对所有状态进行全面更新，这样会有不必要的计算。异步动态规划算法部分避免了这个缺陷。

CHAPTER 4

第4章 回合更新价值迭代

本章开始介绍无模型的机器学习算法。无模型的机器学习算法在没有环境的数学描述的情况下，只依靠经验（例如轨迹的样本）学习出给定策略的价值函数和最优策略。在现实生活中，为环境建立精确的数学模型往往非常困难。因此，无模型的强化学习是强化学习的主要形式。

根据价值函数的更新时机，强化学习可以分为回合更新算法和时序差分更新算法这两类。回合更新算法只能用于回合制任务，它在每个回合结束后更新价值函数。本章将介绍回合更新算法，包括同策回合更新算法和异策回合更新算法。

4.1 同策回合更新

本节介绍同策回合更新算法。与有模型迭代更新的情况类似，我们也是先学习同策策略评估，再学习最优策略求解。

4.1.1 同策回合更新策略评估

本节考虑用回合更新的方法学习给定策略的价值函数。我们知道，状态价值和动作价值分别是在给定状态和状态动作对的情况下回报的期望值。回合更新策略评估的基本思路是用 Monte Carlo 方法来估计这个期望值[⊖]。具体而言，在许多轨迹样本中，如果某个状态（或状态动作对）出现了 c 次，其对应的回报值分别为 $g_1, g_2, \ldots, g_c$，那么可以估计其状态价值（或动作价值）为 $\frac{1}{c}\sum_{i=1}^{c} g_i$。

无模型策略评估算法有**评估状态价值函数**和**评估动作价值函数**两种版本。在有模型的情况下，状态价值和动作价值可以互相表示；但是在无模型的情况下，状态价值和动作价值并不能互相表示。我们已经知道，任意策略的价值函数满足 Bellman 期望方程。借助于

⊖ 这也是回合更新的英文为 Monte Carlo update 的原因。

动力p的表达式，我们可以用状态价值函数表示动作价值函数；借助于策略π的表达式，我们可以用动作价值函数表示状态价值函数。所以，对于无模型的策略评估，p的表达式未知，只能用动作价值表示状态价值，而不能用状态价值表示动作价值。另外，由于策略改进可以仅由动作价值函数确定，因此在学习问题中，动作价值函数往往更加重要。

在同一个回合中，多个步骤可能会到达同一个状态（或状态动作对），即同一状态（或状态动作对）可能会被多次访问。对于不同次的访问，计算得到的回报样本值很可能不相同。如果采用回合内全部的回报样本值更新价值函数，则称为**每次访问回合更新**（every visit Monte Carlo update）；如果每个回合只采用第一次访问的回报样本更新价值函数，则称为**首次访问回合更新**（first visit Monte Carlo update）。每次访问和首次访问在学习过程中的中间值并不相同，但是它们都能收敛到真实的价值函数。

首先来看每次访问回合更新策略评估算法。算法 4-1 给出了每次访问更新求动作价值的算法。我们来逐步看一下算法 4-1。算法 4-1 首先对动作价值$q(s,a)$进行初始化。$q(s,a)$可以初始化为任意的值，因为在第一次更新后$q(s,a)$的值就和初始化的值没有关系，所以将$q(s,a)$初始化为什么数无关紧要。接着，算法 4-1 进行回合更新。与有模型迭代更新的情形类似，这里可以用参数来控制回合更新的回合数。例如，可以使用最大回合数$k_{\max}$或者精度指标$\vartheta_{\max}$。在生成好轨迹后，算法 4-1 采用逆序的方式更新$q(s,a)$。这里采用逆序是为了使用$G_t = R_{t+1} + \gamma G_{t+1}$这一关系来更新$G$值，以减小计算复杂度。

算法 4-1 每次访问回合更新评估策略的动作价值

输入：环境（无数学描述），策略π。

输出：动作价值函数$q(s,a), s\in\mathcal{S}, a\in\mathcal{A}$。

1.（初始化）初始化动作价值估计$q(s,a)\leftarrow$任意值，$s\in\mathcal{S}, a\in\mathcal{A}$，若更新价值需要使用计数器，则初始化计数器$c(s,a)\leftarrow 0, s\in\mathcal{S}, a\in\mathcal{A}$。

2.（回合更新）对于每个回合执行以下操作。

 2.1（采样）用策略π生成轨迹$S_0, A_0, R_1, S_1, \ldots, S_{T-1}, A_{T-1}, R_T, S_T$。

 2.2（初始化回报）$G\leftarrow 0$。

 2.3（逐步更新）对$t\leftarrow T-1, T-2, \ldots, 0$，执行以下步骤：

  2.3.1（更新回报）$G\leftarrow \gamma G + R_{t+1}$；

  2.3.2（更新动作价值）更新$q(S_t,A_t)$以减小$\left[G-q(S_t,A_t)\right]^2$（如$c(S_t,A_t)\leftarrow c(S_t,A_t)+1$，$q(S_t,A_t)\leftarrow q(S_t,A_t)+\dfrac{1}{c(S_t,A_t)}\left[G-q(S_t,A_t)\right]$）。

算法 4-1 在更新动作价值时，可以采用增量法来实现 Monte Carlo 方法。增量法的原理如下：如前$c-1$次观察到的回报样本是$g_1, g_2, \ldots, g_{c-1}$，则前$c-1$次价值函数的估计值为

$\bar{g}_{c-1}=\frac{1}{c-1}\sum_{i=1}^{c-1}g_i$；如果第 c 次的回报样本是 g_c，则前 c 次价值函数的估计值为 $\bar{g}_c=\frac{1}{c}\sum_{i=1}^{c}g_i$。可以证明，$\bar{g}_c=\bar{g}_{c-1}+\frac{1}{c}\left(g_c-\bar{g}_{c-1}\right)$。所以，只要知道出现的次数 c，就可以用新的观测 g_c 来把旧的平均值 $\bar{g}_{c-1}$ 更新为新的平均值 $\bar{g}_c$。因此，增量法不仅需要记录当前的价值估计 $\bar{g}_{c-1}$，还需要记录状态动作对出现的次数 c。在算法 4-1 中，状态动作对 (s,a) 的出现次数记录在 $c(s,a)$ 里，每次更新时将计数值加 1，再更新平均值 $q(s,a)$，这样就实现了增量法。

增量法还可以从 Robbins-Monro 算法的角度理解。Robbins-Monro 算法认为，如果我们要通过某个有界的随机变量 G 的许多观测 $g_1,g_2,\ldots$ 来估计它的均值 $q=\mathrm{E}[G]$，可以采用迭代式

$$q_k \leftarrow q_{k-1}+\alpha_k\left(g_k-q_{k-1}\right) \quad k=1,2,\ldots$$

来估计 q，其中 q_0 是任意取定的迭代初始值，α_k 是**学习率**（learning rate）。如果学习率序列 $\{\alpha_k:k=1,2,\ldots\}$ 同时满足以下三个条件：

- $\alpha_k \geqslant 0,\quad k=1,2,3,\ldots$，
- （不受起始点限制而可以达到任意收敛点的条件）$\sum_{k=1}^{+\infty}\alpha_k=+\infty$，
- （不受噪声限制最终可以收敛的条件）$\sum_{k=1}^{+\infty}\alpha_k^2<+\infty$，

则有

$$q_k \to q,\quad k\to+\infty$$

增量法就相当于取 $\alpha_k=1/k$（$k=1,2,\ldots$），这样的学习率序列满足 Robbins-Monro 算法的所有条件，可以保证算法收敛。当然，如果我们选择其他满足条件的学习率序列，算法也会收敛。从这个角度看，强化学习算法和其他学习算法的基础相似，其学习理论的核心在于 Robbins-Monro 算法的根基**随机近似**（Stochastic Approximation）理论。

在算法 4-1 中，更新过程写为“$q(S_t,A_t)$ 以减小 $\left[G-q(S_t,A_t)\right]^2$”，是一种更为通用的描述。我们知道，如果采用形如

$$q(S_t,A_t)\leftarrow q(S_t,A_t)+\alpha\left[G-q(S_t,A_t)\right]$$

的迭代式更新，就会减小 G 和 $q(S_t,A_t)$ 的差别，进而减小 $\left[G-q(S_t,A_t)\right]^2$。从另一个角度看，$\left[G-q(S_t,A_t)\right]^2$ 对待更新量 $q(S_t,A_t)$ 的梯度为 $-2\left[G-q(S_t,A_t)\right]$，其改变大小后的负梯度方向 $G-q(S_t,A_t)$ 正是迭代更新的关键量。所以，更新的过程实际上也是减小 $\left[G-q(S_t,A_t)\right]^2$ 的过程。但是，并不是所有减小 $\left[G-q(S_t,A_t)\right]^2$ 的过程都可以使用。例如，总是让 $G\leftarrow q(S_t,A_t)$ 则是行不通的。这是因为，$G\leftarrow q(S_t,A_t)$ 相当于总是让 $\alpha=1$，使得学习率不满足 Robbins-Monro 条件，算法无法收敛。

求得动作价值后，可以用 Bellman 期望方程求得状态价值。状态价值也可以直接用回合更新的方法得到。算法 4-2 给出了每次访问回合更新评估策略的状态价值的算法。它与算法 4-1 的区别在于将 $q(s,a)$ 替换为了 $v(s)$，计数也相应做了修改。

算法 4-2　每次访问回合更新评估策略的状态价值

输入：环境（无数学描述），策略 π。

输出：状态价值函数 $v(s), s\in\mathcal{S}$。

1.（初始化）初始化状态价值估计 $v(s)\leftarrow$ 任意值，$s\in\mathcal{S}$，若更新价值时需要使用计数器则更新初始化计数器 $c(s)\leftarrow 0, s\in\mathcal{S}$。

2.（回合更新）对于每个回合执行以下操作。

　2.1（采样）用策略 π 生成轨迹 $S_0,A_0,R_1,S_1,\ldots,S_{T-1},A_{T-1},R_T,S_T$。

　2.2（初始化回报）$G\leftarrow 0$。

　2.3（逐步更新）对 $t\leftarrow T-1,T-2,\ldots,0$，执行以下步骤：

　　2.3.1（更新回报）$G\leftarrow \gamma G+R_{t+1}$；

　　2.3.2（更新状态价值）更新 $v(S_t)$ 以减小 $\left[G-v(S_t)\right]^2$（如 $c(S_t)\leftarrow c(S_t)+1$，$v(S_t)\leftarrow v(S_t)+\frac{1}{c(S_t)}\left[G-v(S_t)\right]$）。

首次访问回合更新策略评估是比每次访问回合更新策略评估更为历史悠久、更为全面研究的算法。算法 4-3 给出了首次访问回合更新求动作价值的算法。这个算法和算法 4-1 的区别在于，在每次得到轨迹样本后，先找出各状态分别在哪些步骤被首次访问。在后续的更新过程中，只在那些首次访问的步骤更新价值函数的估计值。

算法 4-3　首次访问回合更新评估策略的动作价值

输入：环境（无数学描述），策略 π。

输出：动作价值函数 $q(s,a), s\in\mathcal{S}, a\in\mathcal{A}$。

1.（初始化）初始化动作价值估计 $q(s,a)\leftarrow$ 任意值，$s\in\mathcal{S}, a\in\mathcal{A}$，若更新动作价值时需要计数器，则初始化计数器 $c(s,a)\leftarrow 0, s\in\mathcal{S}, a\in\mathcal{A}$。

2.（回合更新）对于每个回合执行以下操作。

　2.1（采样）用策略 π 生成轨迹 $S_0,A_0,R_1,S_1,\ldots,S_{T-1},A_{T-1},R_T,S_T$。

　2.2（初始化回报）$G\leftarrow 0$。

　2.3（初始化首次出现的步骤数）$f(s,a)\leftarrow -1, s\in\mathcal{S}, a\in\mathcal{A}$。

　2.4（统计首次出现的步骤数）对于 $t\leftarrow 0,1,\ldots,T-1$，执行以下步骤：

　　如果 $f(S_t,A_t)<0$，则 $f(S_t,A_t)\leftarrow t$。

　2.5（逐步更新）对 $t\leftarrow T-1,T-2,\ldots,0$，执行以下步骤：

2.5.1（更新回报）$G \leftarrow \gamma G + R_{t+1}$；

2.5.2（首次出现则更新）如果$f(S_t,A_t)=t$，则更新$q(S_t,A_t)$以减小$\left[G-q(S_t,A_t)\right]^2$（如$c(S_t,A_t) \leftarrow c(S_t,A_t)+1$，$q(S_t,A_t) \leftarrow q(S_t,A_t)+\frac{1}{c(S_t,A_t)}\left[G-q(S_t,A_t)\right]$）。

与每次访问的情形类似，首次访问也可以直接估计状态价值，见算法 4-4。当然也可以借助 Bellman 期望方程用动作价值求得状态价值。

算法 4-4　首次访问回合更新评估策略的状态价值

输入：环境（无数学描述），策略π。

输出：状态价值函数$v(s), s \in \mathcal{S}$。

1.（初始化）初始化状态价值估计$v(s) \leftarrow$任意值，$s \in \mathcal{S}$，若更新价值时需要使用计数器，则更新初始化计数器$c(s) \leftarrow 0, s \in \mathcal{S}$。

2.（回合更新）对于每个回合执行以下操作。

2.1（采样）用策略π生成轨迹$S_0, A_0, R_1, S_1, \ldots, S_{T-1}, A_{T-1}, R_T, S_T$。

2.2（初始化回报）$G \leftarrow 0$。

2.3（初始化首次出现的步骤数）$f(s) \leftarrow -1, s \in \mathcal{S}$。

2.4（统计首次出现的步骤数）对于$t \leftarrow 0,1,\ldots,T-1$，执行以下步骤：

如果$f(S_t)<0$，则$f(S_t) \leftarrow t$。

2.5（逐步更新）对$t \leftarrow T-1, T-2, \ldots, 0$，执行以下步骤：

2.5.1（更新回报）$G \leftarrow \gamma G + R_{t+1}$；

2.5.2（首次出现则更新）如果$f(S_t)=t$，则更新$v(S_t)$以减小$\left[G-v(S_t)\right]^2$（如$c(S_t) \leftarrow c(S_t)+1$，$v(S_t) \leftarrow v(S_t)+\frac{1}{c(S_t)}\left[G-v(S_t)\right]$）。

4.1.2　带起始探索的同策回合更新

本节开始正式介绍寻找最优策略的回合更新算法。寻找最优策略的回合更新算法可以在回合更新策略评估算法的基础上修改得到。具体而言，对于同策回合更新评估算法，每次迭代会更新价值估计。如果在更新价值估计后，进行策略改进，那么就会得到新的策略。这样不断更新，就有希望找到最优策略。这就是同策回合更新的基本思想。

研究人员发现，如果只是简单地将回合更新策略评估的算法移植为同策回合更新算法，时常会困于局部最优而找不到全局最优策略。同策算法可能会从一个并不好的策略出发，只经过那些很差的状态，然后只为那些很差的状态更新价值。例如在图 4-1 中，从状态$s_{开始}$到状态$s_{终止}$可以获得奖励 1，而从状态$s_{中间}$到状态$s_{终止}$可以获得奖励 100。如果回

合更新总是从 $s_{开始}$ 出发，并且初始化时令价值函数均为 0，并且策略初始化为确定性策略 $\pi(s_{开始})=\pi(s_{中间})=a_{去终止}$，那么在同策学习得到的轨迹是 $s_{开始},a_{去终止},+1,s_{终止}$（并没有机会访问 $s_{中间}$），更新后的动作价值函数是 $q(s_{开始},a_{去终止})\leftarrow 1$，而 $q(s_{开始},a_{去中间})$ 没有更新仍然为 0。基于更新后的动作价值更新策略，策略并没有变化。这样，无论做多少次回合更新，都没办法找到最优策略 $\pi_*(s_{开始})=a_{去中间}$。

为了解决这一问题，研究人员提出了**起始探索**（exploring start）这一概念。起始探索让所有可能的状态动作对都成为可能的回合起点。这样就不会遗漏任何状态动作对。但是在理论上，目前并不清楚带起始探索的同策回合更新算法是否总能收敛到最优策略。

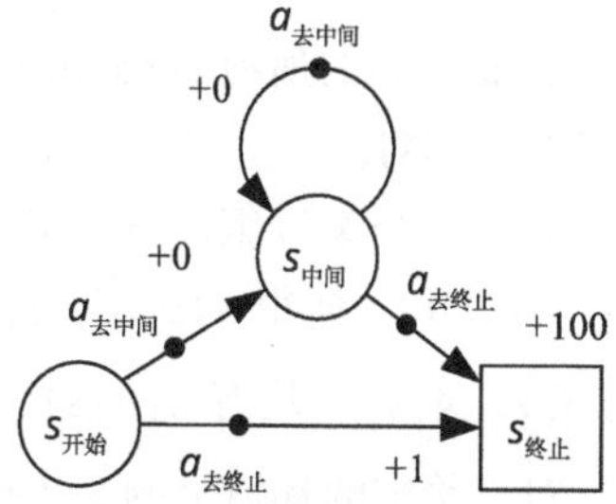

图 4-1　没有探索起始就无法找到最优策略的例子

带起始探索的回合更新也有每次访问和首次访问两种形式。算法 4-5 给出了每次访问的算法。首次访问的算法可以在其基础上修改得到，此处略过。

算法 4-5　带起始探索的每次访问同策回合更新算法

1.（初始化）初始化动作价值估计 $q(s,a)\leftarrow$ 任意值，$s\in\mathcal{S},a\in\mathcal{A}$，若更新价值需要使用计数器，则初始化计数器 $c(s,a)\leftarrow 0,s\in\mathcal{S},a\in\mathcal{A}$；
确定性策略 $\pi(s)\leftarrow$ 任意动作，$s\in\mathcal{S}$。

2.（回合更新）对于每个回合执行以下操作。

2.1（起始探索）选择 $S_0\in\mathcal{S},A_0\in\mathcal{A}$，使得每一个状态动作对都可能被选为 (S_0,A_0)。

2.2（采样）用策略 π 生成轨迹 $S_0,A_0,R_1,S_1,\ldots,S_{T-1},A_{T-1},R_T,S_T$。

2.3（初始化回报）$G\leftarrow 0$。

2.4（逐步更新）对 $t\leftarrow T-1,T-2,\ldots,0$，执行以下步骤：

2.4.1（更新回报）$G\leftarrow\gamma G+R_{t+1}$；

2.4.2（更新计数和动作价值）更新 $q(S_t,A_t)$ 以减小 $\left[G-q(S_t,A_t)\right]^2$（如 $c(S_t,A_t)\leftarrow c(S_t,A_t)+1$，$q(S_t,A_t)\leftarrow q(S_t,A_t)+\dfrac{1}{c(S_t,A_t)}\left[G-q(S_t,A_t)\right]$）；

2.4.3（策略改进）$\pi(S_t)\leftarrow\arg\max_a q(S_t,a)$（若有多个 a 取到最大值，则在其中任选一个）。

带起始探索的算法在实际应用中有一个很严重的限制：它要求能指定任意一个状态为回合的起始状态。这在很多环境中是很难做到的。例如，在开发电动游戏 AI 时，往往有着相对固定的起始状态，而不能从任意的中间状态开始。所以，有必要开发出不依赖于起始探索的算法。

4.1.3 基于柔性策略的同策回合更新

本节考虑不依赖于起始探索的回合更新算法——基于柔性策略的回合更新算法。首先我们来看看什么是柔性策略。

对于某个策略 π，如果它对任意的 $s\in\mathcal{S},a\in\mathcal{A}(s)$ 均有 $\pi(a|s)>0$，则称这个策略是**柔性策略**（soft policy）。柔性策略可以选择所有可能的动作，所以从一个状态出发可以达到这个状态能达到的所有状态和所有状态动作对。采用柔性策略，有助于全面覆盖所有的状态或状态动作对。

对于一个柔性策略 π，如果其状态空间 $\mathcal{S}$ 和动作空间 $\mathcal{A}$ 都是有限集合，那么就存在一个 ε（$\varepsilon>0$），使得 $\pi(a|s)>\varepsilon/|\mathcal{A}(s)|$。事实上，对于任意策略 π 和正数 ε，如果对于任意的 $s\in\mathcal{S},a\in\mathcal{A}(s)$，均有 $\pi(a|s)>\varepsilon/|\mathcal{A}(s)|$，则称策略 π 是 **ε 柔性策略**（ε -soft policy）。

对于给定的环境上的某个确定性策略，在所有的 ε 柔性策略中有一个策略最接近这个确定性策略。这个策略称为 **ε 贪心策略**（ε -greedy policy）。具体而言，对于确定性策略

$$\pi(a|s)=\begin{cases}1, & a=a^*\\ 0, & a\neq a^*\end{cases}\qquad s\in\mathcal{S},a\in\mathcal{A}(s)$$

对应的 ε 贪心策略是

$$\pi(a|s)=\begin{cases}1-\varepsilon+\dfrac{\varepsilon}{|\mathcal{A}(s)|}, & a=a^*\\ \dfrac{\varepsilon}{|\mathcal{A}(s)|}, & a\neq a^*\end{cases}\qquad s\in\mathcal{S},a\in\mathcal{A}(s)$$

这个 ε 贪心策略把其中 ε 概率平均分配在各动作上，将剩下 $(1-\varepsilon)$ 的概率分配给动作 a^*。基于柔性策略的回合更新的要点就是在策略提升环节用 ε 贪心策略的表达式来更新策略。

用 ε 贪心策略的表达式更新策略仍然满足策略改进定理。（证明：考虑在 ε 柔性策略 π 上进行如下方式改进得到的柔性策略 π'：

$$\pi'(a|s)=\begin{cases}1-\varepsilon+\dfrac{\varepsilon}{|\mathcal{A}|}, & a=\arg\max_{a'}q(s,a')\\ \dfrac{\varepsilon}{|\mathcal{A}|}, & a\neq\arg\max_{a'}q(s,a')\end{cases}$$

在 3.2.2 节策略改进定理的证明中，我们已经证明，只要

$$\sum_a\pi'(a|s)\,q_\pi(s,a)\geqslant v_\pi(s),\quad s\in\mathcal{S}$$

就有 $\pi\leqslant\pi'$。接下来验证上述不等式。考虑到

$$\sum_a\pi'(a|s)q_\pi(s,a)=\frac{\varepsilon}{|\mathcal{A}(s)|}\sum_a q_\pi(s,a)+(1-\varepsilon)\max_a q_\pi(s,a)$$

注意到 $1-\varepsilon>0$ 且

$$1-\varepsilon=\sum_a\left(\pi(a|s)-\frac{\varepsilon}{|\mathcal{A}(s)|}\right)$$

所以

$$\begin{aligned}(1-\varepsilon)\max_a q_\pi(s,a)&=\sum_a\left(\pi(a|s)-\frac{\varepsilon}{|\mathcal{A}(s)|}\right)\max_a q_\pi(s,a)\\&\geqslant\sum_a\left(\pi(a|s)-\frac{\varepsilon}{|\mathcal{A}(s)|}\right)q_\pi(s,a)=\sum_a\pi(a|s)q_\pi(s,a)-\frac{\varepsilon}{|\mathcal{A}(s)|}\sum_a q_\pi(s,a)\end{aligned}$$

进而

$$\begin{aligned}\sum_a\pi'(a|s)q_\pi(s,a)&=\frac{\varepsilon}{|\mathcal{A}(s)|}\sum_a q_\pi(s,a)+(1-\varepsilon)\max_a q_\pi(s,a)\\&\geqslant\frac{\varepsilon}{|\mathcal{A}(s)|}\sum_a q_\pi(s,a)+\sum_a\pi(a|s)q_\pi(s,a)-\frac{\varepsilon}{|\mathcal{A}(s)|}\sum_a q_\pi(s,a)\\&=\sum_a\pi(a|s)q_\pi(s,a)\end{aligned}$$

这样就验证了策略改进定理的条件。)

算法 4-6 给出了基于柔性策略的每次访问同策回合更新算法。算法一开始除了初始化计数值和动作价值函数外，还要将策略π初始化为ε柔性策略。只有一开始初始化为ε柔性策略，在后续更新后才还是ε柔性策略。接着，在后续回合更新的过程中，由于策略π是ε柔性策略，所以理论上可以覆盖所有可达的状态或状态动作对，这样就能求得全局最优策略。

算法 4-6 基于柔性策略的每次访问同策回合更新

1.（初始化）初始化动作价值估计$q(s,a)\leftarrow$任意值$,s\in\mathcal{S},a\in\mathcal{A}$，若更新价值需要使用计数器，则初始化计数器$c(s,a)\leftarrow 0,s\in\mathcal{S},a\in\mathcal{A}$；初始化策略$\pi(\cdot|\cdot)$为任意$\varepsilon$柔性策略。

2.（回合更新）对每个回合执行以下操作。

　2.1（采样）用策略π生成轨迹：$S_0,A_0,R_1,S_1,A_1,R_2,\ldots,S_{T-1},A_{T-1},R_T,S_T$。

　2.2（初始化回报）$G\leftarrow 0$。

　2.3 对$t\leftarrow T-1,T-2,\ldots,0$：

　　2.3.1（更新回报）$G\leftarrow\gamma G+R_{t+1}$

　　2.3.2（更新计数和动作价值）更新$q(S_t,A_t)$以减小$\left[G-q(S_t,A_t)\right]^2$（如$c(S_t,A_t)\leftarrow c(S_t,A_t)+1$，$q(S_t,A_t)\leftarrow q(S_t,A_t)+\frac{1}{c(S_t,A_t)}\left[G-q(S_t,A_t)\right]$）；

　　2.3.3（策略改进）$A^*\leftarrow\arg\max_a q(S_t,a)$，更新策略$\pi(\cdot|S_t)$为贪心策略$\pi(a|S_t)=0,\ a\neq A^*$对应的$\varepsilon$柔性策略（如$\pi(a|S_t)\leftarrow\frac{\varepsilon}{|\mathcal{A}(s)|},a\in\mathcal{A}(s)$，$\pi(A^*|S_t)\leftarrow\pi(A^*|S_t)+(1-\varepsilon)$）。

值得一提的是，策略改进的操作不一定要在每步更新价值函数后就立即进行。当回合步数较长，但是状态较少时，可以在价值函数完全更新完毕后统一进行。或者也可以不显式维护策略，而是在决定动作时用动作价值函数隐含的 ε 柔性策略来决定动作。例如，要在状态 S_t 下通过动作价值 $q(S_t,\cdot)$ 来产生 ε 贪心策略决定动作 A_t，可以先在 $[0,1]$ 区间内均匀抽取一个随机数 X，如果 $X<\varepsilon$，则进行探索，从 $\mathcal{A}(s)$ 中等概率选择一个动作作为 A_t；否则，选择最优动作 $\arg\max_a q(S_t,a)$ 作为动作 A_t。这样，我们就不必存储 $\pi(a|s), s\in\mathcal{S}, a\in\mathcal{A}(s)$ 了。

基于首次访问的同策回合更新算法可以基于算法 4-5 简单修改得到，此处略过。

4.2 异策回合更新

本节考虑异策回合更新。异策算法允许生成轨迹的策略和正在被评估或被优化的策略不是同一策略。我们将引入异策算法中一个非常重要的概念——重要性采样，并用其进行策略评估和求解最优策略。

4.2.1 重要性采样

在统计学上，**重要性采样**（importance sampling）是一种用一个分布生成的样本来估计另一个分布的统计量的方法。在异策学习中，将要学习的策略 π 称为**目标策略**（target policy），将用来生成行为的另一策略 b 称为**行为策略**（behavior policy）。重要性采样可以用行为策略生成的轨迹样本生成目标策略的统计量。

现在考虑从 t 开始的轨迹 $S_t,A_t,R_{t+1},S_{t+1},A_{t+1},\ldots,S_{T-1},A_{T-1},R_T,S_T$。在给定 S_t 的条件下，采用策略 π 和策略 b 生成这个轨迹的概率分别为：

$$\begin{aligned}
&\Pr_\pi\left[A_t,R_{t+1},S_{t+1},A_{t+1},\ldots,S_{T-1},A_{T-1},R_T,S_T \mid S_t\right]\\
&=\pi(A_t|S_t)p(S_{t+1},R_{t+1}|S_t,A_t)\pi(A_{t+1}|S_{t+1})\cdots p(S_T,R_T|S_{T-1},A_{T-1})\\
&=\prod_{\tau=t}^{T-1}\pi(A_\tau|S_\tau)\prod_{\tau=t}^{T-1}p(S_{\tau+1},R_{\tau+1}|S_\tau,A_\tau),\\
&\Pr_b\left[A_t,R_{t+1},S_{t+1},A_{t+1},\ldots,S_{T-1},A_{T-1},R_T,S_T \mid S_t\right]\\
&=b(A_t|S_t)p(S_{t+1},R_{t+1}|S_t,A_t)b(A_{t+1}|S_{t+1})\cdots p(S_T,R_T|S_{T-1},A_{T-1})\\
&=\prod_{\tau=t}^{T-1}b(A_\tau|S_\tau)\prod_{\tau=t}^{T-1}p(S_{\tau+1},R_{\tau+1}|S_\tau,A_\tau)
\end{aligned}$$

我们把这两个概率的比值定义为**重要性采样比率**（importance sample ratio）：

$$\rho_{t:T-1}=\frac{\Pr_\pi\left[A_t,R_{t+1},S_{t+1},A_{t+1},\ldots,S_{T-1},A_{T-1},R_T,S_T \mid S_t\right]}{\Pr_b\left[A_t,R_{t+1},S_{t+1},A_{t+1},\ldots,S_{T-1},A_{T-1},R_T,S_T \mid S_t\right]}=\prod_{\tau=t}^{T-1}\frac{\pi(A_\tau|S_\tau)}{b(A_\tau|S_\tau)}$$

这个比率只与轨迹和策略有关，而与动力无关。为了让这个比率对不同的轨迹总是有意义，我们需要使得任何满足 $\pi(a|s)>0$ 的 $s\in\mathcal{S},a\in\mathcal{A}(s)$，均有 $b(a|s)>0$。这样的关系可以记为

$\pi \ll b$。

对于给定状态动作对(S_t,A_t)的条件概率也有类似的分析。在给定(S_t,A_t)的条件下，采用策略π和策略b生成这个轨迹的概率分别为：

$$
\begin{aligned}
&\Pr_\pi\left[R_{t+1},S_{t+1},A_{t+1},\ldots,S_{T-1},A_{T-1},R_T,S_T \mid S_t,A_t\right]\\
&\quad= p(S_{t+1},R_{t+1} \mid S_t,A_t)\pi(A_{t+1} \mid S_{t+1})\cdots p(S_T,R_T \mid S_{T-1},A_{T-1})\\
&\quad= \prod_{\tau=t+1}^{T-1}\pi(A_\tau \mid S_\tau)\prod_{\tau=t}^{T-1}p(S_{\tau+1},R_{\tau+1} \mid S_\tau,A_\tau),\\
&\Pr_b\left[R_{t+1},S_{t+1},A_{t+1},\ldots,S_{T-1},A_{T-1},R_T,S_T \mid S_t,A_t\right]\\
&\quad= p(S_{t+1},R_{t+1} \mid S_t,A_t)b(A_{t+1} \mid S_{t+1})\cdots p(S_T,R_T \mid S_{T-1},A_{T-1})\\
&\quad= \prod_{\tau=t+1}^{T-1}b(A_\tau \mid S_\tau)\prod_{\tau=t}^{T-1}p(S_{\tau+1},R_{\tau+1} \mid S_\tau,A_\tau)
\end{aligned}
$$

其概率的比值为

$$\rho_{t+1:T-1} = \prod_{\tau=t+1}^{T-1}\frac{\pi(A_\tau \mid S_\tau)}{b(A_\tau \mid S_\tau)}$$

回合更新总是使用 Monte Carlo 估计价值函数的值。同策回合更新得到c个回报$g_1,g_2,\ldots,g_c$后，用平均值$\frac{1}{c}\sum_{i=1}^{c}g_i$来作为价值函数的估计。这样的方法实际上默认了这$c$个回报是等概率出现的。类似的是，异策回合更新用行为策略b得到c个回报$g_1,g_2,\ldots,g_c$，这c个回报值对于行为策略b是等概率出现的。但是这c个回报值对于目标策略π不是等概率出现的。对于目标策略π而言，这c个回报值出现的概率正是各轨迹的重要性采样比率。这样，我们可以用加权平均来完成 Monte Carlo 估计。具体而言，若ρ_i（$1 \leqslant i \leqslant c$）是回报样本$g_i$对应的权重（即轨迹的重要性采样比率），可以有以下两种加权方法。

- 加权重要性采样（weighted importance sampling），即

$$\frac{\sum_{i=1}^{c}\rho_i g_i}{\sum_{i=1}^{c}\rho_i}$$

- 普通重要性采样（ordinary importance sampling），即

$$\frac{1}{c}\sum_{i=1}^{c}\rho_i g_i$$

这两种方法的区别在于分母部分。对于加权重要性采样，如果某个权重$\rho_i = 0$，那么它不会让对应的g_i参与平均，并不影响整体的平均值；对于普通重要性采样，如果某个权重$\rho_i = 0$，那么它会让 0 参与平均，使得平均值变小。

无论是加权重要性采样还是普通重要性采样，当回报样本数增加时，仍然可以用增量

法将旧的加权平均值更新为新的加权平均值。对于加权重要性采样，需要将计数值替换为权重的和，以

$$c \leftarrow c+\rho$$

$$v \leftarrow v+\frac{\rho}{c}(g-v)$$

的形式作更新。对于普通重要性采样而言，实际上就是对 $\rho_i g_i$（$1 \leqslant i \leqslant c$）加以平均，与直接没有加权情况下对 g_i（$1 \leqslant i \leqslant c$）加以平均没有本质区别。它的更新形式为：

$$c \leftarrow c+1$$

$$v \leftarrow v+\frac{1}{c}(\rho g-v)$$

4.2.2 异策回合更新策略评估

基于 4.2.1 节给出的重要性采样，算法 4-7 给出了每次访问加权重要性采样回合更新策略评估算法。这个算法在初始化环节初始化了权重和 $c(\mathsf{s},\mathsf{a})$ 与动作价值 $q(\mathsf{s},\mathsf{a})$（$\mathsf{s} \in \mathcal{S}, \mathsf{a} \in \mathcal{A}(\mathsf{s})$），然后进行回合更新。回合更新需要借助行为策略 b。行为策略 b 可以每个回合都单独设计，也可以为整个算法设计一个行为策略，而在所有回合都使用同一个行为策略。用行为策略生成轨迹样本后，逆序更新回报、价值函数和权重值。一开始权重值 ρ 设为 1，以后会越来越小。如果某次权重值变为 0（这往往是因为 $\pi(A_t|S_t)=0$），那么以后的权重值就都为 0，再循环下去没有意义。所以这里设计了一个检查机制。事实上，这个检查机制保证了在更新 $q(\mathsf{s},\mathsf{a})$ 时权重和 $c(\mathsf{s},\mathsf{a})>0$，是必需的。如果没有检查机制，则可能在更新 $c(\mathsf{s},\mathsf{a})$ 时，更新前和更新后的 $c(\mathsf{s},\mathsf{a})$ 值都是 0，进而在更新 $q(\mathsf{s},\mathsf{a})$ 时出现除零错误。增加这个检查机制避免了这样的错误。

算法 4-7　每次访问加权重要性采样异策回合更新评估策略的动作价值

1.（初始化）初始化动作价值估计 $q(\mathsf{s},\mathsf{a}) \leftarrow$ 任意值，$\mathsf{s} \in \mathcal{S}, \mathsf{a} \in \mathcal{A}$，如果需要使用权重和，则初始化权重和 $c(\mathsf{s},\mathsf{a}) \leftarrow 0, \mathsf{s} \in \mathcal{S}, \mathsf{a} \in \mathcal{A}$。

2.（回合更新）对每个回合执行以下操作。

  2.1（行为策略）指定行为策略 b，使得 $\pi \ll b$。

  2.2（采样）用策略 b 生成轨迹：$S_0, A_0, R_1, S_1, \ldots, S_{T-1}, A_{T-1}, R_T, S_T$。

  2.3（初始化回报和权重）$G \leftarrow 0$，$\rho \leftarrow 1$。

  2.4 对于 $t \leftarrow T-1, T-2, \ldots, 0$ 执行以下操作：

    2.4.1（更新回报）$G \leftarrow \gamma G+R_{t+1}$；

    2.4.2（更新价值）更新 $q(S_t,A_t)$ 以减小 $\rho\left[G-q(S_t,A_t)\right]^2$（如 $c(S_t,A_t) \leftarrow c(S_t,A_t)+\rho$，$q(S_t,A_t) \leftarrow q(S_t,A_t)+\frac{\rho}{c(S_t,A_t)}\left[G-q(S_t,A_t)\right]$）。

2.4.3（更新权重）$\rho \leftarrow \rho \frac{\pi(A_t|S_t)}{b(A_t|S_t)}$；

2.4.4（提前终止）如果 $\rho = 0$，则结束步骤 2.4 的循环。

在算法 4-7 的基础上略作修改，可以得到首次访问的算法、普通重要性采样的算法和估计状态价值的算法，此处略过。

4.2.3 异策回合更新最优策略求解

接下来介绍最优策略的求解。算法 4-8 给出了每次访问加权重要性采样异策回合最优策略求解算法。它和其他最优策略求解算法一样，都是在策略估计算法的基础上加上策略改进得来的。算法 4-8 的迭代过程中，始终让 π 是一个确定性策略。所以，在回合更新的过程中，任选一个策略 b 都满足 $\pi \ll b$。这个柔性策略可以每个回合都分别选取，也可以整个程序共用一个。由于采用了确定性的策略，则对于每个状态 $s \in \mathcal{S}$ 都有一个 $a \in \mathcal{A}(s)$ 使得 $\pi(a|s)=1$，而其他 $\pi(\cdot|s)=0$。算法 4-8 利用这一性质来更新权重并判断权重是否为 0。如果 $A_t \neq \pi(S_t)$，则意味着 $\pi(A_t|S_t)=0$，更新后的权重为 0，需要退出循环以避免除零错误；若 $A_t = \pi(S_t)$，则意味着 $\pi(A_t|S_t)=1$，所以权重更新语句 $\rho \leftarrow \rho \frac{\pi(A_t|S_t)}{b(A_t|S_t)}$ 就可以简化为 $\rho \leftarrow \rho \frac{1}{b(A_t|S_t)}$。

算法 4-8 每次访问加权重要性采样异策回合更新最优策略求解

1.（初始化）初始化动作价值估计 $q(s,a) \leftarrow$ 任意值，$s \in \mathcal{S}, a \in \mathcal{A}$，如果需要使用权重和，则初始化权重和 $c(s,a) \leftarrow 0, s \in \mathcal{S}, a \in \mathcal{A}$；$\pi(s) \leftarrow \arg\max_a q(s,a), s \in \mathcal{S}$。

2.（回合更新）对每个回合执行以下操作。

2.1（柔性策略）指定 b 为任意柔性策略。

2.2（采样）用策略 b 生成轨迹：$S_0, A_0, R_1, S_1, A_1, R_2, \ldots, S_{T-1}, A_{T-1}, R_T, S_T$。

2.3（初始化回报和权重）$G \leftarrow 0$，$\rho \leftarrow 1$。

2.4 对 $t \leftarrow T-1, T-2, \ldots, 0$：

2.4.1（更新回报）$G \leftarrow \gamma G + R_{t+1}$；

2.4.2（更新价值）更新 $q(S_t,A_t)$ 以减小 $\rho\left[G - q(S_t,A_t)\right]^2$（如 $c(S_t,A_t) \leftarrow c(S_t,A_t) + \rho$，$q(S_t,A_t) \leftarrow q(S_t,A_t) + \frac{\rho}{c(S_t,A_t)}\left[G - q(S_t,A_t)\right]$）；

2.4.3（策略更新）$\pi(S_t) \leftarrow \arg\max_a q(S_t,a)$；

2.4.4（提前终止）若 $A_t \neq \pi(S_t)$ 则退出步骤 2.4；

2.4.5（更新权重）$\rho \leftarrow \rho \dfrac{1}{b(A_t|S_t)}$。

算法 4-8 也可以修改得到首次访问的算法和普通重要性采样的算法，此处略过。

4.3 案例：21 点游戏

本节考虑纸牌游戏“21 点”（Blackjack-v0），为其实现游戏 AI。

21 点的游戏规则是这样的：游戏里有一个玩家（player）和一个庄家（dealer），每个回合的结果可能是玩家获胜、庄家获胜或打成平手。回合开始时，玩家和庄家各有两张牌，玩家可以看到玩家的两张牌和庄家的其中一张牌。接着，玩家可以选择是不是要更多的牌。如果选择要更多的牌（称为“hit”），玩家可以再得到一张牌，并统计玩家手上所有牌的点数之和。各牌面对应的点数见表 4-1，其中牌面 A 代表 1 点或 11 点。如果点数和大于 21，则称玩家输掉这一回合，庄家获胜；如果点数和小等于 21，那么玩家可以再次决定是否要更多的牌，直到玩家不再要更多的牌。如果玩家在总点数小等于 21 的情况下不要更多的牌，那么这时候玩家手上的总点数就是最终玩家的点数。接下来，庄家展示其没有显示的那张牌，并且在其点数小于 17 的情况下抽取更多的牌。如果庄家在抽取的过程中总点数超过 21，则庄家输掉这一回合，玩家获胜；如果最终庄家的总点数小于等于 21，则比较玩家的总点数和庄家的总点数。如果玩家的总点数大于庄家的总点数，则玩家获胜；如果玩家和庄家的总点数相同，则为平局；如果玩家的总点数小于庄家的总点数，则庄家获胜。

表 4-1　21 点各牌面对应的点数

牌面	点数
A	1 或 11
2	2
3	3
…	…
9	9
10、J、Q、K	10

4.3.1 实验环境使用

Gym 库的环境 'Blackjack-v0' 实现了上述 21 点游戏。21 点游戏环境和 Gym 库中其他环境的用法大致相同，我们可以用以下语句取得环境对象：

```
import gym
env = gym.make("Blackjack-v0")
```

用以下语句初始化环境。

```
env.reset()
```

用以下语句进入下一步。

```
env.step(action)
```

env.step() 函数的参数是动作，它可以是 int 型数值 0 或 1，其中 0 表示玩家不再要更多的牌，1 表示玩家再要一张牌。env.step() 的第 0 个返回值是观测，它是一个有 3 个元素的 tuple 值，其 3 个元素依次为：

- 范围为 4 ～ 21 的 int 型数值，表示玩家的点数和；
- 范围为 1 ～ 10 的 int 型数值，表示庄家可见牌的点数；
- bool 型数值，表示在计算玩家点数和的时候，是否将 1 张 A 牌计算为 11 点。

在计算玩家点数时，如果玩家手上有 A 牌，那么会用以下规则确定 A 牌的点数：首先要保证玩家手上牌的总点数小于 21（所以至多有一张 A 牌会算作 11），在此基础上让总点数尽量大。在计算庄家点数时，总是将 A 计算为 1 点（当然总是计算为 11 点也是完全等价的）。

代码清单 4-1 给出了用随机策略玩一个回合的代码。在这个代码中，用 Numpy 库的 np.random.choice() 函数选择动作。这个函数的第 0 个参数表示要从哪些数据里选择。它还可能有一个关键字参数 p，表示选择各数据的概率。代码清单 4-1 没有指定关键字参数 p，则表示等概率选择数据。

代码清单 4-1　用随机策略玩一个回合

```
observation = env.reset()
print('观测 = {}'.format(observation))
while True:
    print('玩家 = {}, 庄家 = {}'.format(env.player, env.dealer))
    action = np.random.choice(env.action_space.n)
    print('动作 = {}'.format(action))
    observation, reward, done, _ = env.step(action)
    print('观测 = {}, 奖励 = {}, 结束指示 = {}'.format(
            observation, reward, done))
    if done:
        break # 回合结束
```

4.3.2　同策略评估

21 点游戏的交互可以看作一个 Markov 决策过程。我们将观测略做修改，将观测 tuple 的最后一个元素改为 int 值，就可以得到用 3 个 int 值表示的状态，见代码清单 4-2。

代码清单 4-2　从观测到状态

```
def ob2state(observation):
    return (observation[0], observation[1], int(observation[2]))
```

在 21 点游戏中的轨迹有以下特点。

- 在一个轨迹中不可能出现重复的状态。原因在于，在一个回合中，玩家在每一步都比上一步多了一张牌，所以总点数往往会增大，或者原来可以算作 11 点的 A 牌只能算作 1 点了。

- 在一个轨迹中只有最后的一个奖励值是非零值。所以，在折扣因子 $\gamma=1$ 的情况下（回合制任务可这样设定），最后的奖励值就是回合的总奖励值。

考虑到 21 点游戏具有以上特点，其同策回合更新算法可以做出以下简化：

- 同一回合中每个状态肯定都是首次访问，不需要区分首次访问和每次访问；
- 在折扣因子 $\gamma=1$ 的情况下，只要将回合最后一个奖励值作为回报值，同策更新不需要逆序求回报值。

利用以上两个简化，代码清单 4-3 给出了同策回合更新策略评估的算法。函数 evaluate_action_monte_carlo() 根据环境 env 和策略 policy，求得动作价值函数 q 并返回。在这个函数中，不区分首次访问和每次访问，限定 $\gamma=1$ 并直接用最后的奖励值作为回报值 g，而且在更新状态时是顺序更新的。

代码清单 4-3　同策回合更新策略评估

```
def evaluate_action_monte_carlo(env, policy, episode_num=500000):
    q = np.zeros_like(policy)
    c = np.zeros_like(policy)
    for _ in range(episode_num):
        # 玩一回合
        state_actions = []
        observation = env.reset()
        while True:
            state = ob2state(observation)
            action = np.random.choice(env.action_space.n, p=policy[state])
            state_actions.append((state, action))
            observation, reward, done, _ = env.step(action)
            if done:
                break # 回合结束
        g = reward # 回报
        for state, action in state_actions:
            c[state][action] += 1.
            q[state][action] += (g - q[state][action]) / c[state][action]
    return q
```

下面来看一个 evaluate_action_monte_carlo() 函数的用法。下面这段代码评估了一个确定性算法 policy。算法 policy 在总点数≥20 时不再要牌，在总点数＜20 时要牌。通过调用 evaluate_action_monte_carlo() 函数，求得其动作价值函数为 q。接着，利用动作价值函数求出了状态价值函数 v。

```
policy = np.zeros((22, 11, 2, 2))
policy[20:, :, :, 0] = 1 # >= 20 时不再要牌
policy[:20, :, :, 1] = 1 # < 20 时再要牌
q = evaluate_action_monte_carlo(env, policy) # 动作价值
v = (q * policy).sum(axis=-1) # 状态价值
```

接下来考虑价值函数的可视化。考虑到 q 是一个 4 维的数组，而 v 是一个 3 维的数组，

所以可视化 v 比可视化 q 容易。这里仅可视化 v。代码清单 4-4 给出了可视化最后一维指标为 0 或 1 的 3 维数组的函数 plot()。函数 plot() 绘制了含有两个子图的图像，两个子图分别绘制最后一维指标为 0 和最后一维指标为 1 的数组值。每个子图的 X 轴表示玩家点数和，Y 轴表示庄家显示的牌面。值得一提的是，这里显示的玩家点数和范围只有 12 ～ 21，比实际可能出现的范围 3～21 小。实际上，12～21 这个范围是我们最为关心的范围。这是因为，如果玩家的点数和小于等于 11，那么再抽一张牌肯定不会超过 21 点，并且总是能得到更大的点数。所以，玩家在点数和小于等于 11 的情况下一定会选择继续抽牌，直到玩家总点数和大于等于 12。所以，我们更关心玩家的点数和范围是 12 ～ 21 的情况。

代码清单 4-4　绘制最后一维的指标为 0 或 1 的 3 维数组

```
def plot(data):
    fig, axes = plt.subplots(1, 2, figsize=(9, 4))
    titles = ['without ace', 'with ace']
    have_aces = [0, 1]
    extent = [12, 22, 1, 11]
    for title, have_ace, axis in zip(titles, have_aces, axes):
        dat = data[extent[0]:extent[1], extent[2]:extent[3], have_ace].T
        axis.imshow(dat, extent=extent, origin='lower')
        axis.set_xlabel('player sum')
        axis.set_ylabel('dealer showing')
        axis.set_title(title)
```

基于代码清单 4-4 提供的 plot() 函数，利用下列代码可以绘制得到状态价值函数的图像（见图 4-2）。由于环境具有随机性，所以每次运行的图像结果可能略有不同。增加回合数可以减小不同运行间的差距。

```
plot(v);
```

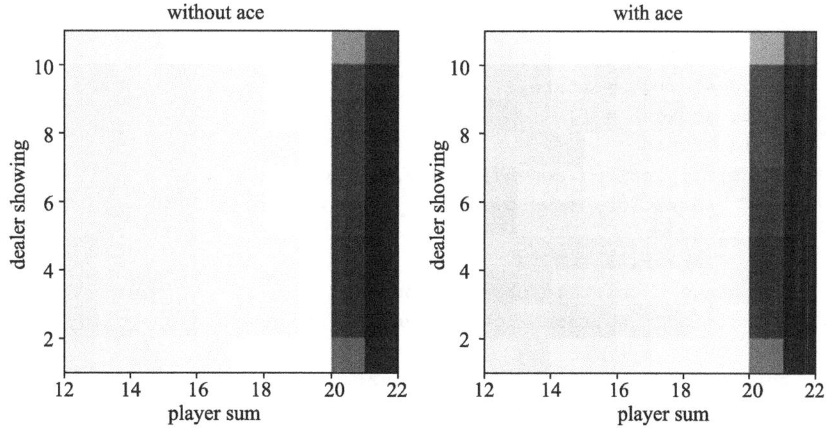

图 4-2　策略评估得到的状态函数图像（颜色越深表示价值越大）

4.3.3 同策最优策略求解

本节考虑利用同策回合更新求解最优策略和最优价值函数。

代码清单 4-5 给出了带起始探索的同策回合更新算法。正如 4.3.2 节介绍的，我们最为关心玩家的点数和在 12 ～ 21 这个范围内的状态，所以代码清单 4-5 中的起始探索也只覆盖这个范围内的状态。在函数内部，每个游戏回合前都随机产生一个状态动作对。利用产生的状态，可以反推出一种玩家的持牌可能性和庄家持有的明牌。考虑所有对应到相同状态的玩家持牌都是等价的，所以这里只需任意指定一种玩家的持牌即可。计算得到玩家的持牌和庄家持有的明牌后，可以直接将牌面赋值给 env.player 和 env.dealer[0]，告知环境当前状态。这样，该回合游戏就可以从给定的起始状态开始了。

代码清单 4-5　带起始探索的同策回合更新

```
def monte_carlo_with_exploring_start(env, episode_num=500000):
    policy = np.zeros((22, 11, 2, 2))
    policy[:, :, :, 1] = 1.
    q = np.zeros_like(policy)
    c = np.zeros_like(policy)
    for _ in range(episode_num):
        # 随机选择起始状态和起始动作
        state = (np.random.randint(12, 22),
                 np.random.randint(1, 11),
                 np.random.randint(2))
        action = np.random.randint(2)
        # 玩一回合
        env.reset()
        if state[2]: # 有A
            env.player = [1, state[0] - 11]
        else: # 没有A
            if state[0] == 21:
                env.player = [10, 9, 2]
            else:
                env.player = [10, state[0] - 10]
        env.dealer[0] = state[1]
        state_actions = []
        while True:
            state_actions.append((state, action))
            observation, reward, done, _ = env.step(action)
            if done:
                break # 回合结束
            state = ob2state(observation)
            action = np.random.choice(env.action_space.n, p=policy[state])
        g = reward # 回报
        for state, action in state_actions:
            c[state][action] += 1.
            q[state][action] += (g - q[state][action]) / c[state][action]
            a = q[state].argmax()
            policy[state] = 0.
```

```
            policy[state][a] = 1.
    return policy, q
```

利用代码清单 4-5 给出的 monte_carlo_with_exploring_start() 函数，我们可以计算最优价值函数和最优策略，并绘制最优策略和最优价值函数。得到的最优策略见图 4-3，最优状态价值函数见图 4-4。

```
policy, q = monte_carlo_with_exploring_start(env)
v = q.max(axis=-1)
plot(policy.argmax(-1));
plot(v);
```

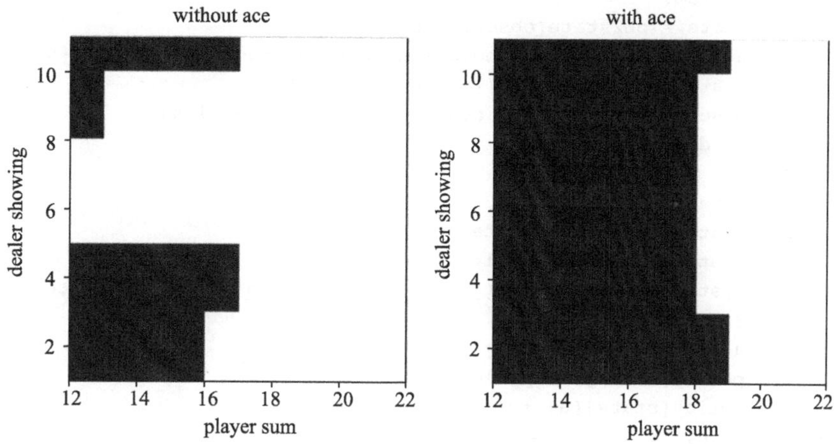

图 4-3　最优策略图像（黑色表示继续要牌，白色表示不要牌）

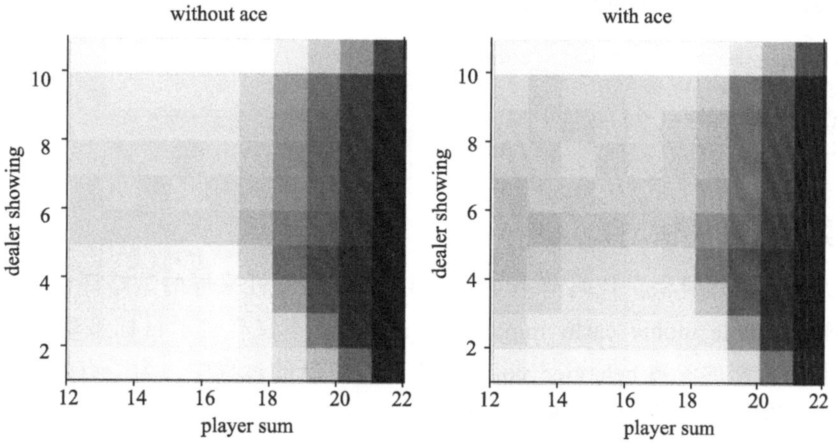

图 4-4　最优策略状态价值函数图像（颜色越深表示价值越大）

代码清单 4-6 给出了基于柔性策略的同策回合更新求解最优策略和最优价值函数。函

数 monte_carlo_with_soft() 有一个参数 epsilon，表示 ε 柔性策略中的 ε 值。在函数初始化时，将策略初始化为 $\pi(a|s)=0.5$（$s\in\mathcal{S},a\in\mathcal{A}$），这样可以确保初始化的策略也是 ε 柔性策略。

代码清单 4-6　基于柔性策略的同策回合更新

```
def monte_carlo_with_soft(env, episode_num=500000, epsilon=0.1):
    policy = np.ones((22, 11, 2, 2)) * 0.5 # 柔性策略
    q = np.zeros_like(policy)
    c = np.zeros_like(policy)
    for _ in range(episode_num):
        # 玩一回合
        state_actions = []
        observation = env.reset()
        while True:
            state = ob2state(observation)
            action = np.random.choice(env.action_space.n, p=policy[state])
            state_actions.append((state, action))
            observation, reward, done, _ = env.step(action)
            if done:
                break # 回合结束
        g = reward # 回报
        for state, action in state_actions:
            c[state][action] += 1.
            q[state][action] += (g - q[state][action]) / c[state][action]
            # 更新策略为柔性策略
            a = q[state].argmax()
            policy[state] = epsilon / 2.
            policy[state][a] += (1. - epsilon)
    return policy, q
```

monte_carlo_with_soft() 函数的用法如下列代码所示。下列代码也可以求得最优策略和最优价值函数，得到图 4-3 和图 4-4 的结果。

```
policy, q = monte_carlo_with_soft(env)
v = q.max(axis=-1)
plot(policy.argmax(-1));
plot(v);
```

4.3.4　异策策略评估

接下来考虑异策算法。代码清单 4-7 给出了基于重要性采样的策略评估求解动作价值函数。函数 evaluate_monte_carlo_importance_sample() 不仅有表示目标策略的参数 policy，还有表示行为策略的参数 behavior_policy。在回合更新的过程中，为了有效地更新重要性采样比率，所以需要采用逆序更新。

代码清单 4-7　重要性采样策略评估

```
def evaluate_monte_carlo_importance_sample(env, policy, behavior_policy,
        episode_num=500000):
```

```
    q = np.zeros_like(policy)
    c = np.zeros_like(policy)
    for _ in range(episode_num):
        # 用行为策略玩一回合
        state_actions = []
        observation = env.reset()
        while True:
            state = ob2state(observation)
            action = np.random.choice(env.action_space.n,
                    p=behavior_policy[state])
            state_actions.append((state, action))
            observation, reward, done, _ = env.step(action)
            if done:
                break # 玩好了
        g = reward # 回报
        rho = 1. # 重要性采样比率
        for state, action in reversed(state_actions):
            c[state][action] += rho
            q[state][action] += (rho / c[state][action] * (g - q[state][action]))
            rho *= (policy[state][action] / behavior_policy[state][action])
            if rho == 0:
                break # 提前终止
    return q
```

evaluate_monte_carlo_importance_sample() 函数的用法如下列代码所示。其中的行为策略是 $\pi(a|s)=0.5$（$s\in\mathcal{S},a\in\mathcal{A}$）。该代码可以生成与同策回合更新一致的结果（见图 4-2）。

```
policy = np.zeros((22, 11, 2, 2))
policy[20:, :, :, 0] = 1 # >= 20 时收手
policy[:20, :, :, 1] = 1 # < 20 时继续
behavior_policy = np.ones_like(policy) * 0.5
q = evaluate_monte_carlo_importance_sample(env, policy, behavior_policy)
v = (q * policy).sum(axis=-1)
plot(v);
```

4.3.5 异策最优策略求解

最后来看异策回合更新的最优策略求解。代码清单 4-8 给出了基于重要性采样的最优策略求解。在函数的初始化阶段确定了行为策略为 $\pi(a|s)=0.5$（$s\in\mathcal{S},a\in\mathcal{A}$），这是一个柔性策略。在后续的回合更新中，无论目标策略如何更新，都使用这个策略作为行为策略。在更新阶段，同样使用逆序来有效更新重要性采样比率。

代码清单 4-8　柔性策略重要性采样最优策略求解

```
def monte_carlo_importance_sample(env, episode_num=500000):
    policy = np.zeros((22, 11, 2, 2))
    policy[:, :, :, 0] = 1.
```

```
    behavior_policy = np.ones_like(policy) * 0.5 # 柔性策略
    q = np.zeros_like(policy)
    c = np.zeros_like(policy)
    for _ in range(episode_num):
        # 用行为策略玩一回合
        state_actions = []
        observation = env.reset()
        while True:
            state = ob2state(observation)
            action = np.random.choice(env.action_space.n,
                    p=behavior_policy[state])
            state_actions.append((state, action))
            observation, reward, done, _ = env.step(action)
            if done:
                break # 玩好了
        g = reward # 回报
        rho = 1. # 重要性采样比率
        for state, action in reversed(state_actions):
            c[state][action] += rho
            q[state][action] += (rho / c[state][action] * (g - q[state][action]))
            # 策略改进
            a = q[state].argmax()
            policy[state] = 0.
            policy[state][a] = 1.
            if a != action: # 提前终止
                break
            rho /= behavior_policy[state][action]
    return policy, q
```

利用 monte_carlo_importance_resample() 函数求解最优策略和最优价值函数的用法如下所示。该代码可以生成和同策回合更新一致的结果，见图 4-3 和图 4-4。

```
policy, q = monte_carlo_importance_resample(env)
v = q.max(axis=-1)
plot(policy.argmax(-1));
plot(v);
```

4.4 本章小结

本章介绍无模型回合更新方法。回合更新只能应用于回合制任务，它在每个回合完成后更新价值估计。在下一章中，我们将学习另外一种无模型强化学习方法——时序差分更新，它不需要等到回合结束就可以更新价值估计。

本章要点

- 无模型学习及其收敛性依赖于随机近似理论和 Robbins-Monro 算法。

- 回合更新采用了 Monte Carlo 方法，它用回报的平均值估计价值。实际实现时常采用增量法，用前$c-1$次的平均值和计数值c得到前c次的平均值。
- 在一个回合内的同一状态可能被多次访问。如果每次访问的回报值都用于估计，则称为每次访问；如果只有第一次访问的回报值用于估计，则称为首次访问。
- 同策回合更新直接用目标策略生成的轨迹估计价值，异策回合更新可以用其他策略生成的轨迹估计目标策略的价值函数。
- 重要性采样通过行为策略b生成的轨迹来估计目标策略π的价值函数，具有加权重要性采样和普通重要性采样两种形式。重要性采样比率的定义为

$$\rho_{t:T-1}=\prod_{\tau=t}^{T-1}\frac{\pi\left(A_\tau \mid S_\tau\right)}{b\left(A_\tau \mid S_\tau\right)}$$

- 回合更新策略评估在每个回合后更新价值函数的估计。
- 回合更新最优策略在每个回合后更新价值函数的估计并进行策略改进。可以通过起始探索或柔性策略避免陷入局部最优。

CHAPTER 5

第 5 章

时序差分价值迭代

本章介绍另外一种学习方法——时序差分更新。时序差分更新和回合更新都是直接利用经验数据进行学习，而不需要环境模型。时序差分更新与回合更新的区别在于，时序差分更新汲取了动态规划方法中“自益”的思想，用现有的价值估计值来更新价值估计，不需要等到回合结束也可以更新价值估计。所以，时序差分更新既可以用于回合制任务，也可以用于连续性任务。

本章将介绍时序差分更新方法，包括同策时序差分更新方法和异策时序差分更新方法。每种方法都先介绍简单的单步更新，再介绍多步更新。最后，本章会涉及基于资格迹的学习算法。

5.1 同策时序差分更新

本节考虑无模型同策时序差分更新。与无模型回合更新的情况相同，在无模型的情况下动作价值比状态价值更为重要，因为动作价值能够决定策略和状态价值，但是状态价值得不到动作价值。

从给定策略 π 的情况下动作价值的定义出发，我们可以得到下式：

$$\begin{aligned} q_\pi(s,a) &= \mathrm{E}_\pi\left[G_t \mid S_t=s, A_t=a\right] \\ &= \mathrm{E}_\pi\left[R_{t+1}+\gamma G_{t+1} \mid S_t=s, A_t=a\right] \\ &= \mathrm{E}_\pi\left[R_{t+1}+\gamma q_\pi(S_{t+1},A_{t+1}) \mid S_t=s, A_t=a\right], \quad s\in\mathcal{S}, a\in\mathcal{A}(s) \end{aligned}$$

在上一章的回合更新学习中，我们依据 $q_\pi(s,a)=\mathrm{E}_\pi\left[G_t \mid S_t=s, A_t=a\right]$，用 Monte Carlo 方法来估计价值函数。为了得到回报样本，我们要从状态动作对 (s,a) 出发一直采样到回合结束。单步时序差分更新将依据 $q_\pi(s,a)=\mathrm{E}_\pi\left[R_{t+1}+\gamma q_\pi(S_{t+1},A_{t+1}) \mid S_t=s, A_t=a\right]$，只需要采样一步，进而用 $U_t=R_{t+1}+\gamma q_\pi(S_{t+1},\cdot)$ 来估计回报样本的值。为了与由奖励直接计算得到的无偏回报样本 G_t 进行区别，本书用字母 U_t 表示使用自益得到的有偏回报样本。

基于以上分析，我们可以定义时序差分目标。时序差分目标可以针对动作价值定义，也可以针对状态价值定义。对于动作价值，其单步时序差分目标定义为

$$U_{t:t+1}^{(q)} = R_{t+1} + \gamma q(S_{t+1}, A_{t+1})$$

其中 $U_{t:t+1}^{(q)}$ 的上标 (q) 表示是对动作价值定义的，下标 $t:t+1$ 表示用 (S_{t+1}, A_{t+1}) 的估计值来估计 (S_t, A_t)。如果 S_{t+1} 是终止状态，默认有 $q(S_{t+1}, \cdot) = 0$。这样的时序差分目标可以进一步扩展到多步的情况。n 步时序差分目标（$n = 1, 2, \ldots$）定义为

$$U_{t:t+n}^{(q)} = R_{t+1} + \gamma R_{t+2} + \cdots + \gamma^{n-1} R_{t+n} + \gamma^n q(S_{t+n}, A_{t+n})$$

在不强调步数的情况下，$U_{t:t+n}^{(q)}$ 可以简记为 $U_t^{(q)}$ 或 U_t。对于回合制任务，如果回合的步数 $T \leqslant t+n$，则我们可以强制让

$$\begin{aligned} R_t &= 0, & t &> T \\ S_t &= s_{终止}, & t &> T \end{aligned}$$

这样，上述时序差分目标的定义式依然成立，实际上达到了

$$U_{t:t+n}^{(q)} = \begin{cases} R_{t+1} + \gamma R_{t+2} + \cdots + \gamma^{n-1} R_{t+n} + \gamma^n q(S_{t+n}, A_{t+n}), & t+n < T \\ R_{t+1} + \gamma R_{t+2} + \cdots + \gamma^{T-t-1} R_T, & t+n \geqslant T \end{cases}$$

的效果。本书后文都做这样的假设。类似的是，对于状态价值，定义 n 步时序差分目标为

$$U_{t:t+n}^{(v)} = R_{t+1} + \gamma R_{t+2} + \cdots + \gamma^{n-1} R_{t+n} + \gamma^n v(S_{t+n})$$

它也可以简记为 $U_t^{(v)}$ 或 U_t。

图 5-1 比较了用自益获得的时序差分目标和用回合更新获得回报的备份图。回顾在备份图中，空心圆圈表示状态，实心圆圈表示状态动作对。图 5-1a 是估计动作价值的备份图。如果用未来第一个状态动作对的价值来估计当前状态动作对的价值，那就是单步自益，得到的目标就是单步时序差分目标；如果用未来第二个状态动作对来估计当前状态动作对的价值，那就是 2 步自益，得到的目标就是 2 步时序差分目标，依此类推。如果一直用到了终止状态，则就没有自益，估计的目标就是回报值。图 5-1b 是估计状态价值的备份图，也有类似的分析。

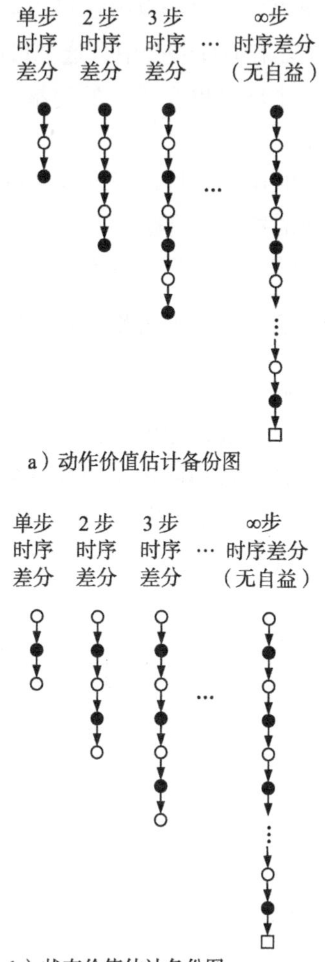

图 5-1 用自益获得时序差分目标和回合更新获得回报的备份图比较（本图改编自 R. Sutton, et al, Reinforcement Learning: An introduction, 2018）

5.1.1 时序差分更新策略评估

本节考虑利用时序差分目标来评估给定策略的价值函数。回顾在同策回合更新策略评估中，我们用形如

$$q(S_t,A_t)\leftarrow q(S_t,A_t)+\alpha\left[G_t-q(S_t,A_t)\right]$$

的增量更新来学习动作价值函数，试图减小$\left[G_t-q(S_t,A_t)\right]^2$。在这个式子中，$G_t$是回报的样本。在时序差分中，这个量就对应着$U_t$。因此，只需在回合更新策略评估算法的基础上，将这个增量更新式中的回报G_t替换为时序差分目标U_t，就可以得到时序差分策略评估算法了。

时序差分目标既可以是单步时序差分目标，也可以是多步时序差分目标。我们先来看单步时序差分目标。

算法5-1给出了用单步时序差分更新评估策略的动作价值的算法。这个算法有一个参数α，它是一个正实数，表示学习率。在上一章的回合更新中，这个学习率往往是$\frac{1}{c(S_t,A_t)}$，它和状态动作对有关，并且不断减小。在时序差分更新中，也可以采用这样不断减小的学习率。不过，考虑到在时序差分算法执行的过程中价值函数会越来越准确，进而基于价值函数估计得到的价值函数也会越来越准确，因此估计值的权重可以越来越大。所以，算法5-1采用了一个固定的学习率α。这个学习率一般在$\alpha\in(0,1]$。当然，学习率也可以不是常数。在有些问题中，让学习率巧妙地变化能得到更好的效果。引入学习率α后，更新式可以表示为：

$$q(S_t,A_t)\leftarrow q(S_t,A_t)+\alpha\left[U_t-q(S_t,A_t)\right].$$

算法5-1　单步时序差分更新评估策略的动作价值

输入：环境（无数学描述）、策略π。

输出：动作价值函数$q(s,a)$，$s\in\mathcal{S},a\in\mathcal{A}$。

参数：优化器（隐含学习率α），折扣因子γ，控制回合数和回合内步数的参数。

1.（初始化）$q(s,a)\leftarrow$任意值，$s\in\mathcal{S},a\in\mathcal{A}$。如果有终止状态，令$q(s_{终止},a)\leftarrow 0,a\in\mathcal{A}$。

2.（时序差分更新）对每个回合执行以下操作。

　2.1（初始化状态动作对）选择状态S，再根据输入策略π确定动作A。

　2.2 如果回合未结束（例如未达到最大步数、S不是终止状态），执行以下操作：

　　2.2.1（采样）执行动作A，观测得到奖励R和新状态S'；

　　2.2.2 用输入策略π确定动作A'；

　　2.2.3（计算回报的估计值）$U\leftarrow R+\gamma q(S',A')$；

　　2.2.4（更新价值）更新$q(S,A)$以减小$\left[U-q(S,A)\right]^2$（如$q(S,A)\leftarrow q(S,A)+\alpha[U-$

$q(S,A)\big]$);

2.2.5 $S \leftarrow S'$, $A \leftarrow A'$。

在具体的更新过程中，除了学习率 α 和折扣因子 γ 外，还有控制回合数和每个回合步数的参数。我们知道，时序差分更新不仅可以用于回合制任务，也可以用于非回合制任务。对于非回合制任务，我们可以自行将某些时段抽出来当作多个回合，也可以不划分回合当作只有一个回合进行更新。

类似地，算法 5-2 给出了用单步时序差分方法评估策略状态价值的算法。

算法 5-2 单步时序差分更新评估策略的状态价值

输入：环境（无数学描述）、策略 π。

输出：状态价值函数 $v(s), s \in \mathcal{S}$。

参数：优化器（隐含学习率 α），折扣因子 γ，控制回合数和回合内步数的参数。

1.（初始化）$v(s) \leftarrow$ 任意值，$s \in \mathcal{S}$。如果有终止状态，$v(s_{终止}) \leftarrow 0$。

2.（时序差分更新）对每个回合执行以下操作。

2.1（初始化状态）选择状态 S。

2.2 如果回合未结束（例如未达到最大步数、S 不是终止状态），执行以下操作：

2.2.1 根据输入策略 π 确定动作 A；

2.2.2（采样）执行动作 A，观测得到奖励 R 和新状态 S'；

2.2.3（计算回报的估计值）$U \leftarrow R + \gamma v(S')$；

2.2.4（更新价值）更新 $v(S)$ 以减小 $\left[U - v(S)\right]^2$（如 $v(S) \leftarrow v(S) + \alpha\left[U - v(S)\right]$）；

2.2.5 $S \leftarrow S'$。

在无模型的情况下，用回合更新和时序差分更新来评估策略都能渐近得到真实的价值函数。它们各有优劣。目前并没有证明某种方法就比另外一种方法更好。根据经验，学习率为常数的时序差分更新常常比学习率为常数的回合更新更快收敛。不过时序差分更新对环境的 Markov 性要求更高。

我们通过一个例子来比较回合更新和时序差分更新。考虑某个 Markov 奖励过程，我们得到了它的 5 个轨迹样本如下（只显示状态和奖励）：

$$s_A, 0$$
$$s_B, 0, s_A, 0$$
$$s_A, 1$$
$$s_B, 0, s_A, 0$$
$$s_A, 1$$

使用回合更新得到的状态价值估计值为 $v(s_A)=\frac{2}{5}$，$v(s_B)=0$，而使用时序差分更新得到的状态价值估计值为 $v(s_A)=v(s_B)=\frac{2}{5}$。这两种方法对 $v(s_A)$ 的估计是一样的，但是对于 $v(s_B)$ 的估计有明显不同：回合更新只考虑其中两个含有 s_B 的轨迹样本，用这两个轨迹样本回报来估计状态价值；时序差分更新认为状态 s_B 下一步肯定会到达状态 s_A，所以可以利用全部轨迹样本来估计 $v(s_A)$，进而由 $v(s_A)$ 推出 $v(s_B)$。试想，如果这个环境真的是 Markov 决策过程，并且我们正确地识别出了状态空间 $\mathcal{S}=\{s_A,s_B\}$，那么时序差分更新方法可以用更多的轨迹样本来帮助估计 s_B 的状态价值，这样可以更好地利用现有的样本得到更精确的估计。但是，如果这个环境其实并不是 Markov 决策过程，或是 $\{s_A,s_B\}$ 并不是其真正的状态空间，那么也有可能 s_A 之后获得的奖励值其实和这个轨迹是否到达过 s_B 有关，例如如果达到过 s_B 则奖励总是为 0。这种情况下，回合更新能够不受到这一错误的影响，只采用正确的信息，从而不受无关信息的干扰，得到正确的估计。这个例子比较了回合更新和时序差分更新的部分利弊。

接下来看如何用多步时序差分目标来评估策略价值。算法 5-3 和算法 5-4 分别给出了用多步时序差分评估动作价值和状态价值的算法。实际实现时，可以让 S_t,A_t,R_t 和 $S_{t+n+1},A_{t+n+1},R_{t+n+1}$ 共享同一存储空间，这样只需要 $n+1$ 份存储空间。

算法 5-3　n 步时序差分更新评估策略的动作价值

输入：环境（无数学描述）、策略 π。

输出：动作价值估计 $q(s,a)$，$s\in\mathcal{S},a\in\mathcal{A}(s)$。

参数：步数 n，优化器（隐含学习率 α），折扣因子 γ，控制回合数和回合内步数的参数。

1.（初始化）$q(s,a)\leftarrow$ 任意值，$s\in\mathcal{S},a\in\mathcal{A}$。如果有终止状态，令 $q(s_{终止},a)\leftarrow 0$，$a\in\mathcal{A}$。

2.（时序差分更新）对每个回合执行以下操作。

　2.1（生成 n 步）用策略 π 生成轨迹 $S_0,A_0,R_1,\ldots,R_n,S_n$（若遇到终止状态，则令后续奖励均为 0，状态均为 $s_{终止}$）。

　2.2 对于 $t=0,1,2,\ldots$ 依次执行以下操作，直到 $S_t=s_{终止}$：

　　2.2.1 若 $S_{t+n}\neq s_{终止}$，则根据 $\pi(\cdot|S_{t+n})$ 决定动作 A_{t+n}；

　　2.2.2（更新时序差分目标 $U_{t:t+n}^{(q)}$）$U\leftarrow R_{t+1}+\gamma R_{t+2}+\cdots+\gamma^{n-1}R_{t+n}+\gamma^n q(S_{t+n},A_{t+n})$；

　　2.2.3（更新价值）更新 $q(S_t,A_t)$ 以减小 $\left[U-q(S_t,A_t)\right]^2$；

　　2.2.4 若 $S_{t+n}\neq s_{终止}$，则执行 A_{t+n}，得到奖励 R_{t+n+1} 和下一状态 S_{t+n+1}；若 $S_{t+n}=s_{终止}$，令 $R_{t+n+1}\leftarrow 0$，$S_{t+n+1}\leftarrow s_{终止}$。

算法 5-4 n 步时序差分更新评估策略的状态价值

输入：环境（无数学描述）、策略 π。

输出：状态价值估计 $v(s)$，$s\in\mathcal{S}$。

参数：步数 n，优化器（隐含学习率 α），折扣因子 γ，控制回合数和回合内步数的参数。

1.（初始化）$v(s)\leftarrow$ 任意值，$s\in\mathcal{S}$。如果有终止状态，令 $v(s_{终止})\leftarrow 0$。

2.（时序差分更新）对每个回合执行以下操作。

  2.1（生成 n 步）用策略 π 生成轨迹 $S_0,A_0,R_1,\ldots,R_n,S_n$（若遇到终止状态，则令后续奖励均为 0，状态均为 $s_{终止}$）。

  2.2 对于 $t=0,1,2,\ldots$ 依次执行以下操作，直到 $S_t=s_{终止}$：

    2.2.1（更新时序差分目标 $U_{t:t+n}^{(v)}$）$U\leftarrow R_{t+1}+\gamma R_{t+2}+\cdots+\gamma^{n-1}R_{t+n}+\gamma^n v(S_{t+n})$；

    2.2.2（更新价值）更新 $v(S_t)$ 以减小 $\left[U-v(S_t)\right]^2$；

    2.2.3 若 $S_{t+n}\neq s_{终止}$，则根据 $\pi(\cdot|S_{t+n})$ 决定动作 A_{t+n} 并执行，得到奖励 R_{t+n+1} 和下一状态 S_{t+n+1}；若 $S_{t+n}=s_{终止}$，令 $R_{t+n+1}\leftarrow 0$，$S_{t+n+1}\leftarrow s_{终止}$。

5.1.2 SARSA 算法

本节我们采用同策时序差分更新来求解最优策略。首先我们来看“状态 / 动作 / 奖励 / 状态 / 动作”（State-Action-Reward-State-Action，SARSA）算法。这个算法得名于更新涉及的随机变量 $(S_t,A_t,R_{t+1},S_{t+1},A_{t+1})$。该算法利用 $R_{t+1}+\gamma q_t(S_{t+1},A_{t+1})$ 得到单步时序差分目标 U_t，进而更新 $q(S_t,A_t)$。该算法的更新式为：

$$q(S_t,A_t)\leftarrow q(S_t,A_t)+\alpha\left[U_t-q(S_t,A_t)\right]$$

其中 α 是学习率。

算法 5-5 给出了用 SARSA 算法求解最优策略的算法。SARSA 算法就是在单步动作价值估计的算法的基础上，在更新价值估计后更新策略。在算法 5-5 中，每当最优动作价值函数的估计 q 更新时，就进行策略改进，修改最优策略的估计 π。策略的提升方法可以采用 ε 贪心算法，使得 π 总是柔性策略。更新结束后，就得到最优动作价值估计和最优策略估计。

算法 5-5 SARSA 算法求解最优策略（显式更新策略）

输入：环境（无数学描述）。

输出：最优策略估计 $\pi(a|s)$（$s\in\mathcal{S},a\in\mathcal{A}(s)$）和最优动作价值估计 $q(s,a)$（$s\in\mathcal{S},a\in\mathcal{A}(s)$）。

参数：优化器（隐含学习率 α），折扣因子 γ，策略改进的参数（如 ε），其他控制回合数和回合步数的参数。

1.（初始化）$q(s,a) \leftarrow$ 任意值，$s \in \mathcal{S}, a \in \mathcal{A}(s)$。如果有终止状态，令 $q(s_{终止},a) \leftarrow 0, a \in \mathcal{A}$。用动作价值 $q(s,a)$（$s \in \mathcal{S}, a \in \mathcal{A}(s)$）确定策略 π（如使用 ε 贪心策略）。

2.（时序差分更新）对每个回合执行以下操作。

2.1（初始化状态动作对）选择状态 S，再用策略 π 确定动作 A。

2.2 如果回合未结束（比如未达到最大步数、S 不是终止状态），执行以下操作：

2.2.1（采样）执行动作 A，观测得到奖励 R 和新状态 S'；

2.2.2 用策略 π 确定动作 A'；

2.2.3（计算回报的估计值）$U \leftarrow R + \gamma q(S',A')$；

2.2.4（更新价值）更新 $q(S,A)$ 以减小 $[U - q(S,A)]^2$（如 $q(S,A) \leftarrow q(S,A) + \alpha[U - q(S,A)]$）；

2.2.5（策略改进）根据 $q(S,\cdot)$ 修改 $\pi(\cdot|S)$（如 ε 贪心策略）；

2.2.6 $S \leftarrow S'$，$A \leftarrow A'$。

其实，在同策迭代的过程中，最优策略也可以不显式存储。算法 5-6 给出了在迭代中间步骤不显式存储策略的 SARSA 算法。在没有显式存储策略的情况下，最优动作价值估计已经隐含了 ε 柔性策略，利用这个柔性策略可以确定出动作 A。例如，当我们用 ε 贪心策略决定某个状态 S 后的动作时，可以先生成一个 $[0,1]$ 上均匀分布的随机变量 X。如果 $X < \varepsilon$，则进行探索，随机选择动作；否则，选择让 $q(S,\cdot)$ 最大的动作。

算法 5-6　SARSA 算法求解最优策略（中间过程不显式存储策略）

输入：环境（无数学描述）。

输出：最优动作价值估计 $q(s,a)$（$s \in \mathcal{S}, a \in \mathcal{A}(s)$）。用最优动作价值估计可以轻易得到最优策略估计 $\pi(a|s)$（$s \in \mathcal{S}, a \in \mathcal{A}(s)$）。

参数：优化器（隐含学习率 α），折扣因子 γ，策略改进的参数（如 ε），其他控制回合数和回合步数的参数。

1.（初始化）$q(s,a) \leftarrow$ 任意值，$s \in \mathcal{S}, a \in \mathcal{A}(s)$。如果有终止状态，令 $q(s_{终止},a) \leftarrow 0, a \in \mathcal{A}$。

2.（时序差分更新）对每个回合执行以下操作。

2.1（初始化状态动作对）选择状态 S，再用策略 π 确定动作 A。

2.2 如果回合未结束（比如未达到最大步数、S 不是终止状态），执行以下操作：

2.2.1（采样）执行动作 A，观测得到奖励 R 和新状态 S'；

2.2.2 用动作价值 $q(S',\cdot)$ 确定的策略决定动作 A'（如使用 ε 贪心策略）；

2.2.3（计算回报的估计值）$U \leftarrow R + \gamma q(S',A')$；

2.2.4（更新价值）更新 $q(S,A)$ 以减小 $[U - q(S,A)]^2$（如 $q(S,A) \leftarrow q(S,A) + \alpha[U - q(S,A)]$）；

2.2.5 $S \leftarrow S'$，$A \leftarrow A'$。

如果在 SARSA 算法中采用多步时序差分目标，就得到了多步 SARSA 算法。算法 5-7 给出了多步 SARSA 算法。它也仅仅是在多步时序差分动作价值估计算法的基础上加入了策略改进的步骤。

算法 5-7 n 步 SARSA 算法求解最优策略

输入：环境（无数学描述）。

输出：最优动作价值估计 $q(s,a)$，$s \in \mathcal{S}, a \in \mathcal{A}(s)$。

参数：步数 n，优化器（隐含学习率 α），折扣因子 γ，控制回合数和回合内步数的参数。

1.（初始化）$q(s,a) \leftarrow$ 任意值，$s \in \mathcal{S}, a \in \mathcal{A}$。如果有终止状态，令 $q(s_{终止},a) \leftarrow 0, a \in \mathcal{A}$。

2.（时序差分更新）对每个回合执行以下操作。

2.1（生成 n 步）根据动作价值估计 q 确定的策略（如 ε 贪心策略）生成轨迹 $S_0, A_0, R_1, \ldots, R_n, S_n$（若遇到终止状态，则令后续奖励均为 0，状态均为 $s_{终止}$）。

2.2 对于 $t = 0,1,2,\ldots$ 依次执行以下操作，直到 $S_t = s_{终止}$：

2.2.1 若 $S_{t+n} \neq s_{终止}$，则根据 $q(S_{t+n},\cdot)$ 确定的策略决定动作 A_{t+n}（如 ε 贪心策略）；

2.2.2（更新时序差分目标 $U_{t:t+n}^{(q)}$）$U \leftarrow R_{t+1} + \gamma R_{t+2} + \cdots + \gamma^{n-1} R_{t+n} + \gamma^n q(S_{t+n}, A_{t+n})$；

2.2.3（更新价值）更新 $q(S_t,A_t)$ 以减小 $\left[U - q(S_t,A_t)\right]^2$；

2.2.4 若 $S_{t+n} \neq s_{终止}$，则执行 A_{t+n}，得到奖励 R_{t+n+1} 和下一状态 S_{t+n+1}；若 $S_{t+n} = s_{终止}$，则令 $R_{t+n+1} \leftarrow 0$，$S_{t+n+1} \leftarrow s_{终止}$。

5.1.3 期望 SARSA 算法

SARSA 算法有一种变化——**期望 SARSA 算法**（Expected SARSA）。期望 SARSA 算法与 SARSA 算法的不同之处在于，它在估计 U_t 时，不使用基于动作价值的时序差分目标 $U_{t:t+1}^{(q)} = R_{t+1} + \gamma q(S_{t+1}, A_{t+1})$，而使用基于状态价值的时序差分目标 $U_{t:t+1}^{(v)} = R_{t+1} + \gamma v(S_{t+1})$。利用 Bellman 方程，这样的目标又可以表示为

$$U_t = R_{t+1} + \gamma \sum_{a \in \mathcal{A}(S_{t+1})} \pi(a \mid S_{t+1}) q(S_{t+1}, a)$$

与 SARSA 算法相比，期望 SARSA 需要计算 $\sum_a \pi(a \mid S_{t+1}) q(S_{t+1}, a)$，所以计算量比 SARSA 大。但是，这样的期望运算减小了 SARSA 算法中出现的个别不恰当决策。这样，可以避免在更新后期极个别不当决策对最终效果带来不好的影响。因此，期望 SARSA 常常有比 SARSA 更大的学习率。在很多情况下，期望 SARSA 的效果会比 SARSA 稍微好一些。

算法 5-8 给出了期望 SARSA 求解最优策略的算法，它可以视作在单步时序差分状态价

值估计算法上修改得到的。期望 SARSA 对回合数和回合内步数的控制方法等都和 SARSA 相同，但是由于期望 SARSA 在更新 $q(S_t,A_t)$ 时不需要 A_{t+1}，所以其循环结构有所简化。算法中让 π 保持为 ε 柔性策略。如果 ε 很小，那么这个 ε 柔性策略就很接近于确定性策略，则期望 SARSA 计算的 $\sum_a \pi(a|S_{t+1})q(S_{t+1},a)$ 就很接近于 $q(S_{t+1},A_{t+1})$。

算法 5-8　期望 SARSA 求解最优策略

1.（初始化）$q(s,a) \leftarrow$ 任意值，$s \in \mathcal{S}, a \in \mathcal{A}$。如果有终止状态，令 $q(s_{终止},a) \leftarrow 0, a \in \mathcal{A}$。
   用动作价值 $q(\cdot,\cdot)$ 确定策略 π（如使用 ε 贪心策略）。
2.（时序差分更新）对每个回合执行以下操作：
   2.1（初始化状态）选择状态 S。
   2.2 如果回合未结束（比如未达到最大步数、S 不是终止状态），执行以下操作：
      2.2.1 用动作价值 $q(S,\cdot)$ 确定的策略（如 ε 贪心策略）确定动作 A；
      2.2.2（采样）执行动作 A，观测得到奖励 R 和新状态 S'；
      2.2.3（用期望计算回报的估计值）$U \leftarrow R+\gamma\sum_{a\in\mathcal{A}(S')}\pi(a|S')q(S',a)$；
      2.2.4（更新价值）更新 $q(S,A)$ 以减小 $\left[U-q(S,A)\right]^2$（如 $q(S,A) \leftarrow q(S,A)+\alpha\left[U-q(S,A)\right]$）；
      2.2.5 $S \leftarrow S'$。

期望 SARSA 算法也有多步版本，其目标为

$$U_t = R_{t+1}+\gamma R_{t+2}+\cdots+\gamma^{n-1}R_{t+n}+\gamma^n \sum_{a\in\mathcal{A}(S_{t+n})}\pi(a|S_{t+n})q(S_{t+n},a)$$

算法 5-9 给出了多步期望 SARSA 求解最优策略的算法。

算法 5-9　多步期望 SARSA 求解最优策略

1.（初始化）$q(s,a) \leftarrow$ 任意值，$s \in \mathcal{S}, a \in \mathcal{A}$。如果有终止状态，令 $q(s_{终止},a) \leftarrow 0, a \in \mathcal{A}$。
2.（时序差分更新）对每个回合执行以下操作。
   2.1（生成 n 步）用动作价值 q 确定的策略（如 ε 贪心策略）生成轨迹 $S_0,A_0,R_1,\ldots,R_n,S_n$（若遇到终止状态，则令后续奖励均为 0，状态均为 $s_{终止}$）。
   2.2 对于 $t=0,1,2,\ldots$ 依次执行以下操作，直到 $S_t = s_{终止}$：
      2.2.1（更新时序差分目标 $U_{t:t+n}^{(v)}$）$U \leftarrow \sum_{k=1}^{n}\gamma^{k-1}R_{t+k}+\gamma^n\sum_{a\in\mathcal{A}(S_{t+n})}\pi(a|S_{t+n})q(S_{t+n},a)$；
      2.2.2（更新价值）更新 $q(S_t,A_t)$ 以减小 $\left[U-q(S_t,A_t)\right]^2$；
      2.2.3 若 $S_{t+n} \neq s_{终止}$，则根据 $\pi(\cdot|S_{t+n})$ 决定动作 A_{t+n} 并执行，得到奖励 R_{t+n+1} 和下一状态 S_{t+n+1}；若 $S_{t+n} = s_{终止}$，令 $R_{t+n+1} \leftarrow 0$，$S_{t+n+1} \leftarrow s_{终止}$。

5.2 异策时序差分更新

本节介绍异策时序差分更新。异策时序差分更新是比同策差分更新更加流行的算法。特别是Q学习算法，已经成为最重要的基础算法之一。

5.2.1 基于重要性采样的异策算法

时序差分策略评估也可以与重要性采样结合，进行异策的策略评估和最优策略求解。对于n步时序差分评估策略的动作价值和SARSA算法，其时序差分目标$U_{t:t+n}^{(q)}$依赖于轨迹$S_t,A_t,R_{t+1},S_{t+1},A_{t+1},\ldots,S_{t+n},A_{t+n}$。在给定$S_t,A_t$的情况下，采用策略$\pi$和另外的行为策略$b$生成这个轨迹的概率分别为：

$$\Pr_\pi\left[R_{t+1},S_{t+1},A_{t+1},\ldots,S_{t+n} \mid S_t,A_t\right]=\prod_{\tau=t+1}^{t+n-1}\pi\left(A_\tau \mid S_\tau\right)\prod_{\tau=t}^{t+n-1}p\left(S_{\tau+1},R_{\tau+1} \mid S_\tau,A_\tau\right)$$

$$\Pr_b\left[R_{t+1},S_{t+1},A_{t+1},\ldots,S_{t+n} \mid S_t,A_t\right]=\prod_{\tau=t+1}^{t+n-1}b\left(A_\tau \mid S_\tau\right)\prod_{\tau=t}^{t+n-1}p\left(S_{\tau+1},R_{\tau+1} \mid S_\tau,A_\tau\right)$$

它们的比值就是重要性采样比率：

$$\rho_{t+1:t+n-1}=\frac{\Pr_\pi\left[R_{t+1},S_{t+1},A_{t+1},\ldots,S_{t+n} \mid S_t,A_t\right]}{\Pr_b\left[R_{t+1},S_{t+1},A_{t+1},\ldots,S_{t+n} \mid S_t,A_t\right]}=\prod_{\tau=t+1}^{t+n-1}\frac{\pi\left(A_\tau \mid S_\tau\right)}{b\left(A_\tau \mid S_\tau\right)}$$

也就是说，通过行为策略b拿到的估计，在原策略π出现的概率是在策略b中出现概率的$\rho_{t+1:t+n-1}$倍。所以，在学习过程中，这样的时序差分目标的权重为$\rho_{t+1:t+n-1}$。将这个权重整合到时序差分策略评估动作价值算法或SARSA算法中，就可以得到它们的重要性采样的版本。算法5-10给出了多步时序差分的版本，单步版本请自行整理。

算法5-10　重要性采样n步时序差分策略评估动作价值或SARSA算法

输入：环境（无数学描述）。如果是策略评估，则还要输入策略π。

输出：动作价值函数$q(s,a)$，$s\in\mathcal{S},a\in\mathcal{A}(s)$，若是最优策略控制则还要输出策略$\pi$。

参数：步数n，优化器（隐含学习率α），折扣因子γ，控制回合数和回合内步数的参数。

1.（初始化）$q(s,a)\leftarrow$任意值，$s\in\mathcal{S},a\in\mathcal{A}$。如果有终止状态，令$q(s_{终止},a)\leftarrow 0$，$a\in\mathcal{A}$。若是最优策略控制，还应该用$q$决定$\pi$（如$\varepsilon$贪心策略）。

2.（时序差分更新）对每个回合执行以下操作。

　2.1（行为策略）指定行为策略b，使得$\pi \ll b$。

　2.2（生成n步）用策略b生成轨迹$S_0,A_0,R_1,\ldots,R_n,S_n$（若遇到终止状态，则令后续奖励均为0，状态均为$s_{终止}$）。

　2.3 对于$t=0,1,2,\ldots$依次执行以下操作，直到$S_t=s_{终止}$：

　　2.3.1 若$S_{t+n}\neq s_{终止}$，则根据$b(\cdot \mid S_{t+n})$决定动作A_{t+n}；

2.3.2（更新时序差分目标 $U_{t:t+n}^{(q)}$）$U \leftarrow R_{t+1} + \gamma R_{t+2} + \cdots + \gamma^{n-1} R_{t+n} + \gamma^n q(S_{t+n}, A_{t+n})$；

2.3.3（计算重要性采样比率 $\rho_{t+1:t+n-1}$）$\rho \leftarrow \prod_{\tau=t+1}^{\min\{t+n,T\}-1} \frac{\pi(A_\tau | S_\tau)}{b(A_\tau | S_\tau)}$；

2.3.4（更新价值）更新 $q(S_t, A_t)$ 以减小 $\rho[U - q(S_t, A_t)]^2$；

2.3.5（更新策略）如果是最优策略求解算法，需要根据 $q(S, \cdot)$ 修改 $\pi(\cdot | S)$；

2.3.6 若 $S_{t+n} \neq s_{终止}$，则执行 A_{t+n}，得到奖励 R_{t+n+1} 和下一状态 S_{t+n+1}；若 $S_{t+n} = s_{终止}$，则令 $R_{t+n+1} \leftarrow 0$，$S_{t+n+1} \leftarrow s_{终止}$。

我们可以用类似的方法将重要性采样运用于时序差分状态价值估计和期望 SARSA 算法中。具体而言，考虑从 t 开始的 n 步轨迹 $S_t, A_t, R_{t+1}, S_{t+1}, A_{t+1}, \ldots, S_{t+n}$。在给定 S_t 的条件下，采用策略 π 和策略 b 生成这个轨迹的概率分别为：

$$\Pr_\pi[A_t, R_{t+1}, S_{t+1}, A_{t+1}, \ldots, S_{t+n} | S_t] = \prod_{\tau=t}^{t+n-1} \pi(A_\tau | S_\tau) \prod_{\tau=t}^{t+n-1} p(S_{\tau+1}, R_{\tau+1} | S_\tau, A_\tau)$$

$$\Pr_b[A_t, R_{t+1}, S_{t+1}, A_{t+1}, \ldots, S_{t+n} | S_t] = \prod_{\tau=t}^{t+n-1} b(A_\tau | S_\tau) \prod_{\tau=t}^{t+n-1} p(S_{\tau+1}, R_{\tau+1} | S_\tau, A_\tau)$$

它们的比值就是时序差分状态评估和期望 SARSA 算法用到的重要性采样比率：

$$\rho_{t:t+n-1} = \frac{\Pr_\pi[A_t, R_{t+1}, S_{t+1}, A_{t+1}, \ldots, S_{t+n} | S_t]}{\Pr_b[A_t, R_{t+1}, S_{t+1}, A_{t+1}, \ldots, S_{t+n} | S_t]} = \prod_{\tau=t}^{t+n-1} \frac{\pi(A_\tau | S_\tau)}{b(A_\tau | S_\tau)}$$

5.2.2 Q 学习

5.1.3 节的期望 SARSA 算法将时序差分目标从 SARSA 算法的 $U_t = R_{t+1} + \gamma q(S_{t+1}, A_{t+1})$ 改为 $U_t = R_{t+1} + \gamma \mathrm{E}[q(S_{t+1}, A_{t+1}) | S_{t+1}]$，从而避免了偶尔出现的不当行为给整体结果带来的负面影响。Q 学习则是从改进后策略的行为出发，将时序差分目标改为

$$U_t = R_{t+1} + \gamma \max_{a \in \mathcal{A}(S_{t+1})} q(S_{t+1}, a)$$

Q 学习算法认为，在根据 S_{t+1} 估计 U_t 时，与其使用 $q(S_{t+1}, A_{t+1})$ 或 $v(S_{t+1})$，还不如使用根据 $q(S_{t+1}, \cdot)$ 改进后的策略来更新，毕竟这样可以更接近最优价值。因此 Q 学习的更新式不是基于当前的策略，而是基于另外一个并不一定要使用的确定性策略来更新动作价值。从这个意义上看，Q 学习是一个异策算法。

算法 5-11 给出了 Q 学习算法。Q 学习算法和期望 SARSA 有完全相同的程序结构，只是在更新最优动作价值的估计 $q(S_t, A_t)$ 时使用了不同的方法来计算目标。

算法 5-11　Q 学习算法求解最优策略

1.（初始化）$q(s, a) \leftarrow$ 任意值，$s \in \mathcal{S}, a \in \mathcal{A}$。如果有终止状态，令 $q(s_{终止}, a) \leftarrow 0, a \in \mathcal{A}$。

2.（时序差分更新）对每个回合执行以下操作。

2.1（初始化状态）选择状态 S。

2.2 如果回合未结束（例如未达到最大步数、S 不是终止状态），执行以下操作：

2.2.1 用动作价值估计 $q(S,\cdot)$ 确定的策略决定动作 A（如 ε 贪心策略）；

2.2.2（采样）执行动作 A，观测得到奖励 R 和新状态 S'；

2.2.3（用改进后的策略计算回报的估计值）$U \leftarrow R + \gamma \max_{a\in\mathcal{A}(S')} q(S',a)$；

2.2.4（更新价值和策略）更新 $q(S,A)$ 以减小 $\left[U - q(S,A)\right]^2$（如 $q(S,A) \leftarrow q(S,A) + \alpha\left[U - q(S,A)\right]$）；

2.2.5 $S \leftarrow S'$。

当然，Q 学习也有多步的版本，其目标为：

$$U_t = R_{t+1} + \gamma R_{t+2} + \cdots + \gamma^{n-1} R_{t+n} + \gamma^n \max_{a\in\mathcal{A}(S_{t+n})} q(S_{t+n},a)$$

其程序结构和算法 5-9 类似，这里就不再赘述。

5.2.3 双重 Q 学习

上一节介绍的 Q 学习用 $\max_a q(S_{t+1},a)$ 来更新动作价值，会导致“最大化偏差”（maximization bias），使得估计的动作价值偏大。

我们来看一个最大化偏差的例子。图 5-2 所示的回合制任务中，Markov 决策过程的状态空间为 $\mathcal{S} = \{s_{开始}, s_{中间}\}$，回合开始时总是处在 $s_{开始}$ 状态，可以选择的动作空间 $\mathcal{A}(s_{开始}) = \{a_{去中间}, a_{去终止}\}$。如果选择动作 $a_{去中间}$，则可以到达状态 $s_{中间}$，该步奖励为 0；如果选择动作 $s_{去终止}$，则可以达到终止状态并获得奖励 +1。从状态 $s_{中间}$ 出发，有很多可选的动作（例如有 1000 个可选的动作），但是这些动作都指向终止状态，并且奖励都服从均值为 0、方差为 100 的正态分布。从理论上说，这个例子的最优价值函数为：$v_*(s_{中间}) = q_*(s_{中间},\cdot) = 0$，$v_*(s_{开始}) = q_*(s_{开始}, a_{去终止}) = 1$，最优策略应当是 $\pi_*(s_{开始}) = a_{去终止}$。但是，如果采用 Q 学习，在中间过程中会走一些弯路：在学习过程中，从 $s_{中间}$ 出发的某些动作会采样到比较大的奖励值，从而导致 $\max_{a\in\mathcal{A}(s_{中间})} q(s_{中间},a)$ 会比较大，使得从 $s_{开始}$ 更倾向于选择 $a_{去中间}$。这样的错误需要大量的数据才能纠正。

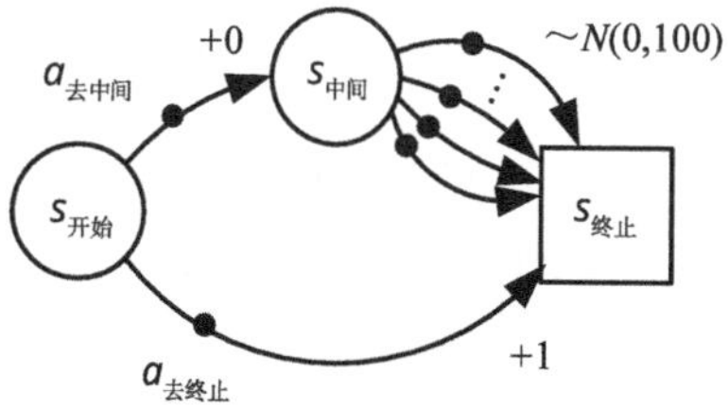

图 5-2 Q 学习带来最大化偏差的例子

为了解决这一问题，**双重 Q 学习**（Double Q Learning）算法使用两个独立的动作价值估计值 $q^{(0)}(\cdot,\cdot)$ 和 $q^{(1)}(\cdot,\cdot)$，用 $q^{(0)}\left(S_{t+1}, \arg\max_a q^{(1)}(S_{t+1},a)\right)$ 或 $q^{(1)}\left(S_{t+1}, \arg\max_a q^{(0)}(S_{t+1},a)\right)$ 来代替 Q 学习中的 $\max_a q(S_{t+1},a)$。由于 $q^{(0)}$ 和 $q^{(1)}$ 是相互独立的估计，

所以 $\mathrm{E}\left[q^{(0)}\left(S_{t+1},A^*\right)\right]=q\left(S_{t+1},A^*\right)$，其中 $A^*=\arg\max_a q^{(1)}\left(S_{t+1},a\right)$，这样就消除了偏差。在双重学习的过程中，$q^{(0)}$ 和 $q^{(1)}$ 都需要逐渐更新。所以，每步学习可以等概率选择以下两个更新中的任意一个：

- 使用 $U_t^{(0)}=R_{t+1}+\gamma q^{(1)}\left(S_{t+1},\arg\max_a q^{(0)}\left(S_{t+1},a\right)\right)$ 来更新 $\left(S_t,A_t\right)$，以减小 $U_t^{(0)}$ 和 $q^{(0)}\left(S_t,A_t\right)$ 之间的差别（例如设定损失为 $\left[U_t^{(0)}-q^{(0)}\left(S_t,A_t\right)\right]^2$，或采用 $q^{(0)}\left(S_t,A_t\right)\leftarrow q^{(0)}\left(S_t,A_t\right)+\alpha\left[U_t^{(0)}-q^{(0)}\left(S_t,A_t\right)\right]$ 更新）；
- 使用 $U_t^{(1)}=R_{t+1}+\gamma q^{(0)}\left(S_{t+1},\arg\max_a q^{(1)}\left(S_{t+1},a\right)\right)$ 来更新 $\left(S_t,A_t\right)$，以减小 $U_t^{(1)}$ 和 $q^{(1)}\left(S_t,A_t\right)$ 之间的差别（例如设定损失为 $\left[U_t^{(1)}-q^{(1)}\left(S_t,A_t\right)\right]^2$，或采用 $q^{(1)}\left(S_t,A_t\right)\leftarrow q^{(1)}\left(S_t,A_t\right)+\alpha\left[U_t^{(1)}-q^{(1)}\left(S_t,A_t\right)\right]$ 更新）。

算法5-12给出了双重Q学习求解最优策略的算法。这个算法中最终输出的动作价值函数是 $q^{(0)}$ 和 $q^{(1)}$ 的平均值，即 $\frac{1}{2}\left(q^{(0)}+q^{(1)}\right)$。在算法的中间步骤，我们用这两个估计的和 $q^{(0)}+q^{(1)}$ 来代替平均值 $\frac{1}{2}\left(q^{(0)}+q^{(1)}\right)$，在略微简化的计算下也可以达到相同的效果。

算法 5-12　双重 Q 学习算法求解最优策略

1.（初始化）$q^{(i)}\left(s,a\right)\leftarrow$ 任意值，$s\in\mathcal{S},a\in\mathcal{A}(s),i\in\{0,1\}$。如果有终止状态，则令 $q^{(i)}\left(s_{终止},a\right)\leftarrow 0,a\in\mathcal{A},i\in\{0,1\}$。

2.（时序差分更新）对每个回合执行以下操作。

　2.1（初始化状态）选择状态 S。

　2.2 如果回合未结束（比如未达到最大步数、S 不是终止状态），执行以下操作：

　　2.2.1 用动作价值 $\left(q^{(0)}+q^{(1)}\right)\left(S,\cdot\right)$ 确定的策略决定动作 A（如 ε 贪心策略）；

　　2.2.2（采样）执行动作 A，观测得到奖励 R 和新状态 S'；

　　2.2.3（随机选择更新 $q^{(0)}$ 或 $q^{(1)}$）以等概率选择 $q^{(0)}$ 或 $q^{(1)}$ 中的一个动作价值函数作为更新对象，记选择的是 $q^{(i)},i\in\{0,1\}$；

　　2.2.4（用改进后的策略更新回报的估计）$U\leftarrow R+\gamma q^{(1-i)}\left(S',\arg\max_a q^{(i)}\left(S',a\right)\right)$；

　　2.2.5（更新动作价值）更新 $q^{(i)}\left(S,A\right)$ 以减小 $\left[U-q^{(i)}\left(S,A\right)\right]^2$（如 $q^{(i)}\left(S,A\right)\leftarrow q^{(i)}\left(S,A\right)+\alpha\left[U-q^{(i)}\left(S,A\right)\right]$）；

　　2.2.6 $S\leftarrow S'$。

5.3 资格迹

资格迹是一种让时序差分学习更加有效的机制。它能在回合更新和单步时序差分更新之间折中，并且实现简单，运行有效。

5.3.1 λ 回报

在正式介绍资格迹之前，我们先来学习 λ 回报和基于 λ 回报的离线 λ 回报算法。给定 $\lambda\in[0,1]$，**λ 回报**（λ return）是时序差分目标 $U_{t:t+1},U_{t:t+2},U_{t:t+3},\dots$ 按 $(1-\lambda),(1-\lambda)\lambda,(1-\lambda)\lambda^2,\dots$ 加权平均的结果，其备份图见图 5-3。对于连续性任务，有

$$U_t^\lambda=(1-\lambda)\sum_{n=1}^{+\infty}\lambda^{n-1}U_{t:t+n}$$

对于回合制任务，则有

$$U_t^\lambda=(1-\lambda)\sum_{n=1}^{T-t-1}\lambda^{n-1}U_{t:t+n}+\lambda^{T-t-1}G_t$$

λ 回报 U_t^λ 可以看作是回合更新中的目标 G_t 和单步时序差分目标 $U_{t:t+1}$ 的推广：当 $\lambda=1$ 时，$U_t^1=G_t$ 就是回合更新的回报；当 $\lambda=0$ 时，$U_t^0=U_{t:t+1}$ 就是单步时序差分目标。

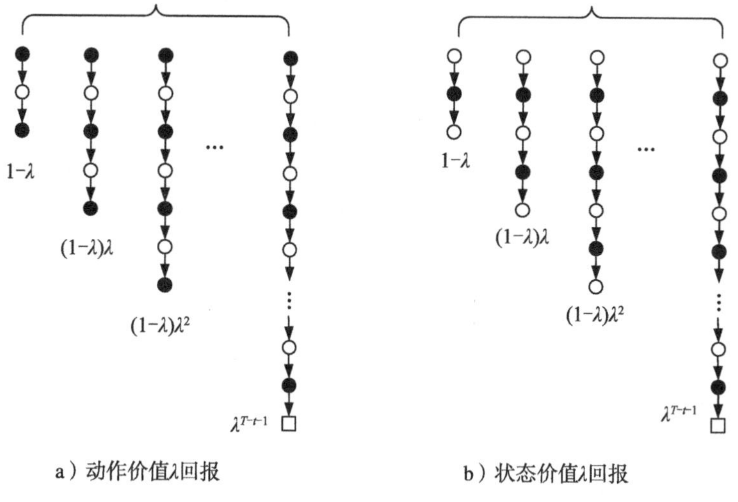

图 5-3　λ 回报的备份图（本图改编自 R. Sutton, et al, Reinforcement Learning: An introduction, 2018）

离线 λ 回报算法（offline λ-return algorithm）则是在更新价值（如动作价值 $q(S_t,A_t)$ 或状态价值 $v(S_t)$）时，用 U_t^λ 作为目标，试图减小 $\left[U_t^\lambda-q(S_t,A_t)\right]^2$ 或 $\left[U_t^\lambda-v(S_t)\right]^2$。它与回合更新算法相比，只是将更新的目标从 G_t 换为了 U_t^λ。对于回合制任务，在回合结束后为每一步 $t=0,1,2,\dots$ 计算 U_t^λ，并统一更新价值。因此，这样的算法称为**离线算法**（offline algorithm)。对于连续性任务，没有办法计算 U_t^λ，所以无法使用离线 λ 算法。

由于离线 λ 回报算法使用的目标在 G_t 和 $U_{t:t+1}$ 间做了折中，所以离线 λ 回报算法的效果可能比回合更新和单步时序差分更新都要好。但是，离线 λ 回报算法也有明显的缺点：其一，它只能用于回合制任务，不能用于连续性任务；其二，在回合结束后要计算 U_t^λ（$t=0,1,\ldots,T-1$），计算量巨大。在下一节我们将采用资格迹来弥补这两个缺点。

5.3.2 TD(λ)

TD(λ) 是历史上具有重要影响力的强化学习算法，在离线 λ 回报算法的基础上改进而来。以基于动作价值的算法为例，在离线 λ 回报算法中，对任意的 $n=1,2,\ldots$，在更新 $q(S_{t-n},A_{t-n})$（或 $v(S_{t-n})$）时，时序差分目标 $U_{t-n:t}$ 的权重是 $(1-\lambda)\lambda^{n-1}$。虽然需要等到回合结束才能计算 U_{t-n}^λ，但是在知道 (S_t,A_t) 后就能计算 $U_{t-n:t}$。所以我们在知道 (S_t,A_t) 后，就可以试图部分更新 $q(S_{t-n},A_{t-n})$。考虑到对所有的 $n=1,2,\ldots$ 都是如此，所以在知道 (S_t,A_t) 后就可以用 $q(S_t,A_t)$ 去更新所有的 $q(S_\tau,A_\tau)$（$\tau=0,1,\ldots,t-1$），并且更新的权重与 $\lambda^{t-\tau}$ 成正比。

据此，给定轨迹 $S_0,A_0,R_1,S_1,A_1,R_2,\ldots$，可以引入资格迹 $e_t(s,a),s\in\mathcal{S},a\in\mathcal{A}(s)$ 来表示第 t 步的状态动作对 (S_t,A_t) 的单步自益结果 $U_{t:t+1}=R_{t+1}+\gamma q(S_{t+1},A_{t+1})$ 对每个状态动作对 (s,a)（$s\in\mathcal{S},a\in\mathcal{A}(s)$）需要更新的权重。**资格迹**（eligibility）用下列递推式定义：当 $t=0$ 时，

$$e_0(s,a)=0,s\in\mathcal{S},a\in\mathcal{A};$$

当 $t>0$ 时，

$$e_t(s,a)=\begin{cases}1+\beta\gamma\lambda e_{t-1}(s,a), & S_t=s,A_t=a\\ \gamma\lambda e_{t-1}(s,a), & \text{其他}\end{cases}$$

其中 $\beta\in[0,1]$ 是事先给定的参数。资格迹的表达式应该这么理解：对于历史上的某个状态动作对 (S_τ,A_τ)，距离第 t 步间隔了 $t-\tau$ 步，$U_{\tau:t}$ 在 λ 回报 U_τ^λ 中的权重为 $(1-\lambda)\lambda^{t-\tau-1}$，并且 $U_{\tau:t}=R_{\tau+1}+\cdots+\gamma^{t-\tau-1}U_{t-1:t}$，所以 $U_{t-1:t}$ 是以 $(1-\lambda)(\lambda\gamma)^{t-\tau-1}$ 的比率折算到 U_τ^λ 中。间隔的步数每增加一步，原先的资格迹大致需要衰减为 $\gamma\lambda$ 倍。对当前最新出现的状态动作对 (S_t,A_t)，它的更新权重则要进行某种强化。强化的强度 β 常有以下取值：

- $\beta=1$，这时的资格迹称为**累积迹**（accumulating trace）；
- $\beta=1-\alpha$（其中 α 是学习率），这时的资格迹称为**荷兰迹**（dutch trace）；
- $\beta=0$，这时的资格迹称为**替换迹**（replacing trace）。

当 $\beta=1$ 时，直接将其资格迹加 1；当 $\beta=0$ 时，资格迹总是取值在 $[0,1]$ 范围内，所以让其资格迹直接等于 1 也实现了增加，只是增加的幅度没有 $\beta=1$ 时那么大；当 $\beta\in(0,1)$ 时，增加的幅度在 $\beta=0$ 和 $\beta=1$ 之间。

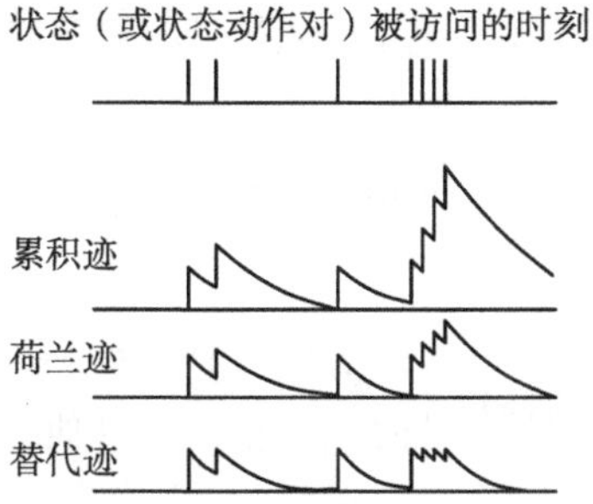

图 5-4 各种资格迹的比较（本图片改编自 http://www.cs.utexas.edu/~pstone/Courses/394Rfall16/resources/week6-sutton.pdf）

利用资格迹，可以得到 $\text{TD}(\lambda)$ 策略评估算法。算法 5-13 给出了用 $\text{TD}(\lambda)$ 评估动作价值的算法。它是在单步时序差分的基础上，加入资格迹来实现的。资格迹也可以和最优策略求解算法结合，例如和 SARSA 算法结合得到 $\text{SARSA}(\lambda)$ 算法。算法 5-13 中如果没有策略输入，在选择动作时按照当前动作价值来选择最优动作，就是 $\text{SARSA}(\lambda)$ 算法。

算法 5-13 $\text{TD}(\lambda)$ 的动作价值评估或 $\text{SARSA}(\lambda)$ 学习

输入：环境（无数学描述），若评估动作价值则需输入策略 π。

输出：动作价值估计 $q(s,a)$，$s\in\mathcal{S},a\in\mathcal{A}$。

参数：资格迹参数 π 和 β，优化器（隐含学习率 α），折扣因子 γ，控制回合数和回合内步数的参数。

1.（初始化）初始化价值估计 $q(s,a)\leftarrow$ 任意值，$s\in\mathcal{S},a\in\mathcal{A}$。如果有终止状态，令 $q(s_{终止},a)\leftarrow 0$，$a\in\mathcal{A}$。

2. 对每个回合执行以下操作：

  2.1（初始化资格迹）$e(s,a)\leftarrow 0,s\in\mathcal{S},a\in\mathcal{A}$。

  2.2（初始化状态动作对）选择状态 S，再根据输入策略 π 确定动作 A。

  2.3 如果回合未结束（比如未达到最大步数、S 不是终止状态），执行以下操作：

    2.3.1（采样）执行动作 A，观测得到奖励 R 和新状态 S'；

    2.3.2 根据输入策略 $\pi(\cdot|S')$ 或是迭代的最优价值函数 $q(S',\cdot)$ 确定动作 A'；

    2.3.3（更新资格迹）$e(s,a)\leftarrow\gamma\lambda e(s,a),s\in\mathcal{S},a\in\mathcal{A}(s)$，$e(S,A)\leftarrow 1+\beta e(S,A)$；

    2.3.4（计算回报的估计值）$U\leftarrow R+\gamma q(S',A')$；

    2.3.5（更新价值）$q(s,a)\leftarrow q(s,a)+\alpha e(s,a)\left[U-q(S,A)\right],s\in\mathcal{S},a\in\mathcal{A}(s)$；

    2.3.6 若 $S'=s_{终止}$，则退出 2.3 步；否则 $S\leftarrow S'$，$A\leftarrow A'$。

资格迹也可以用于状态价值。给定轨迹 $S_0,A_0,R_1,S_1,A_1,R_2,\ldots$，资格迹 $e_t(s),s\in\mathcal{S}$ 来表示

第 t 步的状态 S_t 的单步自益结果 $U_{t:t+1}=R_{t+1}+\gamma v(S_{t+1})$ 对每个状态 s（$s\in\mathcal{S}$）需要更新的权重，其定义为：当 $t=0$ 时，

$$e_0(s)=0, s\in\mathcal{S};$$

当 $t>0$ 时，

$$e_t(s)=\begin{cases}1+\beta\gamma\lambda e_{t-1}(s), & S_t=s\\ \gamma\lambda e_{t-1}(s), & 其他.\end{cases}$$

算法 5-14 给出了用资格迹评估策略状态价值的算法。

算法 5-14　TD(λ) 更新评估策略的状态价值

输入：环境（无数学描述）、策略 π。

输出：状态价值函数 $v(s), s\in\mathcal{S}$。

参数：资格迹参数 β，优化器（隐含学习率 α），折扣因子 γ，控制回合数和回合内步数的参数。

1.（初始化）初始化价值 $v(s)\leftarrow$ 任意值，$s\in\mathcal{S}$。如果有终止状态，$v(s_{终止})\leftarrow 0$。

2. 对每个回合执行以下操作：

  2.1（初始化资格迹）$e(s)\leftarrow 0, s\in\mathcal{S}$。

  2.2（初始化状态）选择状态 S。

  2.3 如果回合未结束（比如未达到最大步数、S 不是终止状态），执行以下操作：

    2.3.1 根据输入策略 π 确定动作 A；

    2.3.2（采样）执行动作 A，观测得到奖励 R 和新状态 S'；

    2.3.3（更新资格迹）$e(s)\leftarrow\gamma\lambda e(s), s\in\mathcal{S}$, $e(S)\leftarrow 1+\beta e(S)$；

    2.3.4（计算回报的估计值）$U\leftarrow R+\gamma v(S')$；

    2.3.5（更新价值）$v(s)\leftarrow v(s)+\alpha e(s)\left[U-v(S)\right]$, $s\in\mathcal{S}$；

    2.3.6 $S\leftarrow S'$。

TD(λ) 算法与离线 λ 回报算法相比，具有三大优点：

- TD(λ) 算法既可以用于回合制任务，又可以用于连续性任务；
- TD(λ) 算法在每一步都更新价值估计，能够及时反映变化；
- TD(λ) 算法在每一步都有均匀的计算，而且计算量都较小。

5.4　案例：出租车调度

本节考虑 Gym 库里出租车调度问题（Taxi-v3）：见图 5-5，在一个 5×5 方格表示的地图

上，有 4 个出租车停靠点。在每个回合开始时，有一个乘客会随机出现在 4 个出租车停靠点中的一个，并想在任意一个出租车停靠点下车。出租车会随机出现在 25 个位置的任意一个位置。出租车需要通过移动自己的位置，到达乘客所在的位置，并将乘客接上车，然后移动到乘客想下车的位置，再让乘客下车。出租车只能在地图范围内上下左右移动一格，并且在有竖线阻拦地方不能横向移动。出租车完成一次任务可以得到 20 个奖励，每次试图移动得到 −1 个奖励，不合理地邀请乘客上车（例如目前车和乘客不在同一位置，或乘客已经上车）或让乘客下车（例如车不在目的地，或车上没有乘客）得到 −10 个奖励。希望调度出租车让总奖励的期望最大。

```
+---------+
|R: | : :G|
| : | : : |
| : : : : |
| | : | : |
|Y| : |B: |
+---------+
```

图 5-5　出租车调度问题的地图（ASCII 字符表示，其中 B、G、R、Y 是 4 个上下车点）

5.4.1　实验环境使用

Gym 库的 Taxi-v3 环境实现了出租车调度问题的环境。导入环境后，可以用 env.reset() 来初始化环境，用 env.step() 来执行一步，用 env.render() 来显示当前局势。env.render() 会打印出的局势图见图 5-5，其中乘客的位置、目的地会用彩色字母显示，出租车的位置会高亮显示。具体而言，如果乘客不在车上，乘客等待地点（位置）的字母会显示为蓝色。目的地所在的字母会显示为洋红色。如果乘客不在车上，出租车所在的位置会用黄色高亮；如果乘客在车上，出租车所在的位置会用绿色高亮。

这个环境中的观测是一个范围为 $[0,500)$ 的 int 型数值。这个数值实际上唯一表示了整个环境的状态。我们可以用 env.decode() 函数将这个 int 数值转化为长度为 4 的元组 (taxirow, taxicol, passloc, destidx)，其各元素含义如下：

- taxirow 和 taxicol 是取值为 $\{0,1,2,3,4\}$ 的 int 型变量，表示当前出租车的位置；
- passloc 是取值为 $\{0,1,2,3,4\}$ 的 int 型数值，表示乘客的位置，其中 0 ～ 3 表示乘客在表 5-1 中对应的位置等待，4 表示乘客在车上；
- destidx 是取值为 $\{0,1,2,3\}$ 的 int 型数值，表示目的地，目的地的位置由表 5-1 给出。

全部的状态总数为 $(5\times5)\times5\times4=500$。

表 5-1　出租车调度问题中的出租车停靠点

passloc 或 destidx	ASCII 地图中对应字母	地图上的坐标
0	R	(0, 0)
1	G	(0, 4)
2	Y	(4, 0)
3	B	(4, 3)

这个问题中的动作是取自 $\{0,1,2,3,4,5\}$ 的 int 型数值，其含义如表 5-2 所示。表 5-2 还给

出了对应的 env.render() 函数给出的文字提示以及执行动作后可能得到的奖励值。

表 5-2 出租车调度问题中的动作

动作数值	含义	env.render() 的提示	执行后的奖励
0	试图往下移动一格	South	−1
1	试图往上移动一格	North	−1
2	试图往右移动一格	East	−1
3	试图往左移动一格	West	−1
4	试图请乘客上车	Pickup	−1 或 −10
5	试图请乘客下车	Dropoff	+20 或 −10

代码清单 5-1 给出了初始化环境并玩一步的代码。初始化后，借助 env.decode() 获得了出租车、乘客和目的地的位置，并将地图显示出来，接着试图玩了一步。

代码清单 5-1 初始化环境并玩一步

```
import gym
env = gym.make('Taxi-v3')
state = env.reset()
taxirow, taxicol, passloc, destidx = env.unwrapped.decode(state)
print(taxirow, taxicol, passloc, destidx)
print('出租车位置 = {}'.format((taxirow, taxicol)))
print('乘客位置 = {}'.format(env.unwrapped.locs[passloc]))
print('目标位置 = {}'.format(env.unwrapped.locs[destidx]))
env.render()
env.step(1)
```

至此，我们已经会使用这个环境了。

5.4.2 同策时序差分学习调度

本节我们使用 SARSA 算法和期望 SARSA 算法来学习策略。

首先我们来看 SARSA 算法。代码清单 5-2 中的 SARSAAgent 类和代码清单 5-3 的 play_sarsa() 函数共同实现了 SARSA 算法。其中，SARSAAgent 类包括了智能体的学习逻辑和判决逻辑，是智能体类；play_sarsa() 函数实现了智能体和环境交互的逻辑。play_sarsa() 函数有两个 bool 类型的参数，参数 train 表示是否对智能体进行训练，参数 render 表示是否用对人类友好的方式显示当前环境。这里把 SARSA 算法拆分成一个智能体类和一个描述智能体和环境交互的函数，是为了能够更加清晰地将智能体的学习和决策过程隔离开来。智能体和环境的交互过程可以为许多类似的智能体重复使用。例如，play_sarsa() 函数不仅在 SARSA 算法中被使用，还会被本章后续的 SARSA(λ)算法使用，甚至被后续章节使用。

代码清单 5-2 SARSA 算法智能体的实现

```
class SARSAAgent:
    def __init__(self, env, gamma=0.9, learning_rate=0.1, epsilon=.01):
```

```
        self.gamma = gamma
        self.learning_rate = learning_rate
        self.epsilon = epsilon
        self.action_n = env.action_space.n
        self.q = np.zeros((env.observation_space.n, env.action_space.n))

    def decide(self, state):
        if np.random.uniform() > self.epsilon:
            action = self.q[state].argmax()
        else:
            action = np.random.randint(self.action_n)
        return action

    def learn(self, state, action, reward, next_state, done, next_action):
        u = reward + self.gamma * \
                self.q[next_state, next_action] * (1. - done)
        td_error = u - self.q[state, action]
        self.q[state, action] += self.learning_rate * td_error

agent = SARSAAgent(env)
```

代码清单 5-3 SARSA 智能体与环境交互一回合

```
def play_sarsa(env, agent, train=False, render=False):
    episode_reward = 0
    observation = env.reset()
    action = agent.decide(observation)
    while True:
        if render:
            env.render()
        next_observation, reward, done, _ = env.step(action)
        episode_reward += reward
        next_action = agent.decide(next_observation) # 终止状态时此步无意义
        if train:
            agent.learn(observation, action, reward, next_observation,
                    done, next_action)
        if done:
            break
        observation, action = next_observation, next_action
    return episode_reward
```

智能体在初始化时，先根据状态空间和动作空间的大小初始化 $q(s,a), s\in\mathcal{S}, a\in\mathcal{A}$。在判决时，使用了 ε 贪心策略。

代码清单 5-4 给出了训练 SARSA 算法的代码。该代码调用 play_sarsa() 函数 5000 次，运行了 5000 回合的环境进行训练。代码清单 5-5 测试了训练后的智能体。测试结果平均总奖励数值一般在 6 ~ 8.5 之间。增加迭代次数往往能进一步提高性能。

代码清单 5-4 训练 SARSA 算法

```
# 训练
episodes = 5000
```

```
episode_rewards = []
for episode in range(episodes):
    episode_reward = play_sarsa(env, agent, train=True)
    episode_rewards.append(episode_reward)
plt.plot(episode_rewards);
```

代码清单 5-5 测试 SARSA 算法

```
agent.epsilon = 0. # 取消探索
episode_rewards = [play_sarsa(env, agent) for _ in range(100)]
print('平均回合奖励 = {} / {} = {}'.format(sum(episode_rewards),
        len(episode_rewards), np.mean(episode_rewards)))
```

如果我们要显示最优价值估计，可以使用以下语句：

```
pd.DataFrame(agent.q)
```

如果显示最优策略估计，可以使用以下语句：

```
policy = np.eye(agent.action_n)[agent.q.argmax(axis=-1)]
pd.DataFrame(policy)
```

接下来使用期望 SARSA 算法求解最优策略。代码清单 5-6 的 ExpectedSARSAAgent 类实现了期望 SARSA 智能体类，代码清单 5-7 的 play_qlearning() 函数实现了期望 SARSA 智能体与环境的交互。这里的交互函数命名为 play_qlearning，是因为期望 SARSA 智能体的交互函数和后续 Q 学习的交互函数相同。

代码清单 5-6 期望 SARSA 算法智能体类

```
class ExpectedSARSAAgent:
    def __init__(self, env, gamma=0.9, learning_rate=0.1, epsilon=.01):
        self.gamma = gamma
        self.learning_rate = learning_rate
        self.epsilon = epsilon
        self.q = np.zeros((env.observation_space.n, env.action_space.n))
        self.action_n = env.action_space.n

    def decide(self, state):
        if np.random.uniform() > self.epsilon:
            action = self.q[state].argmax()
        else:
            action = np.random.randint(self.action_n)
        return action

    def learn(self, state, action, reward, next_state, done):
        v = (self.q[next_state].mean() * self.epsilon + \
                self.q[next_state].max() * (1. - self.epsilon))
        u = reward + self.gamma * v * (1. - done)
        td_error = u - self.q[state, action]
        self.q[state, action] += self.learning_rate * td_error

agent = ExpectedSARSAAgent(env)
```

代码清单 5-7 Q 学习智能体与环境的交互（期望 SARSA 智能体也用该函数交互）

```
def play_qlearning(env, agent, train=False, render=False):
    episode_reward = 0
    observation = env.reset()
    while True:
        if render:
            env.render()
        action = agent.decide(observation)
        next_observation, reward, done, _ = env.step(action)
        episode_reward += reward
        if train:
            agent.learn(observation, action, reward, next_observation,
                    done)
        if done:
            break
        observation = next_observation
    return episode_reward
```

实现了期望 SARSA 算法后，代码清单 5-8 和代码清单 5-9 给出了训练和测试期望 SARSA 算法的代码。期望 SARSA 算法在这个问题中的性能往往比 SARSA 算法要好一些。

代码清单 5-8 训练期望 SARSA 算法

```
episodes = 5000
episode_rewards = []
for episode in range(episodes):
    episode_reward = play_qlearning(env, agent, train=True)
    episode_rewards.append(episode_reward)
plt.plot(episode_rewards);
```

代码清单 5-9 测试期望 SARSA 算法

```
agent.epsilon = 0. # 取消探索
episode_rewards = [play_qlearning(env, agent) for _ in range(100)]
print('平均回合奖励 = {} / {} = {}'.format(sum(episode_rewards),
        len(episode_rewards), np.mean(episode_rewards)))
```

5.4.3 异策时序差分学习调度

本节我们使用 Q 学习和双重 Q 学习来学习最优策略。

首先来看 Q 学习算法。代码清单 5-10 的 QLearningAgent 智能体类和代码清单 5-7 的 play_qlearning() 函数一起实现了 Q 学习算法。QLearningAgent 类和 ExpectedSARSAAgent 类的区别在于 learn() 函数内自益的方法不同。实现的 Q 学习算法可以使用代码清单 5-8 训练，用代码清单 5-9 测试。

代码清单 5-10 Q 学习智能体

```
class QLearningAgent:
    def __init__(self, env, gamma=0.9, learning_rate=0.1, epsilon=.01):
```

```
        self.gamma = gamma
        self.learning_rate = learning_rate
        self.epsilon = epsilon
        self.action_n = env.action_space.n
        self.q = np.zeros((env.observation_space.n, env.action_space.n))

    def decide(self, state):
        if np.random.uniform() > self.epsilon:
            action = self.q[state].argmax()
        else:
            action = np.random.randint(self.action_n)
        return action

    def learn(self, state, action, reward, next_state, done):
        u = reward + self.gamma * self.q[next_state].max() * (1. - done)
        td_error = u - self.q[state, action]
        self.q[state, action] += self.learning_rate * td_error

agent = QLearningAgent(env)
```

接下来看双重 Q 学习算法。代码清单 5-11 中的 DoubleQLearningAgent 类和代码清单 5-7 的 play_qlearning() 函数一起实现了双重 Q 学习算法。双重 Q 学习涉及两组动作价值估计，DoubleQLearningAgent 类和 QLearningAgent 类在构造函数、decide() 函数和 learn() 函数都有区别。实现的双重 Q 学习算法可以在代码清单 5-8 训练，用代码清单 5-9 测试。在该问题中，最大化偏差并不明显，所以双重 Q 学习往往不能得到好处。

代码清单 5-11　双重 Q 学习智能体

```
class DoubleQLearningAgent:
    def __init__(self, env, gamma=0.9, learning_rate=0.1, epsilon=.01):
        self.gamma = gamma
        self.learning_rate = learning_rate
        self.epsilon = epsilon
        self.action_n = env.action_space.n
        self.q0 = np.zeros((env.observation_space.n, env.action_space.n))
        self.q1 = np.zeros((env.observation_space.n, env.action_space.n))

    def decide(self, state):
        if np.random.uniform() > self.epsilon:
            action = (self.q0 + self.q1)[state].argmax()
        else:
            action = np.random.randint(self.action_n)
        return action

    def learn(self, state, action, reward, next_state, done):
        if np.random.randint(2):
            self.q0, self.q1 = self.q1, self.q0
        a = self.q0[next_state].argmax()
        u = reward + self.gamma * self.q1[next_state, a] * (1. - done)
```

```
            td_error = u - self.q0[state, action]
            self.q0[state, action] += self.learning_rate * td_error

agent = DoubleQLearningAgent(env)
```

5.4.4 资格迹学习调度

本节使用 SARSA(λ) 算法来学习策略。代码清单 5-12 实现了 SARSA(λ) 算法智能体类 SARSALambdaAgent 类，它由代码清单 5-2 中的 SARSAAgent 类派生而来。与 SARSAAgent 类相比，它多了需要控制衰减速度的参数 lambd 和控制资格迹增加的参数 beta。值得一提的是，lambda 是 Python 的关键字，所以这里不用 lambda 作为变量名，而是用去掉最后一个字母的 lambd 作为变量名。SARSALambdaAgent 类也是通过代码清单 5-3 中的 play_sarsa() 函数与环境交互，并通过代码清单 5-4 测试性能。由于引入了资格迹，所以 SARSA(λ) 算法的性能往往比单步 SARSA 算法要好。

代码清单 5-12　SARSA(λ) 算法智能体类

```
class SARSALambdaAgent(SARSAAgent):
    def __init__(self, env, lambd=0.5, beta=1.,
            gamma=0.9, learning_rate=0.1, epsilon=.01):
        super().__init__(env, gamma=gamma, learning_rate=learning_rate,
                epsilon=epsilon)
        self.lambd = lambd
        self.beta = beta
        self.e = np.zeros((env.observation_space.n, env.action_space.n))

    def learn(self, state, action, reward, next_state, done, next_action):
        # 更新资格迹
        self.e *= (self.lambd * self.gamma)
        self.e[state, action] = 1. + self.beta * self.e[state, action]

        # 更新价值
        u = reward + self.gamma * \
                self.q[next_state, next_action] * (1. - done)
        td_error = u - self.q[state, action]
        self.q += self.learning_rate * self.e * td_error

        # 为下一回合初始化资格迹
        if done:
            self.e *= 0.


agent = SARSALambdaAgent(env)
```

在这一节中，我们尝试了很多算法，有些算法的性能相对另外一些较好。其中的原因比较复杂，可能是算法本身的问题，也可能是参数选择的问题。没有一个算法是对所有的任务都有效的。可能对于这个任务，这个算法效果好；换了一个任务后，另外一个算法效果好。

5.5 本章小结

本章介绍无模型时序差分更新方法，包括了同策时序差分算法SARSA算法和期望SARSA算法，以及异策时序差分算法Q学习和双重Q学习算法。各种算法的主要区别在于更新目标U_t具有不同的表达式。最后还介绍了历史上具有重大影响力的资格迹算法。

本章要点

- 时序差分基于“自益”的思想，时序差分目标定义为：

$$U_{t:t+n}^{(q)} = R_{t+1} + \gamma R_{t+2} + \cdots + \gamma^{n-1} R_{t+n} + \gamma^n q\left(S_{t+n}, A_{t+n}\right)$$
$$U_{t:t+n}^{(v)} = R_{t+1} + \gamma R_{t+2} + \cdots + \gamma^{n-1} R_{t+n} + \gamma^n v\left(S_{t+n}\right)$$

- SARSA算法的更新目标的形式为$U_t = R_{t+1} + \gamma q\left(S_{t+1}, A_{t+1}\right)$。
- 期望SARSA算法的更新目标的形式为$U_t = R_{t+1} + \gamma \sum_a \pi\left(a \mid S_{t+1}\right) q\left(S_{t+1}, a\right)$。
- Q学习的更新目标的形式为$U_t = R_{t+1} + \gamma \max_a q\left(S_{t+1}, a\right)$。
- 双重Q学习维护了两个独立的动作价值估计$q^{(0)}$和$q^{(1)}$，每次随机更新$q^{(0)}$和$q^{(1)}$中的一个，再更新$q^{(i)}$的目标为$U_t^{(i)} = R_{t+1} + \gamma q^{(1-i)}\left(S_{t+1}, \arg\max_a q^{(i)}\left(S_{t+1}, a\right)\right)$（$i \in \{0,1\}$）。
- λ回报是时序差分目标按照$\lambda \in [0,1]$衰减加权的结果，它是回报G_t和单步时序差分目标$U_{t:t+1}$的折中。
- 离线λ回报算法用于回合制任务，在每个回合结束后用λ回报U_t^{λ}进行离线更新。
- SARSA(λ)算法的更新目标形式为$U_t = R_{t+1} + \gamma q\left(S_{t+1}, A_{t+1}\right)$，其更新权重是资格迹。资格迹以$\gamma\lambda$的速度衰减，在出现的$\left(S_t, A_t\right)$处加强。

CHAPTER 6

第6章

函数近似方法

第 3 ～ 5 章中介绍的有模型数值迭代算法、回合更新算法和时序差分更新算法，在每次更新价值函数时都只更新某个状态（或状态动作对）下的价值估计。但是，在有些任务中，状态和动作的数目非常大，甚至可能是无穷大，这时，不可能对所有的状态（或状态动作对）逐一进行更新。函数近似方法用参数化的模型来近似整个状态价值函数（或动作价值函数），并在每次学习时更新整个函数。这样，那些没有被访问过的状态（或状态动作对）的价值估计也能得到更新。本章将介绍函数近似方法的一般理论，包括策略评估和最优策略求解的一般理论。再介绍两种最常见的近似函数：线性函数和人工神经网络。后者将深度学习和强化学习相结合，称为深度 Q 学习，是第一个深度强化学习算法，也是目前的热门算法。

6.1 函数近似原理

本节介绍用函数近似（function approximation）方法来估计给定策略 π 的状态价值函数 v_π 或动作价值函数 q_π。要评估状态价值，我们可以用一个参数为 $\mathbf{w}$ 的函数 $v(s;\mathbf{w})$（$s\in\mathcal{S}$）来近似状态价值；要评估动作价值，我们可以用一个参数为 $\mathbf{w}$ 的函数 $q(s,a;\mathbf{w})$（$s\in\mathcal{S},a\in\mathcal{A}(s)$）来近似动作价值。在动作集 $\mathcal{A}$ 有限的情况下，还可以用一个矢量函数 $\mathbf{q}(s;\mathbf{w})=\left(q(s,a;\mathbf{w}):a\in\mathcal{A}\right)$（$s\in\mathcal{S}$）来近似动作价值。矢量函数 $\mathbf{q}(s;\mathbf{w})$ 的每一个元素对应着一个动作，而整个矢量函数除参数外只用状态作为输入。这里的函数 $v(s;\mathbf{w})$（$s\in\mathcal{S}$）、$q(s,a;\mathbf{w})$（$s\in\mathcal{S},a\in\mathcal{A}(s)$）、$\mathbf{q}(s;\mathbf{w})$（$s\in\mathcal{S}$）形式不限，可以是线性函数，也可以是神经网络。但是，它们的形式需要事先给定，在学习过程中只更新参数 $\mathbf{w}$。一旦参数 $\mathbf{w}$ 完全确定，价值估计就完全给定。所以，本节将介绍如何更新参数 $\mathbf{w}$。更新参数的方法既可以用于策略价值评估，也可以用于最优策略求解。

6.1.1 随机梯度下降

本节来看同策回合更新价值估计。将同策回合更新价值估计与函数近似方法相结合，可以得到函数近似回合更新价值估计算法（算法 6-1）。这个算法与第 4 章中回合更新算法的区别就是在价值更新时更新的对象是函数参数，而不是每个状态或状态动作对的价值估计。

算法 6-1　随机梯度下降函数近似评估策略的价值

1.（初始化）任意初始化参数 $\mathbf{w}$。

2. 逐回合执行以下操作。

  2.1（采样）用环境和策略 π 生成轨迹样本 $S_0, A_0, R_1, S_1, A_1, R_2, \ldots, S_{T-1}, A_{T-1}, R_T, S_T$。

  2.2（初始化回报）$G \leftarrow 0$。

  2.3（逐步更新）对 $t \leftarrow T-1, T-2, \ldots, 0$，执行以下步骤：

    2.3.1（更新回报）$G \leftarrow \gamma G + R_{t+1}$。

    2.3.2（更新价值）若评估的是动作价值则更新 $\mathbf{w}$ 以减小 $\left[G - q(S_t, A_t; \mathbf{w})\right]^2$（如 $\mathbf{w} \leftarrow \mathbf{w} + \alpha\left[G - q(S_t, A_t; \mathbf{w})\right]\nabla q(S_t, A_t; \mathbf{w})$）；若评估的是状态价值则更新 $\mathbf{w}$ 以减小 $\left[G - v(S_t; \mathbf{w})\right]^2$（如 $\mathbf{w} \leftarrow \mathbf{w} + \alpha\left[G - v(S_t; \mathbf{w})\right]\nabla v(S_t; \mathbf{w})$）。

如果我们用算法 6-1 评估动作价值，则更新参数时应当试图减小每一步的回报估计 G_t 和动作价值估计 $q(S_t, A_t; \mathbf{w})$ 的差别。所以，可以定义每一步损失为 $\left[G_t - q(S_t, A_t; \mathbf{w})\right]^2$，而整个回合的损失为 $\sum_{t=0}^{T-1}\left[G_t - q(S_t, A_t; \mathbf{w})\right]^2$。如果我们沿着 $\sum_{t=0}^{T-1}\left[G_t - q(S_t, A_t; \mathbf{w})\right]^2$ 对 $\mathbf{w}$ 的梯度的反方向更新策略参数 $\mathbf{w}$，就有机会减小损失。这样的方法称为**随机梯度下降**（stochastic gradient-descent，SGD）算法。对于能够支持自动梯度计算的软件包，往往自带根据损失函数更新参数的功能。如果不使用现成的参数更新软件包，也可以自己计算得到 $q(S_t, A_t; \mathbf{w})$ 的梯度 $\nabla q(S_t, A_t; \mathbf{w})$，然后利用下式进行更新：

$$\mathbf{w} \leftarrow \mathbf{w} - \frac{1}{2}\alpha_t \nabla\left[G_t - q(S_t, A_t; \mathbf{w})\right]^2 = \mathbf{w} + \alpha_t\left[G_t - q(S_t, A_t; \mathbf{w})\right]\nabla q(S_t, A_t; \mathbf{w})$$

对于状态价值函数，也有类似的分析。定义每一步的损失为 $\left[G_t - v(S_t; \mathbf{w})\right]^2$，整个回合的损失为 $\sum_{t=0}^{T-1}\left[G_t - v(S_t; \mathbf{w})\right]^2$。可以在自动梯度计算并更新参数的软件包中定义这个损失来更新参数 $\mathbf{w}$，也可以用下式更新：

$$\mathbf{w} \leftarrow \mathbf{w} - \frac{1}{2}\alpha_t \nabla\left[G_t - v(S_t; \mathbf{w})\right]^2 = \mathbf{w} + \alpha_t\left[G_t - v(S_t; \mathbf{w})\right]\nabla v(S_t; \mathbf{w})$$

相应的回合更新策略评估算法与算法 6-1 类似，此处从略。

将策略改进引入随机梯度下降评估策略，就能实现随机梯度下降最优策略求解。算法 6-2 给出了随机梯度下降最优策略求解的算法。它与第 4 章回合更新最优策略求解算法的区别也仅仅在于迭代的过程中不是直接修改价值估计，而是更新价值参数 $\mathbf{w}$。

算法 6-2 随机梯度下降求最优策略

1.（初始化）任意初始化参数 $\mathbf{w}$。

2. 逐回合执行以下操作。

 2.1（采样）用环境和当前动作价值估计 $q(\cdot,\cdot;\mathbf{w})$ 导出的策略（如 ε 柔性策略）生成轨迹样本 $S_0,A_0,R_1,S_1,A_1,R_2,\ldots,S_{T-1},A_{T-1},R_T,S_T$。

 2.2（初始化回报）$G\leftarrow 0$。

 2.3（逐步更新）对 $t\leftarrow T-1,T-2,\ldots,0$，执行以下步骤：

  2.3.1（更新回报）$G\leftarrow \gamma G+R_{t+1}$；

  2.3.2（更新动作价值函数）更新参数 $\mathbf{w}$ 以减小 $\left[G-q(S_t,A_t;\mathbf{w})\right]^2$（如 $\mathbf{w}\leftarrow\mathbf{w}+\alpha\left[G-q(S_t,A_t;\mathbf{w})\right]\nabla q(S_t,A_t;\mathbf{w})$）。

6.1.2 半梯度下降

动态规划和时序差分学习都用了“自益”来估计回报，回报的估计值与 $\mathbf{w}$ 有关，是存在偏差的。例如，对于单步更新时序差分估计的动作价值函数，回报的估计为 $U_t=R_{t+1}+\gamma q(S_{t+1},A_{t+1};\mathbf{w})$，而动作价值的估计为 $q(S_t,A_t;\mathbf{w})$，这两个估计都与权重 $\mathbf{w}$ 有关。在试图减小每一步的回报估计 U_t 和动作价值估计 $q(S_t,A_t;\mathbf{w})$ 的差别时，可以定义每一步损失为 $\left[U_t-q(S_t,A_t;\mathbf{w})\right]^2$，而整个回合的损失为 $\sum_{t=0}^{T-1}\left[U_t-q(S_t,A_t;\mathbf{w})\right]^2$。在更新参数 $\mathbf{w}$ 以减小损失时，应当注意不对回报的估计 $U_t=R_{t+1}+\gamma q(S_{t+1},A_{t+1};\mathbf{w})$ 求梯度，只对动作价值的估计 $q(S_t,A_t;\mathbf{w})$ 求关于 $\mathbf{w}$ 的梯度，这就是**半梯度下降**（semi-gradient descent）算法。半梯度下降算法同样既可以用于策略评估，也可以用于求解最优策略（见算法 6-3 和算法 6-4）。

算法 6-3 半梯度下降算法估计动作价值或 SARSA 算法求最优策略

1.（初始化）任意初始化参数 $\mathbf{w}$。

2. 逐回合执行以下操作。

 2.1（初始化状态动作对）选择状态 S。

  如果是策略评估，则用输入策略 $\pi(\cdot|S)$ 确定动作 A；如果是寻找最优策略，则用当前动作价值估计 $q(S,\cdot;\mathbf{w})$ 导出的策略（如 ε 柔性策略）确定动作 A。

 2.2 如果回合未结束，执行以下操作：

  2.2.1（采样）执行动作 A，观测得到奖励 R 和新状态 S'。

  2.2.2 如果是策略评估，则用输入策略 $\pi(\cdot|S')$ 确定动作 A'；如果是寻找最优策略，则用当前动作价值估计 $q(S',\cdot;\mathbf{w})$ 导出的策略（如 ε 柔性策略）确定动作 A'。

  2.2.3（计算回报的估计值）$U\leftarrow R+\gamma q(S',A';\mathbf{w})$。

2.2.4（更新动作价值函数）更新参数 $\mathbf{w}$ 以减小 $\left[U-q(S,A;\mathbf{w})\right]^2$（如 $\mathbf{w}\leftarrow\mathbf{w}+\alpha\left[U-q(S,A;\mathbf{w})\right]\nabla q(S,A;\mathbf{w})$）。注意此步不可以重新计算 U。

2.2.5 $S\leftarrow S'$，$A\leftarrow A'$。

算法 6-4　半梯度下降估计状态价值或期望 SARSA 算法或 Q 学习

1.（初始化）任意初始化参数 $\mathbf{w}$。

2. 逐回合执行以下操作。

2.1（初始化状态）选择状态 S。

2.2 如果回合未结束，执行以下操作。

2.2.1 如果是策略评估，则用输入策略 $\pi(\cdot|S)$ 确定动作 A；如果是寻找最优策略，则用当前动作价值估计 $q(S,\cdot;\mathbf{w})$ 导出的策略（如 ε 柔性策略）确定动作 A。

2.2.2（采样）执行动作 A，观测得到奖励 R 和新状态 S'。

2.2.3（计算回报的估计值）如果是状态价值评估，则 $U\leftarrow R+\gamma v(S';\mathbf{w})$。如果是期望 SARSA 算法，则 $U\leftarrow R+\gamma\sum_a \pi(a|S';\mathbf{w})q(S',a;\mathbf{w})$，其中 $\pi(\cdot|S';\mathbf{w})$ 是 $q(S',\cdot;\mathbf{w})$ 确定的策略（如 ε 柔性策略）。若是 Q 学习则 $U\leftarrow R+\gamma\max_a q(S',a;\mathbf{w})$。

2.2.4（更新价值函数）若是状态价值评估则更新 $\mathbf{w}$ 以减小 $\left[U-v(S;\mathbf{w})\right]^2$（如 $\mathbf{w}\leftarrow\mathbf{w}+\alpha\left[U-v(S;\mathbf{w})\right]\nabla v(S;\mathbf{w})$），若是期望 SARSA 算法或 Q 学习则更新参数 $\mathbf{w}$ 以减小 $\left[U-q(S,A;\mathbf{w})\right]^2$（如 $\mathbf{w}\leftarrow\mathbf{w}+\alpha\left[U-q(S,A;\mathbf{w})\right]\nabla q(S,A;\mathbf{w})$）。注意此步不可以重新计算 U。

2.2.5 $S\leftarrow S'$。

如果采用能够自动计算微分并更新参数的软件包来减小损失，则务必注意不能对回报的估计求梯度。有些软件包可以阻止计算过程中梯度的传播，也可以在计算回报估计的表达式时使用阻止梯度传播的功能。还有一种方法是复制一份参数 $\mathbf{w}_{目标}\leftarrow\mathbf{w}$，在计算回报估计的表达式时用这份复制后的参数 $\mathbf{w}_{目标}$ 来计算回报估计，而在自动微分时只对原来的参数进行微分，这样就可以避免对回报估计求梯度。

6.1.3　带资格迹的半梯度下降

在第 5 章中，我们学习了资格迹算法。资格迹可以在回合更新和单步时序差分更新之间进行折中，可能获得比回合更新或单步时序差分更新都更好的结果。回顾前文，在资格迹算法中，每个价值估计的数值都对应着一个资格迹参数，这个资格迹参数表示这个价值估计数值在更新中的权重。最近遇到的状态动作对（或状态）的权重大，比较久以前遇到的状态动作对（或状态）的权重小，从来没有遇到过的状态动作对（或状态）的权重为 0。每次更新时，都可以更新整条轨迹上的资格迹，再利用资格迹作为权重，更新整条轨迹上的价值估计。

资格迹同样可以运用在函数近似算法中，实现回合更新和单步时序差分的折中。这时，资格迹对应价值参数 $\mathbf{w}$ 。具体而言，资格迹参数 $\mathbf{z}$ 和价值参数 $\mathbf{w}$ 具有相同的形状大小，并且逐元素一一对应。资格迹参数中的每个元素表示了在更新价值参数对应元素时应当使用的权重乘以价值估计对该分量的梯度。也就是说，在更新价值参数 $\mathbf{w}$ 的某个分量 w 对应着资格迹参数 $\mathbf{z}$ 中的某个分量 z 时，那么在更新 w 时应当使用以下迭代式更新：

$$w \leftarrow w + \alpha z\left[U - q(S_t, A_t; \mathbf{w})\right],\quad \text{更新动作价值}$$

$$w \leftarrow w + \alpha z\left[U - v(S_t; \mathbf{w})\right],\quad \text{更新状态价值}$$

对价值参数整体而言，就有

$$\mathbf{w} \leftarrow \mathbf{w} + \alpha\left[U - q(S_t, A_t; \mathbf{w})\right]\mathbf{z},\quad \text{更新动作价值}$$

$$\mathbf{w} \leftarrow \mathbf{w} + \alpha\left[U - v(S_t; \mathbf{w})\right]\mathbf{z},\quad \text{更新状态价值}$$

当选取资格迹为累积迹时，资格迹的递推定义式如下：当 $t=0$ 时 $\mathbf{z}_0=\mathbf{0}$ ；当 $t>0$ 时

$$\mathbf{z}_t = \gamma\lambda\mathbf{z}_{t-1} + \nabla q(S_t, A_t; \mathbf{w}),\quad \text{更新动作价值对应的资格迹}$$

$$\mathbf{z}_t = \gamma\lambda\mathbf{z}_{t-1} + \nabla v(S_t; \mathbf{w}),\quad \text{更新状态价值对应的资格迹}$$

资格迹的递推式由 2 项组成。递推式的第一项是对前一次更新时使用的资格迹衰减而来，衰减系数是 $\gamma\lambda$，这是一个 0 到 1 之间的数。可以通过改变 λ 的值，决定衰减的速度。当 λ 接近 0 时，衰减快；当 λ 接近 1 时，衰减慢。递推式的第二项是加强项，它由动作价值的梯度值决定。动作价值的梯度值事实上确定了价值参数对总体价值估计的影响。对总体价值估计影响大的那些价值参数分量是当前比较重要的分量，应当加强它的资格迹。不过，梯度的分量值不一定是正数或 0，也可能是负数。所以，更新后的资格迹分量也可能是负值。当资格迹的某些分量是负值时，对应价值参数分量的权重值就是负值。进一步而言，在价值参数更新时，面对相同的时序差分误差，会出现价值参数的某些分量增大而另一些分量减小的情况。

算法 6-5 和算法 6-6 给出了使用资格迹的价值估计和最优策略求解算法。这两个算法都使用了累积迹。

算法 6-5　TD(λ) 算法估计动作价值或 SARSA(λ) 算法

1.（初始化）任意初始化参数 $\mathbf{w}$ 。

2. 逐回合执行以下操作。

   2.1（初始化状态动作对）选择状态 S 。

   如果是策略评估，则用输入策略 $\pi(\cdot|S)$ 确定动作 A ；如果是寻找最优策略，则用当前动作价值估计 $q(S,\cdot;\mathbf{w})$ 导出的策略（如 ε 柔性策略）确定动作 A 。

2.2 如果回合未结束，执行以下操作：

2.2.1（采样）执行动作 A，观测得到奖励 R 和新状态 S'；

2.2.2 如果是策略评估，则用输入策略 $\pi(\cdot|S')$ 确定动作 A'；如果是寻找最优策略，则用当前动作价值估计 $q(S',\cdot;\mathbf{w})$ 导出的策略（如 ε 柔性策略）确定动作 A'；

2.2.3（计算回报的估计值）$U \leftarrow R+\gamma q(S',A';\mathbf{w})$；

2.2.4（更新资格迹）$\mathbf{z} \leftarrow \gamma\lambda\mathbf{z}+\nabla q(S,A;\mathbf{w})$；

2.2.5（更新动作价值函数）$\mathbf{w} \leftarrow \mathbf{w}+\alpha\left[U-q(S,A;\mathbf{w})\right]\mathbf{z}$；

2.2.6 $S \leftarrow S'$，$A \leftarrow A'$。

算法 6-6　TD(λ) 估计状态价值或期望 SARSA(λ) 算法或 Q 学习

1.（初始化）任意初始化参数 $\mathbf{w}$。

2. 逐回合执行以下操作。

2.1（初始化资格迹）$\mathbf{z} \leftarrow \mathbf{0}$。

2.2（初始化状态）选择状态 S。

2.3 如果回合未结束，执行以下操作。

2.3.1 如果是策略评估，则用输入策略 $\pi(\cdot|S)$ 确定动作 A；如果是寻找最优策略，则用当前动作价值估计 $q(S,\cdot;\mathbf{w})$ 导出的策略（如 ε 柔性策略）确定动作 A。

2.3.2（采样）执行动作 A，观测得到奖励 R 和新状态 S'。

2.3.3（计算回报的估计值）如果是状态价值评估，则 $U \leftarrow R+\gamma v(S';\mathbf{w})$。如果是期望 SARSA 算法，则 $U \leftarrow R+\gamma\sum_a \pi(a|S';\mathbf{w})q(S',a;\mathbf{w})$，其中 $\pi(\cdot|S';\mathbf{w})$ 是 $q(S',\cdot;\mathbf{w})$ 确定的策略（如 ε 柔性策略）。若是 Q 学习则 $U \leftarrow R+\gamma\max_a q(S',a;\mathbf{w})$。

2.3.4（更新资格迹）若是状态价值评估，则 $\mathbf{z} \leftarrow \gamma\lambda\mathbf{z}+\nabla v(S;\mathbf{w})$；若是期望 SARSA 算法或 Q 学习，则 $\mathbf{z} \leftarrow \gamma\lambda\mathbf{z}+\nabla q(S,A;\mathbf{w})$。

2.3.5（更新价值函数）若是状态价值评估，则 $\mathbf{w} \leftarrow \mathbf{w}+\alpha\left[U-v(S;\mathbf{w})\right]\mathbf{z}$；若是期望 SARSA 算法或 Q 学习，则 $\mathbf{w} \leftarrow \mathbf{w}+\alpha\left[U-q(S,A;\mathbf{w})\right]\mathbf{z}$。

2.3.6 $S \leftarrow S'$。

6.2　线性近似

最常使用的函数近似就是线性近似和人工神经网络。本节介绍**线性近似**。线性近似是用许多特征向量的线性组合来近似价值函数。特征向量则依赖于输入（即状态或状态动作对）。以动作价值近似为例，我们可以为每个状态动作对定义多个不同的特征

$\mathbf{x}(s,a)=\left(x_j(s,a):j\in\mathcal{J}\right)$，进而定义近似函数为这些特征的线性组合，即

$$q(s,a;\mathbf{w})=\left[\mathbf{x}(s,a)\right]^{\mathrm{T}}\mathbf{w}=\sum_{j\in\mathcal{J}}x_j(s,a)w_j,\quad s\in\mathcal{S},a\in\mathcal{A}(s)$$

对于状态函数也有类似的近似方法：

$$v(s;\mathbf{w})=\left[\mathbf{x}(s)\right]^{\mathrm{T}}\mathbf{w}=\sum_{j\in\mathcal{J}}x_j(s)w_j,\quad s\in\mathcal{S}$$

6.2.1 精确查找表与线性近似的关系

第 3 ～ 5 章介绍的查表法可以看作是线性近似的特例。对于动作价值而言，可以认为有$|\mathcal{S}|\times|\mathcal{A}|$个特征向量，每个向量的形式为

$$\left(0,\ldots,0,\underset{\underset{s,a}{\uparrow}}{1},0,\ldots,0\right)$$

即在某个的状态动作对处为 1，其他都为 0。这样，所有向量的线性组合就是整个动作价值函数，线性组合系数的值就是动作价值函数的值。

6.2.2 线性最小二乘策略评估

在使用线性近似的情况下，不仅可以使用基于随机梯度下降的策略评估方法，还可以使用线性最小二乘来进行策略评估。线性最小二乘是一种批处理（batch）方法，它每次针对多个经验样本，试图找到在整个样本集上最优的估计。

将线性最小二乘用于回合更新，可以得到**线性最小二乘回合更新**（Linear Least Square Monte Carlo，Linear LSMC）。线性最小二乘回合更新试图最小化

$$L(\mathbf{w})=\sum_t\left[G_t-q(S_t,A_t;\mathbf{w})\right]^2$$

在线性近似的情形下，其梯度为

$$\begin{aligned}&\sum_t\left[G_t-q(S_t,A_t;\mathbf{w})\right]\nabla q(S_t,A_t;\mathbf{w})\\&=\sum_t\left[G_t-\left(\mathbf{x}(S_t,A_t)\right)^{\mathrm{T}}\mathbf{w}\right]\mathbf{x}(S_t,A_t)\\&=\sum_t G_t\mathbf{x}(S_t,A_t)-\sum_t\mathbf{x}(S_t,A_t)\left(\mathbf{x}(S_t,A_t)\right)^{\mathrm{T}}\mathbf{w}\end{aligned}$$

将待求的权重 $\mathbf{w}_{\mathrm{LSMC}}$ 代入上式并令其等于零，则有

$$\sum_t G_t\mathbf{x}(S_t,A_t)-\sum_t\mathbf{x}(S_t,A_t)\left(\mathbf{x}(S_t,A_t)\right)^{\mathrm{T}}\mathbf{w}_{\mathrm{LSMC}}=\mathbf{0}$$

求解该线性方程组得：

$$\mathbf{w}_{\text{LSMC}} = \left(\sum_t \mathbf{x}(S_t,A_t)\left(\mathbf{x}(S_t,A_t)\right)^{\mathrm{T}}\right)^{-1}\sum_t G_t\mathbf{x}(S_t,A_t)$$

这样就得到了线性最小二乘回合更新的计算式。在实际使用时，直接使用上式更新权重，就实现了线性最小二乘回合更新。

将线性最小二乘用于时序差分，可以得到**线性最小二乘时序差分更新**（Linear Least Square Temporal Difference，Linear LSTD）。对于单步时序差分的情况，线性最小二乘时序差分试图最小化

$$L(\mathbf{w}) = \sum_t \left[U_t - q(S_t,A_t;\mathbf{w})\right]^2$$

其中 $U_t = R_{t+1} + \gamma q(S_{t+1},A_{t+1};\mathbf{w})$。在线性近似的情况下，其半梯度为

$$\begin{aligned}
&\sum_t \left[U_t - q(S_t,A_t;\mathbf{w})\right]\nabla q(S_t,A_t;\mathbf{w})\\
&= \sum_t \left[R_{t+1} + \gamma\left(\mathbf{x}(S_{t+1},A_{t+1})\right)^{\mathrm{T}}\mathbf{w} - \left(\mathbf{x}(S_t,A_t)\right)^{\mathrm{T}}\mathbf{w}\right]\mathbf{x}(S_t,A_t)\\
&= \sum_t R_{t+1}\mathbf{x}(S_t,A_t) - \sum_t \mathbf{x}(S_t,A_t)\left(\mathbf{x}(S_t,A_t) - \gamma\mathbf{x}(S_{t+1},A_{t+1})\right)^{\mathrm{T}}\mathbf{w}
\end{aligned}$$

将待求的权重 $\mathbf{w}_{\text{LSTD}}$ 代入上式并令其等于零，则有

$$\sum_t R_{t+1}\mathbf{x}(S_t,A_t) - \sum_t \mathbf{x}(S_t,A_t)\left(\mathbf{x}(S_t,A_t) - \gamma\mathbf{x}(S_{t+1},A_{t+1})\right)^{\mathrm{T}}\mathbf{w}_{\text{LSTD}} = \mathbf{0}$$

求解该线性方程组得：

$$\mathbf{w}_{\text{LSTD}} = \left(\sum_t \mathbf{x}(S_t,A_t)\left(\mathbf{x}(S_t,A_t) - \gamma\mathbf{x}(S_{t+1},A_{t+1})\right)^{\mathrm{T}}\right)^{-1}\sum_t R_{t+1}\mathbf{x}(S_t,A_t)$$

这样就得到了线性最小二乘时序差分更新的计算式。在实际使用时，直接使用上式更新权重，就实现了线性最小二乘时序差分更新。

6.2.3　线性最小二乘最优策略求解

最小二乘也可以用于最优策略求解。本节介绍基于 Q 学习的最小二乘最优策略求解算法。

在 Q 学习中，回报的估计为 $U_t = R_{t+1} + \gamma \max_{a\in\mathcal{A}(S_{t+1})} q(S_{t+1},a;\mathbf{w})$，这和上一节介绍的时序差分策略估计相比，就是把回报的估计值 $R_{t+1} + \gamma q(S_{t+1},A_{t+1};\mathbf{w})$ 中的 A_{t+1} 换成 $A_{t+1}^{*} = \arg\max_a$ $q(S_{t+1},a;\mathbf{w})$。所以，其最小二乘的解相应从

$$\mathbf{w}_{\text{LSTD}} = \left(\sum_t \mathbf{x}(S_t,A_t)\left(\mathbf{x}(S_t,A_t) - \gamma\mathbf{x}(S_{t+1},A_{t+1})\right)^{\mathrm{T}}\right)^{-1}\sum_t R_{t+1}\mathbf{x}(S_t,A_t)$$

变为

$$\mathbf{w}_{\text{LSTDQ}}=\left(\sum_t \mathbf{x}(S_t,A_t)\left(\mathbf{x}(S_t,A_t)-\gamma\mathbf{x}(S_{t+1},A_{t+1}^*)\right)^{\mathrm{T}}\right)^{-1}\sum_t R_{t+1}\mathbf{x}(S_t,A_t)$$

求解上述最小二乘解，可以得到最优价值函数的估计，进而得到最优策略的更新。据此反复进行策略迭代，就得到了线性最小二乘 Q 学习算法（见算法 6-7）。

算法 6-7　线性最小二乘 Q 学习算法求解最优策略

输入：许多经验。

输出：最优动作价值估计 $q(s,a;\mathbf{w}),s\in\mathcal{S},a\in\mathcal{A}(s)$ 和确定性最优策略的估计 π。

1.（初始化）$\mathbf{w}\leftarrow$ 任意值；用 $q(s,a;\mathbf{w}),s\in\mathcal{S},a\in\mathcal{A}(s)$ 确定贪心策略 π。

2.（迭代更新）迭代进行以下操作：

2.1（更新价值）$\mathbf{w}'\leftarrow\left(\sum_t \mathbf{x}(S_t,A_t)\left(\mathbf{x}(S_t,A_t)-\gamma\mathbf{x}(S_{t+1},A_{t+1}^*)\right)^{\mathrm{T}}\right)^{-1}\sum_t R_{t+1}\mathbf{x}(S_t,A_t)$，其中 A_{t+1}^* 是由确定性策略 π 决定的在状态 S_{t+1} 的动作。

2.2（策略改进）根据 $q(s,a;\mathbf{w}'),s\in\mathcal{S},a\in\mathcal{A}(s)$ 决定策略 π'。

2.3 如果达到迭代终止条件（如 $\mathbf{w}$ 和 $\mathbf{w}'$ 足够接近，或 π 和 π' 足够接近），则终止迭代；否则更新 $\mathbf{w}\leftarrow\mathbf{w}'$，$\pi\leftarrow\pi'$ 进行下一轮迭代。

6.3　函数近似的收敛性

线性近似具有简单的线性叠加结构，这使得线性近似可以获得额外的收敛性。表 6-1 和表 6-2 分别给出了策略评估算法和最优策略求解算法的收敛性。在这两个表中，查找表指的是第 4 ～ 5 章介绍的不采用函数近似的方法。一般情况下，它们都能收敛到真实的价值函数或最优价值函数。但是，对于函数近似算法，收敛性往往只在采用梯度下降的回合更新时有保证，而在采用半梯度下降的时序差分方法时是没有保证的。限定函数近似采用线性近似后，在个别情况下收敛情况有提升。当然，所有收敛性都是在学习率满足 Robbins-Monro 序列的情况下（即同时满足 (1) $\alpha_t\geqslant 0,t=0,1,\ldots$；(2) $\sum_{t=0}^{+\infty}\alpha_t=+\infty$；(3) $\sum_{t=0}^{+\infty}\alpha_t^2<+\infty$）才具有的。线性近似还可以和批处理的线性最小二乘结合，可能得到更好的收敛性。对于能保证收敛的情况，收敛性一般都可以通过验证随机近似 Robbins-Monro 算法的条件证明。另外，最优策略求解的收敛性证明用到了其随机优化的版本。

表 6-1　策略评估算法的收敛性

学习方法		查找表	线性近似	非线性近似
同策	回合更新	收敛	收敛	收敛
	线性最小二乘回合更新	收敛	收敛	不适用
	时序差分更新	收敛	收敛	不一定收敛
	线性最小二乘时序差分更新	收敛	收敛	不适用

（续）

学习方法		查找表	线性近似	非线性近似
异策	回合更新	收敛	收敛	收敛
	线性最小二乘回合更新	收敛	收敛	不适用
	时序差分更新	收敛	不一定收敛	不一定收敛
	线性最小二乘时序差分更新	收敛	收敛	不适用

表 6-2 最优策略求解算法的收敛性

学习方法	查找表	线性近似	非线性近似
回合更新	收敛	收敛或在最优解附近摆动	不一定收敛
SARSA	收敛	收敛或在最优解附近摆动	不一定收敛
Q 学习	收敛	不一定收敛	不一定收敛
最小二乘迭代更新	收敛	收敛或在最优解附近摆动	不适用

值得一提的是，对于异策的 Q 学习，即使采用了线性近似，仍然不能保证收敛。研究人员发现，只要异策、自益、函数近似这三者同时出现，就不能保证收敛。一个著名的例子是 Baird 反例（Baird's counterexample），有兴趣的读者可以自行查阅。

6.4 深度 Q 学习

本节介绍一种目前非常热门的函数近似方法——深度 Q 学习。深度 Q 学习将深度学习和强化学习相结合，是第一个深度强化学习算法。深度 Q 学习的核心就是用一个人工神经网络 $q(s,a;\mathbf{w}),s\in\mathcal{S},a\in\mathcal{A}$ 来代替动作价值函数。由于神经网络具有强大的表达能力，能够自动寻找特征，所以采用神经网络有潜力比传统人工特征强大得多。最近基于深度 Q 网络的深度强化学习算法有了重大的进展，在目前学术界有非常大的影响力。

当同时出现异策、自益和函数近似时，无法保证收敛性，会出现训练不稳定或训练困难等问题。针对出现的各种问题，研究人员主要从以下两方面进行了改进。

- **经验回放**（experience replay）：将经验（即历史的状态、动作、奖励等）存储起来，再在存储的经验中按一定的规则采样。
- **目标网络**（target network）：修改网络的更新方式，例如不把刚学习到的网络权重马上用于后续的自益过程。

本节后续内容将从这两条主线出发，介绍基于深度 Q 网络的强化学习算法。

6.4.1 经验回放

V. Mnih 等在 2013 年发表文章《Playing Atari with deep reinforcement learning》，提出了基于经验回放的深度 Q 网络，标志着深度 Q 网络的诞生，也标志着深度强化学习的诞生。

在 6.2 节中我们知道，采用批处理的模式能够提供稳定性。经验回放就是一种让经验的概率分布变得稳定的技术，它能提高训练的稳定性。

经验回放主要有“存储”和“采样回放”两大关键步骤。

- 存储：将轨迹以 $(S_t, A_t, R_{t+1}, S_{t+1})$ 等形式存储起来；
- 采样回放：使用某种规则从存储的 $(S_t, A_t, R_{t+1}, S_{t+1})$ 中随机取出一条或多条经验。

算法 6-8 给出了带经验回放的 Q 学习最优策略求解算法。

算法 6-8　带经验回放的 Q 学习最优策略求解

1.（初始化）任意初始化参数 $\mathbf{w}$。

2. 逐回合执行以下操作。

　2.1（初始化状态）选择状态 S。

　2.2 如果回合未结束，执行以下操作：

　　2.2.1（采样）根据 $q(S,\cdot;\mathbf{w})$ 选择动作 A 并执行，观测得到奖励 R 和新状态 S'；

　　2.2.2（存储）将经验 (S,A,R,S') 存入经验库中；

　　2.2.3（回放）从经验库中选取经验 (S_i,A_i,R_i,S'_i)；

　　2.2.4（计算回报的估计值）$U_i \leftarrow R_i + \gamma \max_a q(S'_i,a;\mathbf{w})$；

　　2.2.5（更新动作价值函数）更新 $\mathbf{w}$ 以减小 $\left[U_i - q(S_i,A_i;\mathbf{w})\right]^2$（如 $\mathbf{w} \leftarrow \mathbf{w} + \alpha\left[U_i - q(S_i,A_i;\mathbf{w})\right]\nabla q(S_i,A_i;\mathbf{w})$）；

　　2.2.6 $S \leftarrow S'$。

经验回放有以下好处。

- 在训练 Q 网络时，可以消除数据的关联，使得数据更像是独立同分布的（独立同分布是很多有监督学习的证明条件）。这样可以减小参数更新的方差，加快收敛。
- 能够重复使用经验，对于数据获取困难的情况尤其有用。

从存储的角度，经验回放可以分为集中式回放和分布式回放。

- **集中式回放**：智能体在一个环境中运行，把经验统一存储在经验池中。
- **分布式回放**：智能体的多份拷贝（worker）同时在多个环境中运行，并将经验统一存储于经验池中。由于多个智能体拷贝同时生成经验，所以能够在使用更多资源的同时更快地收集经验。

从采样的角度，经验回放可以分为均匀回放和优先回放。

- **均匀回放**：等概率从经验集中取经验，并且用取得的经验来更新最优价值函数。
- **优先回放**（Prioritized Experience Replay，PER）：为经验池里的每个经验指定一个优先级，在选取经验时更倾向于选择优先级高的经验。

T. Schaul 等于 2016 年发表文章《Prioritized experience replay》，提出了优先回放。优先回放的基本思想是为经验池里的经验指定一个优先级，在选取经验时更倾向于选择优先级高的经验。一般的做法是，如果某个经验（例如经验 i）的优先级为 p_i，那么选取该经验的概率为

$$\frac{p_i}{\sum_k p_k}$$

经验值有许多不同的选取方法，最常见的选取方法有成比例优先和基于排序优先。

- **成比例优先**（proportional priority）：第 i 个经验的优先级为

$$p_i = \left(\delta_i + \varepsilon\right)^\alpha$$

其中 δ_i 是时序差分误差（定义为 $\delta_i = U_t - q\left(S_t, A_t; \mathbf{w}\right)$ 或 $\delta_i = U_t - v\left(S_t; \mathbf{w}\right)$），$\varepsilon$ 是预先选择的一个小正数，α 是正参数。

- **基于排序优先**（rank-based priority）：第 i 个经验的优先级为

$$p_i = \left(\frac{1}{\mathrm{rank}_i}\right)^\alpha$$

其中 rank_i 是第 i 个经验从大到小排序的排名，排名从 1 开始。

D. Horgan 等在 2018 发表文章《Distributed prioritized experience replay》，将分布式经验回放和优先经验回放相结合，得到**分布式优先经验回放**（distributed prioritized experience replay）。

经验回放也不是完全没有缺点。例如，它也会导致回合更新和多步学习算法无法使用。一般情况下，如果我们将经验回放用于 Q 学习，就规避了这个缺点。

6.4.2　带目标网络的深度 Q 学习

对于基于自益的 Q 学习，其回报的估计和动作价值的估计都和权重 $\mathbf{w}$ 有关。当权重值变化时，回报的估计和动作价值的估计都会变化。在学习的过程中，动作价值试图追逐一个变化的回报，也容易出现不稳定的情况。在 6.1.2 节中给出了半梯度下降的算法来解决这个问题。在半梯度下降中，在更新价值参数 $\mathbf{w}$ 时，不对基于自益得到的回报估计 U_t 求梯度。其中一种阻止对 U_t 求梯度的方法就是将价值参数复制一份得到 $\mathbf{w}_{目标}$，在计算 U_t 时用 $\mathbf{w}_{目标}$ 计算。基于这一方法，V. Mnih 等在 2015 年发表了论文《Human-level control through deep reinforcement learning》，提出了**目标网络**（target network）这一概念。目标网络是在原有的神经网络之外再搭建一份结构完全相同的网络。原先就有的神经网络称为**评估网络**（evaluation network）。在学习的过程中，使用目标网络来进行自益得到回报的评估值，作为学习的目标。在权重更新的过程中，只更新评估网络的权重，而不更新目标网络的权重。这样，更新权重时针对的目标不会在每次迭代都变化，是一个固定的目标。在完成一

定次数的更新后，再将评估网络的权重值赋给目标网络，进而进行下一批更新。这样，目标网络也能得到更新。由于在目标网络没有变化的一段时间内回报的估计是相对固定的，目标网络的引入增加了学习的稳定性。所以，目标网络目前已经成为深度Q学习的主流做法。

算法6-9给出了带目标网络的深度Q学习算法。算法开始时将评估网络和目标网络初始化为相同的值。为了得到好的训练效果，应当按照神经网络的相关规则仔细初始化神经网络的参数。

算法6-9　带经验回放和目标网络的深度Q学习最优策略求解

1.（初始化）初始化评估网络 $q(\cdot,\cdot;\mathbf{w})$ 的参数 $\mathbf{w}$；目标网络 $q(\cdot,\cdot;\mathbf{w}_{目标})$ 的参数 $\mathbf{w}_{目标} \leftarrow \mathbf{w}$。

2. 逐回合执行以下操作。

　2.1（初始化状态）选择状态 S。

　2.2 如果回合未结束，执行以下操作：

　　2.2.1（采样）根据 $q(S,\cdot;\mathbf{w})$ 选择动作 A 并执行，观测得到奖励 R 和新状态 S'；

　　2.2.2（经验存储）将经验 (S,A,R,S') 存入经验库 $\mathcal{D}$ 中；

　　2.2.3（经验回放）从经验库 $\mathcal{D}$ 中选取一批经验 (S_i,A_i,R_i,S_i')（$i\in\mathcal{B}$）；

　　2.2.4（计算回报的估计值）$U_i \leftarrow R_i + \gamma \max_a q(S_i',a;\mathbf{w}_{目标})$（$i\in\mathcal{B}$）；

　　2.2.5（更新动作价值函数）更新 $\mathbf{w}$ 以减小 $\frac{1}{|\mathcal{B}|}\sum_{i\in\mathcal{B}}\left[U_i - q(S_i,A_i;\mathbf{w})\right]^2$（如 $\mathbf{w}\leftarrow\mathbf{w}+\alpha\frac{1}{|\mathcal{B}|}\sum_{i\in\mathcal{B}}\left[U_i - q(S_i,A_i;\mathbf{w})\right]\nabla q(S_i,A_i;\mathbf{w})$）；

　　2.2.6 $S\leftarrow S'$；

　　2.2.7（更新目标网络）在一定条件下（例如访问本步若干次）更新目标网络的权重 $\mathbf{w}_{目标}\leftarrow\mathbf{w}$。

在更新目标网络时，可以简单地把评估网络的参数直接赋值给目标网络（即 $\mathbf{w}_{目标}\leftarrow\mathbf{w}$），也可以引入一个学习率 $\alpha_{目标}$ 把旧的目标网络参数和新的评估网络参数直接做加权平均后的值赋值给目标网络（即 $\mathbf{w}_{目标}\leftarrow(1-\alpha_{目标})\mathbf{w}_{目标}+\alpha_{目标}\mathbf{w}$）。事实上，直接赋值的版本是带学习率版本在 $\alpha_{目标}=1$ 时的特例。对于分布式学习的情形，有很多独立的拷贝（worker）同时会修改目标网络，则就更常用学习率 $\alpha_{目标}\in(0,1)$。

6.4.3　双重深度Q网络

第5章曾提到Q学习会带来最大化偏差，而双重Q学习却可以消除最大化偏差。基于查找表的双重Q学习引入了两个动作价值的估计 $q^{(0)}$ 和 $q^{(1)}$，每次更新动作价值时用其中的一个网络确定动作，用确定的动作和另外一个网络来估计回报。

对于深度 Q 学习也有同样的结论。Deepmind 于 2015 年发表论文《Deep reinforcement learning with double Q-learning》，将双重 Q 学习用于深度 Q 网络，得到了**双重深度 Q 网络**（Double Deep Q Network，Double DQN）。考虑到深度 Q 网络已经有了评估网络和目标网络两个网络，所以双重深度 Q 学习在估计回报时只需要用评估网络确定动作，用目标网络确定回报的估计即可。所以，只需要将算法 6-10 中的

$$U_i \leftarrow R_i + \gamma \max_a q\left(S_i', a; \mathbf{w}_{目标}\right)$$

更换为

$$U_i \leftarrow R_i + \gamma q\left(S_i', \arg\max_a q\left(S_i', a; \mathbf{w}\right); \mathbf{w}_{目标}\right)$$

就得到了带经验回放的双重深度 Q 网络算法。

6.4.4 决斗深度 Q 网络

Z. Wang 等在 2015 年发表论文《Dueling network architectures for deep reinforcement learning》，提出了一种神经网络的结构——**决斗网络**（duel network）。决斗网络理论利用动作价值函数和状态价值函数之差定义了一个新的函数——**优势函数**（advantage function）：

$$a(s,a) = q(s,a) - v(s), \quad s \in \mathcal{S}, a \in \mathcal{A}$$

决斗 Q 网络仍然用 $q(\mathbf{w})$ 来估计动作价值，只不过这时候 $q(\mathbf{w})$ 是状态价值估计 $v(s;\mathbf{w})$ 和优势函数估计 $a(s,a;\mathbf{w})$ 的叠加，即

$$q(s,a;\mathbf{w}) = v(s;\mathbf{w}) + a(s,a;\mathbf{w})$$

其中 $v(\mathbf{w})$ 和 $a(\mathbf{w})$ 可能都只用到了 $\mathbf{w}$ 中的部分参数。在训练的过程中，$v(\mathbf{w})$ 和 $a(\mathbf{w})$ 是共同训练的，训练过程和单独训练普通深度 Q 网络并无不同之处。

不过，同一个 $q(\mathbf{w})$ 事实上存在着无穷多种分解为 $v(\mathbf{w})$ 和 $a(\mathbf{w})$ 的方式。如果某个 $q(s,a;\mathbf{w})$ 可以分解为某个 $v(s;\mathbf{w})$ 和 $a(s,a;\mathbf{w})$，那么它也能分解为 $v(s;\mathbf{w})+c(s)$ 和 $a(s,a;\mathbf{w})-c(s)$，其中 $c(s)$ 是任意一个只和状态 s 有关的函数。为了不给训练带来不必要的麻烦，往往可以通过增加一个由优势函数导出的量，使得等效的优势函数满足固定的特征，使得分解唯一。常见的方法有以下两种：

- 考虑优势函数的最大值，令

$$q(s,a;\mathbf{w}) = v(s;\mathbf{w}) + a(s,a;\mathbf{w}) - \max_{a \in \mathcal{A}} a(s,a;\mathbf{w})$$

使得等效优势函数 $a_{等效}(s,a;\mathbf{w}) = a(s,a;\mathbf{w}) - \max_{a \in \mathcal{A}} a(s,a;\mathbf{w})$ 满足

$$\max_{a \in \mathcal{A}} a_{等效}(s,a;\mathbf{w}) = 0, \quad s \in \mathcal{S}$$

- 考虑优势函数的平均值，令

$$q(s,a;\mathbf{w}) = v(s;\mathbf{w}) + a(s,a;\mathbf{w}) - \frac{1}{|\mathcal{A}|}\sum_{a\in\mathcal{A}} a(s,a;\mathbf{w})$$

使得等效优势函数 $a_{等效}(s,a;\mathbf{w}) = a(s,a;\mathbf{w}) - \frac{1}{|\mathcal{A}|}\sum_{a\in\mathcal{A}} a(s,a;\mathbf{w})$ 满足

$$\sum_{a\in\mathcal{A}} a_{等效}(s,a;\mathbf{w}) = 0,\quad s\in\mathcal{S}$$

6.5 案例：小车上山

本节考虑一个经典的控制问题：小车上山（MountainCar-v0）。如图 6-1 所示，一个小车在一段范围内行驶。在任一时刻，在水平方向看，小车位置的范围是 $[-1.2,0.6]$，速度的范围是 $[-0.07,0.07]$。在每个时刻，智能体可以对小车施加 3 种动作中的一种：向左施力、不施力、向右施力。智能体施力和小车的水平位置会共同决定小车下一时刻的速度。当某时刻小车的水平位置大于 0.5 时，控制目标成功达成，回合结束。控制的目标是让小车以尽可能少的步骤达到目标。一般认为，如果智能体在连续 100 个回合中的平均步数≤ 110，就认为问题解决了。

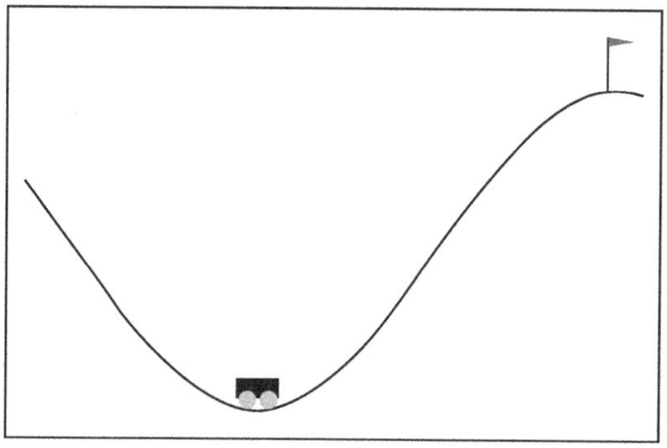

图 6-1　小车上山问题

在绝大多数情况下，智能体简单向右施力并不足以让小车成功越过目标。

本节假设智能体并不知道环境确定小车位置和速度的数学表达式。事实上，小车的位置和速度是有数学表达式的。记第 t 时刻（$t=0,1,2,\ldots$）小车的位置为 X_t（$X_t\in[-1.2,0.6]$），速度为 V_t（$V_t\in[-0.07,0.07]$），智能体施力为 $A_t\in\{0,1,2\}$，初始状态 $X_0\in[-0.6,-0.4)$，$V_0=0$。从 t 时刻到 $t+1$ 时刻的更新式为

$$\begin{aligned}X_{t+1} &= \operatorname{clip}(X_t+V_t,-1.2,0.6)\\ V_{t+1} &= \operatorname{clip}(V_t+0.001(A_t-1)-0.0025\cos(3X_t),-0.07,0.07)\end{aligned}$$

其中限制函数 clip() 限制了位置和速度的范围：

$$\operatorname{clip}(x,x_{\min},x_{\max}) = \begin{cases} x_{\min}, & x\leqslant x_{\min}\\ x, & x_{\min}<x<x_{\max}\\ x_{\max}, & x\geqslant x_{\max}\end{cases}$$

6.5.1　实验环境使用

Gym 库内置的环境 'MountainCar-v0' 已经实现了小车上山环境。在这个环境中，每一步的奖励都是 –1，回合的回报的值就是总步数的负数。代码清单 6-1 导入了这个环境，并查看其状态空间和动作空间，以及位置和速度的参数。代码清单 6-2 试图使用这个环境。在代码清单 6-2 中的策略总是试图向右对小车施力。程序运行结果表明，仅仅简单地向右施力，是不可能让小车达到目标的。为了避免程序无穷尽地运行下去，这里限制了回合最大的步数为 200。

代码清单 6-1　导入小车上山环境

```
import gym
env = gym.make('MountainCar-v0')
env = env.unwrapped
print('观测空间 = {}'.format(env.observation_space))
print('动作空间 = {}'.format(env.action_space))
print('位置范围 = {}'.format((env.min_position, env.max_position)))
print('速度范围 = {}'.format((-env.max_speed, env.max_speed)))
print('目标位置 = {}'.format(env.goal_position))
```

代码清单 6-2　总是向右施力的智能体

```
positions, velocities = [], []
observation = env.reset()
while True:
    positions.append(observation[0])
    velocities.append(observation[1])
    next_observation, reward, done, _ = env.step(2)
    if done:
        break
    observation = next_observation

if next_observation[0] > 0.5:
    print('成功到达')
else:
    print('失败退出')

# 绘制位置和速度图像
fig, ax = plt.subplots()
ax.plot(positions, label='position')
ax.plot(velocities, label='velocity')
ax.legend()
fig.show();
```

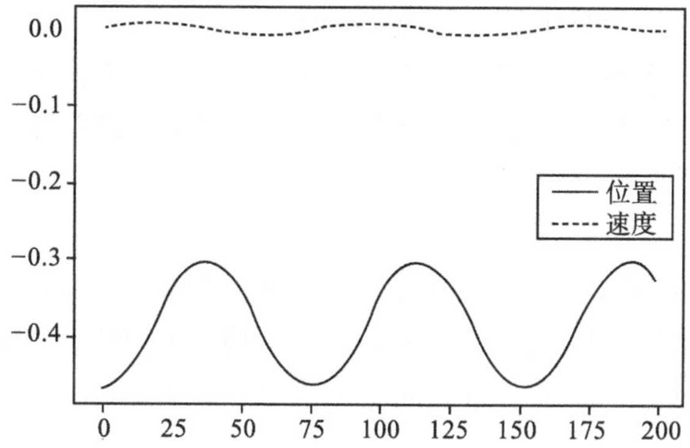

图 6-2 总是向右施力时小车的位置和速度

6.5.2 用线性近似求解最优策略

本节我们将用形如 $q(s,a)=\left[\mathbf{x}(s,a)\right]^{\mathrm{T}}\mathbf{w}$ 的线性组合来近似动作价值函数，求解最优策略。

在这个问题中，位置和速度都是连续的变量。要从连续空间中导出数目有限的特征，最简单的方法是采用**独热编码**（one-hot coding）。如图 6-3a 所示：在二维的“位置 - 速度”空间中，我们可将其划分为许多小格。位置轴范围总长是 $l_{位置}$，每个小格的宽度是 $\delta_{位置}$，那么位置轴有 $b_{位置}=\left\lceil l_{位置}\div\delta_{位置}\right\rceil$ 个小格；同理，速度范围总长 $l_{速度}$，每个小格长度 $\delta_{速度}$，有 $b_{速度}=\left\lceil l_{速度}\div\delta_{速度}\right\rceil$ 个小格。这样，整个空间有 $b_{位置}b_{速度}$ 个小格。每个小格对应一个特征：当位置速度对位于某个小格时，那个小格对应的特征为 1，其他小格对应的特征均为 0。这样，独热编码就从连续的空间中提取出了 $b_{位置}b_{速度}$ 个特征。采用独热编码后得到的价值函数，对于同一网格内的所有位置速度对，其价值函数的估计都是相同的。所以这只是一种近似。如果要让近似更准确，就要让每个小格的长度 $\delta_{位置}$ 和 $\delta_{速度}$ 更小。但是，这样会增大特征的数目 $b_{位置}b_{速度}$。

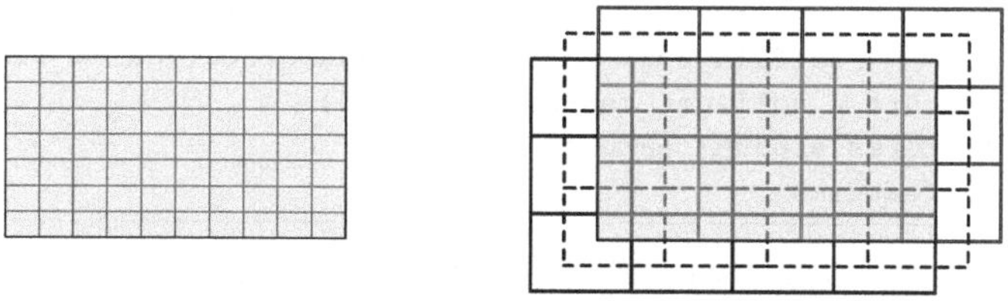

a）独热编码　　b）砖瓦编码

图 6-3 独热编码和砖瓦编码（阴影部分是状态空间）

砖瓦编码（tile coding）可以在精度相同的情况下减少特征数目。如图 6-3b 所示，砖瓦编码引入了多层大网格。本节用的 m 层砖瓦编码，每层的大网格都是原来独热编码小格的 m 位宽、m 位长。在相邻两层之间，在两个维度上都偏移一个独热编码的小格。对于任意的位置速度对，它在每一层都会落在某个大网格里。这样，我们可以让每层中大网格对应的特征为 1，其他特征为 0。综合考虑所有层，总共大致有 $b_{位置}b_{速度}/m$ 个特征，特征数大大减小。

代码清单 6-3 中的 TileCoder 类实现了砖瓦编码。构造 TileCoder 类需要两个参数：参数 layers 表示要用几层砖瓦编码；参数 features 表示砖瓦编码应该得到多少特征，即 $x(s,a)$ 的维度，它也是 $\mathbf{w}$ 的维度。构造 TileCoder 类对象后，就可以调用这个对象找到每个数据激活了哪些特征。调用的参数 floats 输入 $[0,1]$ 间的浮点数的 tuple，参数 ints 输入 int 元素的 tuple（不参与砖瓦编码）；返回 int 型列表，表示激活的参数指标。

代码清单 6-3　砖瓦编码的实现

```
class TileCoder:
    def __init__(self, layers, features):
        self.layers = layers
        self.features = features
        self.codebook = {}

    def get_feature(self, codeword):
        if codeword in self.codebook:
            return self.codebook[codeword]
        count = len(self.codebook)
        if count >= self.features: # 冲突处理
            return hash(codeword) % self.features
        else:
            self.codebook[codeword] = count
            return count

    def __call__(self, floats=(), ints=()):
        dim = len(floats)
        scaled_floats = tuple(f * self.layers * self.layers for f in floats)
        features = []
        for layer in range(self.layers):
            codeword = (layer,) + tuple(int((f + (1 + dim * i) * layer) /
                    self.layers) for i, f in enumerate(scaled_floats)) + ints
            feature = self.get_feature(codeword)
            features.append(feature)
        return features
```

在小车上山任务中，如果我们对观测空间选取 8 层的砖瓦编码，那么观测空间第 0 层有 $8\times8=64$ 个砖瓦，剩下 $8-1=7$ 层有 $(8+1)\times(8+1)=81$ 个砖瓦，一共有 $64+7\times81=631$ 个砖瓦。再考虑到动作有 3 种可能的取值，那么总共有 $631\times3=1893$ 个特征。

接下来，我们运用砖瓦编码来实现函数近似的智能体。代码清单 6-4 和代码清单 6-5 分别给出了函数近似 SARSA 算法的智能体类 SARSAAgent 和函数近似 SARSA(λ) 的智能体类 SARSALambdaAgent，它和上一章代码清单 5-3 中的 play_sarsa() 函数配合就可以实现函数近似 SARSA 算法和函数近似 SARSA(λ) 算法。

代码清单 6-4 函数近似 SARSA 算法智能体

```
class SARSAAgent:
    def __init__(self, env, layers=8, features=1893, gamma=1.,
                learning_rate=0.03, epsilon=0.001):
        self.action_n = env.action_space.n # 动作数
        self.obs_low = env.observation_space.low
        self.obs_scale = env.observation_space.high - \
                env.observation_space.low # 观测空间范围
        self.encoder = TileCoder(layers, features) # 砖瓦编码器
        self.w = np.zeros(features) # 权重
        self.gamma = gamma # 折扣
        self.learning_rate = learning_rate # 学习率
        self.epsilon = epsilon # 探索

    def encode(self, observation, action): # 编码
        states = tuple((observation - self.obs_low) / self.obs_scale)
        actions = (action,)
        return self.encoder(states, actions)

    def get_q(self, observation, action): # 动作价值
        features = self.encode(observation, action)
        return self.w[features].sum()

    def decide(self, observation): # 判决
        if np.random.rand() < self.epsilon:
            return np.random.randint(self.action_n)
        else:
            qs = [self.get_q(observation, action) for action in
                    range(self.action_n)]
            return np.argmax(qs)

    def learn(self, observation, action, reward,
            next_observation, done, next_action): # 学习
        u = reward + (1. - done) * self.gamma * \
                self.get_q(next_observation, next_action)
        td_error = u - self.get_q(observation, action)
        features = self.encode(observation, action)
        self.w[features] += (self.learning_rate * td_error)

agent = SARSAAgent(env)
```

代码清单 6-5 函数近似 SARSA(λ) 智能体

```
class SARSALambdaAgent(SARSAAgent):
    def __init__(self, env, layers=8, features=1893, gamma=1.,
            learning_rate=0.03, epsilon=0.001, lambd=0.9):
```

```
        super().__init__(env=env, layers=layers, features=features,
                gamma=gamma, learning_rate=learning_rate, epsilon=epsilon)
        self.lambd = lambd
        self.z = np.zeros(features) # 初始化资格迹

    def learn(self, observation, action, reward, next_observation, done,
            next_action):
        u = reward
        if not done:
            u += (self.gamma * self.get_q(next_observation, next_action))
            self.z *= (self.gamma * self.lambd)
            features = self.encode(observation, action)
            self.z[features] = 1. # 替换迹
        td_error = u - self.get_q(observation, action)
        self.w += (self.learning_rate * td_error * self.z)
        if done:
            self.z = np.zeros_like(self.z) # 为下一回合初始化资格迹

agent = SARSALambdaAgent(env)
```

运用环境对象 env 和构造好的智能体对象 agent，我们就可以用函数 play_sarsa() 训练智能体。智能体训练的代码如上一章的代码清单 5-4 所示。训练完毕后的智能体可以用上一章的代码清单 5-5 进行测试。对于训练了 300 个回合的 SARSAAgent，平均回合奖励可以达到 –121 左右；对于训练了 150 个回合的 SARSALambdaAgent，平均回合奖励可以达到 –107 左右。在这个实现中，SARSA(λ)算法比 SARSA 算法更为高效。事实上，SARSA(λ)算法是针对小车上山这个任务最有效的方法之一。

6.5.3　用深度 Q 学习求解最优策略

本节我们使用带经验回放的深度 Q 学习来求解最优策略。

首先我们来看经验回放。代码清单 6-6 中的类 DQNReplayer 实现了经验回放。构造这个类的参数中有个 int 型的参数 capacity，表示存储空间最多可以存储几条经验。当要存储的经验数超过 capacity 时，会用最新的经验覆盖最早存入的经验。

代码清单 6-6　经验回放的实现

```
class DQNReplayer:
    def __init__(self, capacity):
        self.memory = pd.DataFrame(index=range(capacity),
                columns=['observation', 'action', 'reward',
                'next_observation', 'done'])
        self.i = 0
        self.count = 0
        self.capacity = capacity

    def store(self, *args):
        self.memory.loc[self.i] = args
```

```
        self.i = (self.i + 1) % self.capacity
        self.count = min(self.count + 1, self.capacity)

    def sample(self, size):
        indices = np.random.choice(self.count, size=size)
        return (np.stack(self.memory.loc[indices, field]) for field in
                self.memory.columns)
```

接下来我们来看函数近似部分。函数近似采用了矢量形式的近似函数 $\mathbf{q}(s;\mathbf{w}), s\in\mathcal{S}$，近似函数的形式为全连接神经网络。代码清单 6-7 和代码清单 6-8 分别实现了带目标网络的深度 Q 学习智能体和双重 Q 学习智能体。它们和上一章代码清单 5-6 中的 play_qlearning() 函数结合，就实现了带目标网络的深度 Q 学习算法和双重 Q 学习算法。

代码清单 6-7　带目标网络的深度 Q 学习智能体

```
class DQNAgent:
    def __init__(self, env, net_kwargs={}, gamma=0.99, epsilon=0.001,
            replayer_capacity=10000, batch_size=64):
        observation_dim = env.observation_space.shape[0]
        self.action_n = env.action_space.n
        self.gamma = gamma
        self.epsilon = epsilon

        self.batch_size = batch_size
        self.replayer = DQNReplayer(replayer_capacity) # 经验回放

        self.evaluate_net = self.build_network(input_size=observation_dim,
                output_size=self.action_n, **net_kwargs) # 评估网络
        self.target_net = self.build_network(input_size=observation_dim,
                output_size=self.action_n, **net_kwargs) # 目标网络

        self.target_net.set_weights(self.evaluate_net.get_weights())

    def build_network(self, input_size, hidden_sizes, output_size,
                activation=tf.nn.relu, output_activation=None,
                learning_rate=0.01): # 构建网络
        model = keras.Sequential()
        for layer, hidden_size in enumerate(hidden_sizes):
            kwargs = dict(input_shape=(input_size,)) if not layer else {}
            model.add(keras.layers.Dense(units=hidden_size,
                    activation=activation,
                    kernel_initializer=GlorotUniform(seed=0), **kwargs))
        model.add(keras.layers.Dense(units=output_size,
                activation=output_activation,
                kernel_initializer=GlorotUniform(seed=0))) # 输出层
        optimizer = keras.optimizers.Adam(lr=learning_rate)
        model.compile(loss='mse', optimizer=optimizer)
        return model

    def learn(self, observation, action, reward, next_observation, done):
```

```
        self.replayer.store(observation, action, reward, next_observation,
                done) # 存储经验

        observations, actions, rewards, next_observations, dones = \
                self.replayer.sample(self.batch_size) # 经验回放

        next_qs = self.target_net.predict(next_observations)
        next_max_qs = next_qs.max(axis=-1)
        us = rewards + self.gamma * (1. - dones) * next_max_qs
        targets = self.evaluate_net.predict(observations)
        targets[np.arange(us.shape[0]), actions] = us
        self.evaluate_net.fit(observations, targets, verbose=0)

        if done: # 更新目标网络
            self.target_net.set_weights(self.evaluate_net.get_weights())

    def decide(self, observation): # epsilon贪心策略
        if np.random.rand() < self.epsilon:
            return np.random.randint(self.action_n)
        qs = self.evaluate_net.predict(observation[np.newaxis])
        return np.argmax(qs)

net_kwargs = {'hidden_sizes' : [64,], 'learning_rate' : 0.01}
agent = DQNAgent(env, net_kwargs=net_kwargs)
```

代码清单 6-8 双重深度 Q 学习智能体

```
class DoubleDQNAgent(DQNAgent):
    def learn(self, observation, action, reward, next_observation, done):
        self.replayer.store(observation, action, reward, next_observation,
                done) # 存储经验
        observations, actions, rewards, next_observations, dones = \
                self.replayer.sample(self.batch_size) # 经验回放
        next_eval_qs = self.evaluate_net.predict(next_observations)
        next_actions = next_eval_qs.argmax(axis=-1)
        next_qs = self.target_net.predict(next_observations)
        next_max_qs = next_qs[np.arange(next_qs.shape[0]), next_actions]
        us = rewards + self.gamma * next_max_qs * (1. - dones)
        targets = self.evaluate_net.predict(observations)
        targets[np.arange(us.shape[0]), actions] = us
        self.evaluate_net.fit(observations, targets, verbose=0)

        if done:
            self.target_net.set_weights(self.evaluate_net.get_weights())

net_kwargs = {'hidden_sizes' : [64,], 'learning_rate' : 0.01}
agent = DoubleDQNAgent(env, net_kwargs=net_kwargs)
```

注意：① 本书中有关深度学习的代码使用了 TensorFlow 来实现，并同时兼容 TensorFlow 1.X 的最新稳定版本和 TensorFlow 2.X 的最新稳定版本。当然，你也可以不使用 TensorFlow，而使用 Keras 或 PyTorch 等其他深度学习库。如果需要使用 Keras 或 PyTorch 等其他库，只需要修改智能体类即可。

② 对于基于 TensorFlow 的程序，即使已经设置了随机数的种子，也不能保证完全复现。所以，运行结果有差异是正常现象。由于结果不能完全复现，所以本书不提供涉及 TensorFlow 程序的代码的运行结果。想要参阅本书作者运行结果的可以到本书代码页面上查看。与此同时，你可能需要对参数进行微调，才能在自己的计算机上获得和本书代码页面匹配的结果。

得到环境和智能体后，就可以用上一章的代码清单 5-8 进行训练，用上一章的代码清单 5-9 进行测试。深度 Q 学习的结果应该略逊于 SARSA(λ) 算法。

6.6 本章小结

本章介绍了函数近似方法的一般理论，包括基于回报的随机梯度下降和基于自益目标的半梯度下降。本章还介绍了近似函数的两种主要形式：线性近似和人工神经网络。另外，我们还讨论了函数近似的收敛性。

第 4 ～ 6 章介绍的强化学习都是基于价值的强化学习方法。后续的第 7 ～ 9 章将介绍基于策略梯度的强化学习算法。本章的函数近似方法也会用到后续章节中，不仅用于近似价值函数，还可以用来近似策略。

本章要点

- 函数近似方法用带参数的函数来近似精确的估计值（如状态价值估计或动作价值估计）。
- 在没有自益的情况下使用随机梯度下降学习，在有自益的情况下使用半梯度下降学习。半梯度下降只对价值估计求梯度，不对自益的目标求梯度。
- 函数近似可以和资格迹配合使用。资格迹的方向表示价值参数更新的方向。
- 异策、自益、函数近似三者同时出现时，不能保证收敛。
- 常见的近似函数有线性函数和神经网络。
- 使用批处理可以使学习更加稳定。
- 对于线性近似的批处理，可以用线性最小二乘评估策略或最优策略进行求解。
- 精确的查找表可以看作一种特殊的线性近似。

- 砖瓦编码是粗编码的一种，常用于从连续空间提取有限个特征。
- 深度Q学习用神经网络近似动作价值函数，是深度强化学习算法。
- 经验回放先将经验存储起来，再以一定规则采样进行学习。经验回放使得数据的概率变得稳定。均匀回放等概率采样存储中的经验。优先采样以较大概率采样时序差分误差比较大的经验。
- 深度Q学习可以使用目标网络实现半梯度下降。
- 双重深度Q网络在估计回报时，用评估网络确定动作，用目标网络计算下一步的动作价值。
- 决斗Q网络将估计动作价值的神经网络的结构设计为估计状态价值的网络和估计优势函数的网络的叠加。

CHAPTER 7

第 7 章

回合更新策略梯度方法

本书前几章的算法都利用了价值函数，在求解最优策略的过程中试图估计最优价值函数，所以那些算法都称为**最优价值算法**（optimal value algorithm）。但是，要求解最优策略不一定要估计最优价值函数。本章将介绍不直接估计最优价值函数的强化学习算法，它们试图用含参函数近似最优策略，并通过迭代更新参数值。由于迭代过程与策略的梯度有关，所以这样的迭代算法又称为**策略梯度算法**（policy gradient algorithm）。

7.1 策略梯度算法的原理

基于策略的策略梯度算法有两大核心思想：

- 用含参函数近似最优策略；
- 用策略梯度优化策略参数。

本节介绍这两部分内容。

7.1.1 函数近似与动作偏好

用函数近似方法估计最优策略 $\pi_*(a|s)$ 的基本思想是用含参函数 $\pi(a|s;\boldsymbol{\theta})$ 来近似最优策略。由于任意策略 π 都需要满足对于任意的状态 $s\in\mathcal{S}$，均有 $\sum_a \pi(a|s)=1$，我们也希望 $\pi(a|s;\boldsymbol{\theta})$ 满足对于任意的状态 $s\in\mathcal{S}$，均有 $\sum_a \pi(a|s;\boldsymbol{\theta})=1$。为此引入**动作偏好函数**（action preference function）$h(s,a;\boldsymbol{\theta})$，其 softmax 的值为 $\pi(a|s;\boldsymbol{\theta})$，即

$$\pi(a|s;\boldsymbol{\theta})=\frac{\exp h(s,a;\boldsymbol{\theta})}{\sum_{a'}\exp h(s,a';\boldsymbol{\theta})},\quad s\in\mathcal{S},a\in\mathcal{A}(s)$$

在第 5 ～ 6 章中，从动作价值函数导出最优策略估计往往有特定的形式（如 ε 贪心策略）。与之相比，从动作偏好导出的最优策略的估计不拘泥于特定的形式，其每个动作都可以有不同的概率值，形式更加灵活。如果采用迭代方法更新参数 $\boldsymbol{\theta}$，随着迭代的进行，$\pi(a|s;\boldsymbol{\theta})$ 可以自然而然地逼近确定性策略，而不需要手动调节 ε 等参数。

动作偏好函数可以具有线性组合、人工神经网络等多种形式。在确定动作偏好的形式后，只需要再确定参数 $\boldsymbol{\theta}$ 的值，就可以确定整个最优状态估计。参数 $\boldsymbol{\theta}$ 的值常通过基于梯度的迭代算法更新，所以，动作偏好函数往往需要对参数 $\boldsymbol{\theta}$ 可导。

7.1.2 策略梯度定理

策略梯度定理给出了期望回报和策略梯度之间的关系，是策略梯度方法的基础。本节学习策略梯度定理。

在回合制任务中，策略 $\pi(\boldsymbol{\theta})$ 期望回报可以表示为 $\mathrm{E}_{\pi(\boldsymbol{\theta})}[G_0]$。**策略梯度定理**（policy gradient theorem）给出了它对策略参数 $\boldsymbol{\theta}$ 的梯度为

$$\nabla \mathrm{E}_{\pi(\boldsymbol{\theta})}[G_0]=\mathrm{E}\left[\sum_{t=0}^{+\infty}\gamma^t G_t \nabla \ln\pi(A_t|S_t;\boldsymbol{\theta})\right]$$

其等式右边是和的期望，求和的 $\gamma^t G_t \nabla \ln\pi(A_t|S_t;\boldsymbol{\theta})$ 中，只有 $\nabla \ln\pi(A_t|S_t;\boldsymbol{\theta})$ 显式含有参数 $\boldsymbol{\theta}$。

策略梯度定理告诉我们，只要知道了 $\nabla \ln\pi(A_t|S_t;\boldsymbol{\theta})$ 的值，再配合其他一些容易获得的值（如 γ^t 和 G_t），就可以得到期望回报的梯度。这样，我们也可以顺着梯度方向改变 $\boldsymbol{\theta}$ 以增大期望回报。

接下来我们来证明这个定理。回顾第 2 章，策略 $\pi(\boldsymbol{\theta})$ 满足 Bellman 期望方程，即

$$\begin{aligned}
&v_{\pi(\boldsymbol{\theta})}(s)=\sum_a \pi(a|s;\boldsymbol{\theta})q_{\pi(\boldsymbol{\theta})}(s,a), && s\in\mathcal{S}\\
&q_{\pi(\boldsymbol{\theta})}(s,a)=r(s,a)+\gamma\sum_{s'}p(s'|s,a)v_{\pi(\boldsymbol{\theta})}(s'), && s\in\mathcal{S},a\in\mathcal{A}(s)
\end{aligned}$$

将以上两式对 $\boldsymbol{\theta}$ 求梯度，有

$$\begin{aligned}
&\nabla v_{\pi(\boldsymbol{\theta})}(s)=\sum_a q_{\pi(\boldsymbol{\theta})}(s,a)\nabla\pi(a|s;\boldsymbol{\theta})+\sum_a \pi(a|s;\boldsymbol{\theta})\nabla q_{\pi(\boldsymbol{\theta})}(s,a), && s\in\mathcal{S}\\
&\nabla q_{\pi(\boldsymbol{\theta})}(s,a)=\gamma\sum_{s'}p(s'|s,a)\nabla v_{\pi(\boldsymbol{\theta})}(s'), && s\in\mathcal{S},a\in\mathcal{A}(s)
\end{aligned}$$

将 $\nabla q_{\pi(\boldsymbol{\theta})}(s,a)$ 的表达式代入 $\nabla v_{\pi(\boldsymbol{\theta})}(s)$ 的表达式中，有

$$\begin{aligned}
\nabla v_{\pi(\boldsymbol{\theta})}(s)&=\sum_a q_{\pi(\boldsymbol{\theta})}(s,a)\nabla\pi(a|s;\boldsymbol{\theta})+\sum_a \pi(a|s;\boldsymbol{\theta})\gamma\sum_{s'}p(s'|s,a)\nabla v_{\pi(\boldsymbol{\theta})}(s')\\
&=\sum_a q_{\pi(\boldsymbol{\theta})}(s,a)\nabla\pi(a|s;\boldsymbol{\theta})+\sum_{s'}\Pr[S_{t+1}=s'|S_t=s;\boldsymbol{\theta}]\gamma\nabla v_{\pi(\boldsymbol{\theta})}(s'), \quad s\in\mathcal{S}
\end{aligned}$$

在策略 $\pi(\boldsymbol{\theta})$ 下，对 S_t 求上式的期望，有

$$\begin{aligned}
&\mathrm{E}\left[\nabla v_{\pi(\boldsymbol{\theta})}(S_t)\right]\\
&=\sum_s \Pr[S_t=s]\nabla v_{\pi(\boldsymbol{\theta})}(s)
\end{aligned}$$

$$
\begin{aligned}
&=\sum_{s}\Pr[S_t=s]\left[\sum_{a}q_{\pi(\boldsymbol\theta)}(s,a)\nabla\pi(a\,|\,s;\boldsymbol\theta)+\sum_{s'}\Pr[S_{t+1}=s'\,|\,S_t=s;\boldsymbol\theta]\gamma\nabla v_{\pi(\boldsymbol\theta)}(s')\right]\\
&=\sum_{s}\Pr[S_t=s]\sum_{a}q_{\pi(\boldsymbol\theta)}(s,a)\nabla\pi(a\,|\,s;\boldsymbol\theta)+\sum_{s}\Pr[S_t=s]\sum_{s'}\Pr[S_{t+1}=s'\,|\,S_t=s;\boldsymbol\theta]\gamma\nabla v_{\pi(\boldsymbol\theta)}(s')\\
&=\sum_{s}\Pr[S_t=s]\sum_{a}q_{\pi(\boldsymbol\theta)}(s,a)\nabla\pi(a\,|\,s;\boldsymbol\theta)+\gamma\sum_{s'}\Pr[S_{t+1}=s';\boldsymbol\theta]\nabla v_{\pi(\boldsymbol\theta)}(s')\\
&=\mathrm{E}\left[\sum_{a}q_{\pi(\boldsymbol\theta)}(S_t,a)\nabla\pi(a\,|\,S_t;\boldsymbol\theta)\right]+\gamma\,\mathrm{E}\left[\nabla v_{\pi(\boldsymbol\theta)}(S_{t+1})\right]
\end{aligned}
$$

这样就得到了从 $\mathrm{E}\left[\nabla v_{\pi(\boldsymbol\theta)}(S_t)\right]$ 到 $\mathrm{E}\left[\nabla v_{\pi(\boldsymbol\theta)}(S_{t+1})\right]$ 的递推式。注意到最终关注的梯度值就是

$$
\nabla\mathrm{E}_{\pi(\boldsymbol\theta)}[G_0]=\nabla\mathrm{E}\left[v_{\pi(\boldsymbol\theta)}(S_0)\right]=\mathrm{E}\left[\nabla v_{\pi(\boldsymbol\theta)}(S_0)\right]
$$

所以有

$$
\begin{aligned}
&\nabla\mathrm{E}_{\pi(\boldsymbol\theta)}[G_0]=\mathrm{E}\left[\nabla v_{\pi(\boldsymbol\theta)}(S_0)\right]\\
&\quad=\mathrm{E}\left[\sum_{a}q_{\pi(\boldsymbol\theta)}(S_0,a)\nabla\pi(a\,|\,S_0;\boldsymbol\theta)\right]+\gamma\,\mathrm{E}\left[\nabla v_{\pi(\boldsymbol\theta)}(S_1)\right]\\
&\quad=\mathrm{E}\left[\sum_{a}q_{\pi(\boldsymbol\theta)}(S_0,a)\nabla\pi(a\,|\,S_0;\boldsymbol\theta)\right]+\mathrm{E}\left[\sum_{a}\gamma q_{\pi(\boldsymbol\theta)}(S_1,a)\nabla\pi(a\,|\,S_1;\boldsymbol\theta)\right]+\gamma^2\,\mathrm{E}\left[\nabla v_{\pi(\boldsymbol\theta)}(S_2)\right]\\
&\quad=\cdots\\
&\quad=\sum_{t=0}^{+\infty}\mathrm{E}\left[\sum_{a}\gamma^t q_{\pi(\boldsymbol\theta)}(S_t,a)\nabla\pi(a\,|\,S_t;\boldsymbol\theta)\right]
\end{aligned}
$$

考虑到

$$
\nabla\pi(a\,|\,S_t;\boldsymbol\theta)=\pi(a\,|\,S_t;\boldsymbol\theta)\nabla\ln\pi(a\,|\,S_t;\boldsymbol\theta)
$$

所以

$$
\begin{aligned}
&\mathrm{E}\left[\sum_{a}\gamma^t q_{\pi(\boldsymbol\theta)}(S_t,a)\nabla\pi(a\,|\,S_t;\boldsymbol\theta)\right]\\
&\quad=\mathrm{E}\left[\sum_{a}\pi(a\,|\,S_t;\boldsymbol\theta)\gamma^t q_{\pi(\boldsymbol\theta)}(S_t,a)\nabla\ln\pi(a\,|\,S_t;\boldsymbol\theta)\right]\\
&\quad=\mathrm{E}\left[\gamma^t q_{\pi(\boldsymbol\theta)}(S_t,A_t)\nabla\ln\pi(A_t\,|\,S_t;\boldsymbol\theta)\right]
\end{aligned}
$$

又由于 $q_{\pi(\boldsymbol\theta)}(S_t,A_t)=\mathrm{E}[G_t\,|\,S_t,A_t]$，所以

$$
\mathrm{E}\left[\sum_{a}\gamma^t q_{\pi(\boldsymbol\theta)}(S_t,a)\nabla\pi(a\,|\,S_t;\boldsymbol\theta)\right]=\mathrm{E}\left[\gamma^t q_{\pi(\boldsymbol\theta)}(S_t,A_t)\nabla\ln\pi(A_t\,|\,S_t;\boldsymbol\theta)\right]=\mathrm{E}\left[\gamma^t G_t\nabla\ln\pi(A_t\,|\,S_t;\boldsymbol\theta)\right]
$$

得证。

7.2 同策回合更新策略梯度算法

策略梯度定理告诉我们，沿着 $\nabla \mathrm{E}_{\pi(\boldsymbol{\theta})}[G_0]=\mathrm{E}\left[\sum_{t=0}^{+\infty}\gamma^t G_t \nabla \ln \pi(A_t|S_t;\boldsymbol{\theta})\right]$ 的方向改变策略参数 $\boldsymbol{\theta}$ 的值，就有机会增加期望回报。基于这一结论，可以设计策略梯度算法。本节考虑同策更新算法。

7.2.1 简单的策略梯度算法

在每一个回合结束后，我们可以就回合中的每一步用形如

$$\boldsymbol{\theta}_{t+1} \leftarrow \boldsymbol{\theta}_t + \alpha\gamma^t G_t \nabla \ln \pi(A_t|S_t;\boldsymbol{\theta}),\quad t=0,1,\ldots$$

的迭代式更新参数 $\boldsymbol{\theta}$。这样的算法称为简单的策略梯度算法（Vanilla Policy Gradient，VPG）。R. Willims 在文章《Simple statistical gradient-following algorithms for connectionist reinforcement learning》中给出了该算法，并称它为“REward Increment = Nonnegative Factor × Offset Reinforcement × Characteristic Eligibility”（REINFORCE），表示增量 $\alpha\gamma^t G_t \nabla \ln \pi(A_t|S_t;\boldsymbol{\theta})$ 是由三个部分的积组成的。这样迭代完这个回合轨迹就实现了

$$\boldsymbol{\theta} \leftarrow \boldsymbol{\theta} + \alpha\sum_{t=0}^{+\infty}\gamma^t G_t \nabla \ln \pi(A_t|S_t;\boldsymbol{\theta})$$

在具体的更新过程中，不一定要严格采用这样的形式。当采用 TensorFlow 等自动微分的软件包来学习参数时，可以定义单步的损失为 $-\gamma^t G_t \ln \pi(A_t|S_t;\boldsymbol{\theta})$，让软件包中的优化器减小整个回合中所有步的平均损失，就会沿着 $\sum_{t=0}^{+\infty}\gamma^t G_t \nabla \ln \pi(A_t|S_t;\boldsymbol{\theta})$ 的梯度方向改变 $\boldsymbol{\theta}$ 的值。

简单的策略梯度算法见算法 7-1。

算法 7-1　简单的策略梯度算法求解最优策略

输入：环境（无数学描述）。
输出：最优策略的估计 $\pi(\boldsymbol{\theta})$。
参数：优化器（隐含学习率 α），折扣因子 γ，控制回合数和回合内步数的参数。
1.（初始化）$\boldsymbol{\theta} \leftarrow$ 任意值。
2.（回合更新）对每个回合执行以下操作。
  2.1（采样）用策略 $\pi(\boldsymbol{\theta})$ 生成轨迹 $S_0,A_0,R_1,S_1,\ldots,S_{T-1},A_{T-1},R_T,S_T$。
  2.2（初始化回报）$G \leftarrow 0$。
  2.3 对 $t=T-1,T-2,\ldots,0$，执行以下步骤：
    2.3.1（更新回报）$G \leftarrow \gamma G + R_{t+1}$；
    2.3.2（更新策略）更新 $\boldsymbol{\theta}$ 以减小 $-\gamma^t G \ln \pi(A_t|S_t;\boldsymbol{\theta})$（如 $\boldsymbol{\theta} \leftarrow \boldsymbol{\theta} + \alpha\gamma^t G \nabla \ln \pi(A_t|S_t;\boldsymbol{\theta})$）。

7.2.2　带基线的简单策略梯度算法

本节介绍简单的策略梯度算法的一种改进——带基线的简单的策略梯度算法（REINFORCE with baselines）。为了降低学习过程中的方差，可以引入基线函数 $B(s)$（$s \in \mathcal{S}$）。基线函数 B 可以是任意随机函数或确定函数，它可以与状态 s 有关，但是不能和动作 a 有关。满足这样的条件后，基线函数 B 自然会满足

$$\mathrm{E}\left[\gamma^t\left(G_t - B(S_t)\right)\nabla \ln \pi(A_t \mid S_t;\boldsymbol{\theta})\right] = \mathrm{E}\left[\gamma^t G_t \nabla \ln \pi(A_t \mid S_t;\boldsymbol{\theta})\right]$$

证明如下：由于 B 与 a 无关，所以

$$\sum_a B(S_t)\nabla \pi(a \mid S_t;\boldsymbol{\theta}) = B(S_t)\nabla \sum_a \pi(a \mid S_t;\boldsymbol{\theta}) = B(S_t)\nabla 1 = 0$$

进而

$$\begin{aligned}&\mathrm{E}\left[\gamma^t\left(G_t - B(S_t)\right)\nabla \ln \pi(A_t \mid S_t;\boldsymbol{\theta})\right]\\&= \sum_a \gamma^t\left(G_t - B(S_t)\right)\nabla \pi(a \mid S_t;\boldsymbol{\theta})\\&= \sum_a \gamma^t G_t \nabla \pi(a \mid S_t;\boldsymbol{\theta})\\&= \mathrm{E}\left[\gamma^t G_t \nabla \ln \pi(A_t \mid S_t;\boldsymbol{\theta})\right]\end{aligned}$$

得证。

基线函数可以任意选择，例如以下情况。

1）选择基线函数为由轨迹确定的随机变量 $B(S_t) = -\sum_{\tau=0}^{t-1}\gamma^{\tau-t}R_{\tau+1}$，这时 $\gamma^t\left(G_t - B(S_t)\right) = G_0$，梯度的形式为 $\mathrm{E}\left[G_0 \nabla \ln \pi(A_t \mid S_t;\boldsymbol{\theta})\right]$。

2）选择基线函数为 $B(S_t) = \gamma^t v_*(S_t)$，这时梯度的形式为 $\mathrm{E}\left[\gamma^t\left(G_t - v_*(S_t)\right)\nabla \ln \pi(A_t \mid S_t;\boldsymbol{\theta})\right]$。

但是，在实际选择基线时，应当参照以下两个思想。

- 基线的选择应当有效降低方差。一个基线函数能不能降低方差不容易在理论上判别，往往需要通过实践获知。
- 基线函数应当是可以得到的。例如我们不知道最优价值函数，但是可以得到最优价值函数的估计。价值函数的估计也可以随着迭代过程更新。

一个能有效降低方差的基线是状态价值函数的估计。算法 7-2 给出了用状态价值函数的估计作为基线的算法。这个算法有两套参数 $\boldsymbol{\theta}$ 和 $\mathbf{w}$，分别是最优策略估计和最优状态价值函数估计的参数。每次迭代时，它们都以各自的学习算法进行学习。算法 7-2 采用了随机梯度下降法来更新这两套参数（事实上也可以用其他算法），在更新过程中都用到了 $G - v(S_t;\mathbf{w})$，可以在更新前预先计算以减小计算量。

算法 7-2 带基线的简单策略梯度算法求解最优策略

输入：环境（无数学描述）。

输出：最优策略的估计 $\pi(\boldsymbol{\theta})$。

参数：优化器（隐含学习率 $\alpha^{(\mathbf{w})},\alpha^{(\boldsymbol{\theta})}$），折扣因子 γ，控制回合数和回合内步数的参数。

1.（初始化）$\boldsymbol{\theta} \leftarrow$ 任意值，$\mathbf{w} \leftarrow$ 任意值。

2.（回合更新）对每个回合执行以下操作。

  2.1（采样）用策略 $\pi(\boldsymbol{\theta})$ 生成轨迹 $S_0,A_0,R_1,S_1,\ldots,S_{T-1},A_{T-1},R_T,S_T$。

  2.2（初始化回报）$G \leftarrow 0$。

  2.3 对 $t=T-1,T-2,\ldots,0$，执行以下步骤：

    2.3.1（更新回报）$G \leftarrow \gamma G + R_{t+1}$；

    2.3.2（更新价值）更新 $\mathbf{w}$ 以减小 $\left[G-v(S_t;\mathbf{w})\right]^2$（如 $\mathbf{w} \leftarrow \mathbf{w}+\alpha^{(\mathbf{w})}\left[G-v(S_t;\mathbf{w})\right]\nabla v(S_t;\mathbf{w})$）；

    2.3.3（更新策略）更新 $\boldsymbol{\theta}$ 以减小 $-\gamma^t\left[G-v(S_t;\mathbf{w})\right]\ln\pi(A_t\,|\,S_t;\boldsymbol{\theta})$（如 $\boldsymbol{\theta} \leftarrow \boldsymbol{\theta}+\alpha^{(\boldsymbol{\theta})}\gamma^t\left[G-v(S_t;\mathbf{w})\right]\nabla\ln\pi(A_t\,|\,S_t;\boldsymbol{\theta})$）。

接下来，我们来分析什么样的基线函数能最大程度地减小方差。考虑 $\mathrm{E}\left[\gamma^t\left(G_t-B(S_t)\right)\nabla\ln\pi(A_t\,|\,S_t;\boldsymbol{\theta})\right]$ 的方差为

$$\mathrm{E}\left[\left[\gamma^t\left(G_t-B(S_t)\right)\nabla\ln\pi(A_t\,|\,S_t;\boldsymbol{\theta})\right]^2\right]-\left[\mathrm{E}\left[\gamma^t\left(G_t-B(S_t)\right)\nabla\ln\pi(A_t\,|\,S_t;\boldsymbol{\theta})\right]\right]^2,$$

其对 $B(S_t)$ 求偏导数为

$$\mathrm{E}\left[-2\gamma^{2t}\left(G_t-B(S_t)\right)\left[\nabla\ln\pi(A_t\,|\,S_t;\boldsymbol{\theta})\right]^2\right]$$

（求偏导数时用到了 $\dfrac{\partial}{\partial B(S_t)}\mathrm{E}\left[\gamma^t\left(G_t-B(S_t)\right)\nabla\ln\pi(A_t\,|\,S_t;\boldsymbol{\theta})\right]=0$）。令这个偏导数为 0，并假设

$$\mathrm{E}\left[B(S_t)\left[\nabla\ln\pi(A_t\,|\,S_t;\boldsymbol{\theta})\right]^2\right]=\mathrm{E}\left[B(S_t)\right]\mathrm{E}\left[\left[\nabla\ln\pi(A_t\,|\,S_t;\boldsymbol{\theta})\right]^2\right]$$

可知

$$\mathrm{E}\left[B(S_t)\right]=\frac{\mathrm{E}\left[G_t\left[\nabla\ln\pi(A_t\,|\,S_t;\boldsymbol{\theta})\right]^2\right]}{\mathrm{E}\left[\left[\nabla\ln\pi(A_t\,|\,S_t;\boldsymbol{\theta})\right]^2\right]}$$

这意味着，最佳的基线函数应当接近回报 G_t 以梯度 $\left[\nabla\ln\pi(A_t\,|\,S_t;\boldsymbol{\theta})\right]^2$ 为权重加权平均的结果。但是，在实际应用中，无法事先知道这个值，所以无法使用这样的基线函数。

值得一提的是，当策略参数和价值参数同时需要学习的时候，算法的收敛性需要通过双时间轴 Robbins-Monro 算法（two timescale Robbins-Monro algorithm）来分析。

7.3 异策回合更新策略梯度算法

在简单的策略梯度算法的基础上引入重要性采样，可以得到对应的异策算法。记行为策略为$b(a|s)$，有

$$\begin{aligned}&\sum_a \pi(a|s;\boldsymbol{\theta})\gamma^t G_t \nabla \ln \pi(a|s;\boldsymbol{\theta})\\&=\sum_a b(a|s)\frac{\pi(a|s;\boldsymbol{\theta})}{b(a|s)}\gamma^t G_t \nabla \ln \pi(a|s;\boldsymbol{\theta})\\&=\sum_a b(a|s)\frac{1}{b(a|s)}\gamma^t G_t \nabla \pi(a|s;\boldsymbol{\theta})\end{aligned}$$

即

$$\mathrm{E}_{\pi(\boldsymbol{\theta})}\left[\gamma^t G_t \nabla \ln \pi(A_t|S_t;\boldsymbol{\theta})\right]=\mathrm{E}_b\left[\frac{1}{b(A_t|S_t)}\gamma^t G_t \nabla \pi(A_t|S_t;\boldsymbol{\theta})\right]$$

所以，采用重要性采样的离线算法，只需要把用在线策略采样得到的梯度方向$\gamma^t G_t \nabla \ln \pi(A_t|S_t;\boldsymbol{\theta})$改为用行为策略$b$采样得到的梯度方向$\frac{1}{b(A_t|S_t)}\gamma^t G_t \nabla \pi(A_t|S_t;\boldsymbol{\theta})$即可。这就意味着，在更新参数$\boldsymbol{\theta}$时可以试图增大$\frac{1}{b(A_t|S_t)}\gamma^t G_t \pi(A_t|S_t;\boldsymbol{\theta})$。算法7-3给出了这个算法。

算法 7-3　重要性采样简单策略梯度求解最优策略

1.（初始化）$\boldsymbol{\theta} \leftarrow$ 任意值。

2.（回合更新）对每个回合执行以下操作：

  2.1（行为策略）指定行为策略b，使得$\pi(\boldsymbol{\theta}) \ll b$；

  2.2（采样）用策略b生成轨迹：$S_0, A_0, R_1, S_1, \ldots, S_{T-1}, A_{T-1}, R_T, S_T$；

  2.3（初始化回报和权重）$G \leftarrow 0$；

  2.4 对$t=T-1, T-2, \ldots, 0$，执行以下步骤：

    2.4.1（更新回报）$G \leftarrow \gamma G + R_{t+1}$；

    2.4.2（更新策略）更新参数$\boldsymbol{\theta}$以减小$-\frac{1}{b(A_t|S_t)}\gamma^t G_t \pi(A_t|S_t;\boldsymbol{\theta})$（如$\boldsymbol{\theta} \leftarrow \boldsymbol{\theta} + \alpha \frac{1}{b(A_t|S_t)}\gamma^t G \nabla \pi(A_t|S_t;\boldsymbol{\theta})$）。

重要性采样使得我们可以利用其他策略的样本来更新策略参数，但是可能会带来较大的偏差，算法稳定性比同策算法差。

7.4 策略梯度更新和极大似然估计的关系

至此，本章已经介绍了各种各样的策略梯度算法。这些算法在学习的过程中，都是通过更新策略参数 $\boldsymbol{\theta}$ 以试图增大形如 $\mathrm{E}\left[\Psi_t \ln\pi\left(A_t|S_t;\boldsymbol{\theta}\right)\right]$ 的目标（考虑单个条目则为 $\Psi_t \ln\pi\left(A_t|S_t;\boldsymbol{\theta}\right)$），其中 Ψ_t 可取 G_0、G_t 等值。将这一学习过程与下列有监督学习最大似然问题的过程进行比较，如果已经有一个表达式未知的策略 π，我们要用策略 $\pi(\boldsymbol{\theta})$ 来近似它，这时可以考虑用最大似然的方法来估计策略参数 $\boldsymbol{\theta}$。具体而言，如果已经用未知策略 π 生成了很多样本，那么这些样本对于策略 $\pi(\boldsymbol{\theta})$ 的对数似然值正比于 $\mathrm{E}\left[\ln\pi\left(A_t|S_t;\boldsymbol{\theta}\right)\right]$。用这些样本进行有监督学习，需要更新策略参数 $\boldsymbol{\theta}$ 以增大 $\mathrm{E}\left[\ln\pi\left(A_t|S_t;\boldsymbol{\theta}\right)\right]$（考虑单个条目则为 $\ln\pi\left(A_t|S_t;\boldsymbol{\theta}\right)$）。可以看出，$\mathrm{E}\left[\ln\pi\left(A_t|S_t;\boldsymbol{\theta}\right)\right]$ 可以通过 $\mathrm{E}\left[\Psi_t \ln\pi\left(A_t|S_t;\boldsymbol{\theta}\right)\right]$ 中取 $\Psi_t=1$ 得到，在形式上具有相似性。

策略梯度算法在学习的过程中巧妙地利用观测到的奖励信号决定每步对数似然值 $\ln\pi\left(A_t|S_t;\boldsymbol{\theta}\right)$ 对策略奖励的贡献，为其加权 Ψ_t（这里的 Ψ_t 可能是正数，可能是负数，也可能是 0），使得策略 $\pi(\boldsymbol{\theta})$ 能够变得越来越好。注意，如果取 Ψ_t 在整个回合中是不变的（例如 $\Psi_t=G_0$），那么在单一回合中的 $\mathrm{E}\left[G_0\ln\pi\left(A_t|S_t;\boldsymbol{\theta}\right)\right]=G_0\mathrm{E}\left[\ln\pi\left(A_t|S_t;\boldsymbol{\theta}\right)\right]$ 就是对整个回合的对数似然值进行加权后对策略的贡献，使得策略 $\pi(\boldsymbol{\theta})$ 能够变得越来越好。试想，如果有的回合表现很好（比如 G_0 是很大的正数），在策略梯度更新的时候这个回合的似然值 $\mathrm{E}\left[\ln\pi\left(A_t|S_t;\boldsymbol{\theta}\right)\right]$ 就会有一个比较大的权重 Ψ_t（例如 $\Psi_t=G_0$），这样这个表现比较好的回合就会更倾向于出现；如果有的回合表现很差（比如 G_0 是很小的负数，即绝对值很大的负数），则策略梯度更新时这个回合的似然值就会有比较小的权重，这样这个表现较差的回合就更倾向于不出现。

7.5 案例：车杆平衡

本节考虑 Gym 库里的车杆平衡问题（CartPole-v0）。如图 7-1 所示，一个小车（cart）可以在直线滑轨上移动。一个杆（pole）一头连着小车，另一头悬空，可以不完全直立。小车的初始位置和杆的初始角度都是在一定范围内随机选取的。智能体可以控制小车沿着滑轨左移 1 个单位或者右移 1 段固定的距离（移动的幅度是固定的，而且不可以不移动）。出现以下情形中的任一情形时，回合结束：

- ❑ 杆的倾斜角度超过 12 度；
- ❑ 小车移动超过 2.4 个单位长度；
- ❑ 回合达到 200 步。

每进行 1 步得到 1 个单位的奖励。我们希望回合能够尽量地长。一般认为，如果在连续的 100 个回合中的平均奖励≥ 195，就认为问题解决了。

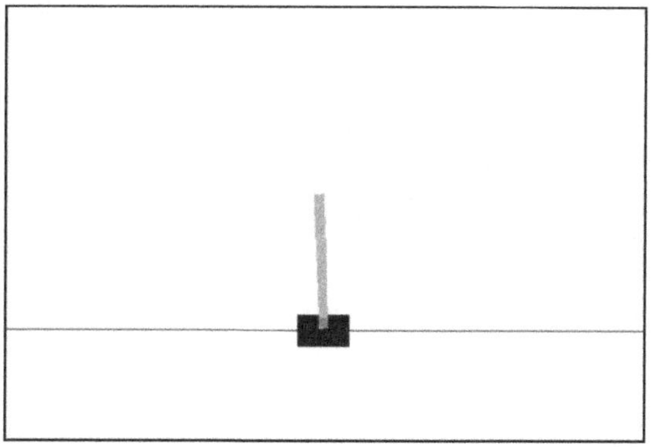

图 7-1 车杆平衡问题

这个任务中，观察值有 4 个分量，分别表示小车位置、小车速度、木棒角度和木棒角速度，其取值范围如表 7-1 所示。动作则取自 $\{0,1\}$，分别表示向左施力和向右施力。

表 7-1 车杆平衡观测各分量范围

观测分量	最小值	最大值
位置	−4.8	+4.8
速度	− ∞	+ ∞
角度	约 −41.8°	约 +41.8°
角速度	− ∞	+ ∞

对于随机策略，其回合奖励大概在 9 ～ 10 之间。

7.5.1 同策策略梯度算法求解最优策略

本节用同策策略梯度算法求解最优策略。代码清单 7-1 中的 VPGAgent 类是算法的智能体类，它同时支持不带基线的版本和带基线的版本。它用人工神经网络来近似策略函数。

代码清单 7-1 同策策略梯度算法智能体类

```
class VPGAgent:
    def __init__(self, env, policy_kwargs, baseline_kwargs=None,
            gamma=0.99):
        self.action_n = env.action_space.n
        self.gamma = gamma

        self.trajectory = [] # 轨迹存储

        self.policy_net = self.build_network(output_size=self.action_n,
                output_activation=tf.nn.softmax,
                loss=keras.losses.categorical_crossentropy,
```

```
            **policy_kwargs)
    if baseline_kwargs: # 基线
        self.baseline_net = self.build_network(output_size=1,
                **baseline_kwargs)

def build_network(self, hidden_sizes, output_size,
            activation=tf.nn.relu, output_activation=None,
            loss=keras.losses.mse, learning_rate=0.01):
    model = keras.Sequential()
    for hidden_size in hidden_sizes:
        model.add(keras.layers.Dense(units=hidden_size,
                activation=activation))
    model.add(keras.layers.Dense(units=output_size,
            activation=output_activation))
    optimizer = keras.optimizers.Adam(learning_rate)
    model.compile(optimizer=optimizer, loss=loss)
    return model

def decide(self, observation):
    probs = self.policy_net.predict(observation[np.newaxis])[0]
    action = np.random.choice(self.action_n, p=probs)
    return action

def learn(self, observation, action, reward, done):
    self.trajectory.append((observation, action, reward))

    if done:
        df = pd.DataFrame(self.trajectory,
                columns=['observation', 'action', 'reward'])
        df['discount'] = self.gamma ** df.index.to_series()
        df['discounted_reward'] = df['discount'] * df['reward']
        df['discounted_return'] = df['discounted_reward'][::-1].cumsum()
        df['psi'] = df['discounted_return']

        x = np.stack(df['observation'])
        if hasattr(self, 'baseline_net'): # 带基线的逻辑
            df['baseline'] = self.baseline_net.predict(x)
            df['psi'] -= (df['baseline'] * df['discount'])
            df['return'] = df['discounted_return'] / df['discount']
            y = df['return'].values[:, np.newaxis]
            self.baseline_net.fit(x, y, verbose=0)

        y = np.eye(self.action_n)[df['action']]
        sample_weight=df['psi'].values[:,np.newaxis]
        self.policy_net.fit(x, y, sample_weight=samaple_weight,verbose=0)
```

当 VPGAgent 类的构造参数 baseline_kwargs 为默认值 None 时，构造的是不带基线的

智能体。我们可以用下列代码构造不带基线的智能体：

```
policy_kwargs = {'hidden_sizes' : [10,], 'activation' : tf.nn.relu,
        'learning_rate' : 0.01}
agent = VPGAgent(env, policy_kwargs=policy_kwargs)
```

当 VPGAgent 类的构造参数 baselines_kwargs 是一个与基线有关的 dict 对象时，构造一个神经网络 $v(S; \mathbf{w})$ 来做基线。我们可以用下列代码构造带基线的智能体：

```
policy_kwargs = {'hidden_sizes' : [10,], 'activation':tf.nn.relu,
        'learning_rate':0.01}
baseline_kwargs = {'hidden_sizes' : [10,], 'activation':tf.nn.relu,
        'learning_rate':0.01}
agent = VPGAgent(env, policy_kwargs=policy_kwargs,
        baseline_kwargs=baseline_kwargs)
```

智能体和环境交互的代码就是用第 1 章中代码清单 1-3 的 play_montecarlo() 函数。利用这个函数，我们就可以训练和测试回合更新策略梯度算法。训练的代码见代码清单 7-2，而测试的代码就是第 1 章中用到的代码清单 1-4。

代码清单 7-2　训练同策回合更新策略梯度算法

```
episodes = 500
episode_rewards = []
for episode in range(episodes):
    episode_reward = play_montecarlo(env, agent, train=True)
    episode_rewards.append(episode_reward)
plt.plot(episode_rewards);
```

7.5.2 异策策略梯度算法求解最优策略

本节使用基于重要性采样的异策算法求解最优策略。代码清单 7-3 给出了相应算法的智能体。这个智能体同样也是既支持不带基线的版本，也支持带基线的版本。

代码清单 7-3　异策策略梯度算法智能体

```
class OffPolicyVPGAgent(VPGAgent):
    def __init__(self, env, policy_kwargs, baseline_kwargs=None,
            gamma=0.99):
        self.action_n = env.action_space.n
        self.gamma = gamma

        self.trajectory = []

        def dot(y_true, y_pred):
            return -tf.reduce_sum(y_true * y_pred, axis=-1)

        self.policy_net = self.build_network(output_size=self.action_n,
                output_activation=tf.nn.softmax, loss=dot, **policy_kwargs)
        if baseline_kwargs:
```

```
            self.baseline_net = self.build_network(output_size=1,
                    **baseline_kwargs)

    def learn(self, observation, action, behavior, reward, done):
        self.trajectory.append((observation, action, behavior, reward))

        if done:
            df = pd.DataFrame(self.trajectory, columns=
                    ['observation', 'action', 'behavior', 'reward'])
            df['discount'] = self.gamma ** df.index.to_series()
            df['discounted_reward'] = df['discount'] * df['reward']
            df['discounted_return'] = \
                    df['discounted_reward'][::-1].cumsum()
            df['psi'] = df['discounted_return']

            x = np.stack(df['observation'])
            if hasattr(self, 'baseline_net'):
                df['baseline'] = self.baseline_net.predict(x)
                df['psi'] -= df['baseline'] * df['discount']
                df['return'] = df['discounted_return'] / df['discount']
                y = df['return'].values[:, np.newaxis]
                self.baseline_net.fit(x, y, verbose=0)

            y = np.eye(self.action_n)[df['action']] * \
                    (df['psi'] / df['behavior']).values[:, np.newaxis]
            self.policy_net.fit(x, y, verbose=0)

            self.trajectory = []

policy_kwargs = {'hidden_sizes' : [10,], 'activation':tf.nn.relu,
        'learning_rate':0.01}
agent = OffPolicyVPGAgent(env, policy_kwargs=policy_kwargs)
```

对于异策算法，不仅要有评估的策略，还要有行为策略，最简单的行为策略是随机策略。代码清单 7-4 实现了随机策略。

代码清单 7-4　随机策略智能体

```
class RandomAgent:
    def __init__(self, env):
        self.action_n = env.action_space.n

    def decide(self, observation):
        action = np.random.choice(self.action_n)
        behavior = 1. / self.action_n
        return action, behavior

behavior_agent = RandomAgent(env)
```

利用异策学习智能体和随机策略，可以训练和测试基于重要性采样的回合更新策略梯度算法。代码清单 7-5 给出了训练和测试的代码，而测试的代码依然是第 1 章中的代码清单 1-4。

代码清单 7-5 重要性采样回合策略梯度算法的训练

```
episodes = 1500
episode_rewards = []
for episode in range(episodes):
    observation = env.reset()
    episode_reward = 0.
    while True:
        action, behavior = behavior_agent.decide(observation)
        next_observation, reward, done, _ = env.step(action)
        episode_reward += reward
        agent.learn(observation, action, behavior, reward, done)
        if done:
            break
        observation = next_observation

    # 跟踪监控
    episode_reward = play_montecarlo(env, agent)
    episode_rewards.append(episode_reward)

plt.plot(episode_rewards);
```

7.6 本章小结

本章开始介绍一类新的强化学习算法——策略梯度算法。策略梯度算法也可以分为回合更新和时序差分更新两大类，本章介绍回合更新方法。回合更新方法只能用于回合制任务。回合更新方法没有用到自益，不会引入偏差。但是，这样的回合更新策略梯度方法往往有非常大的方差。下一章将介绍时序差分策略梯度算法，它们既可以用于回合制任务，也可以用于连续性任务。

本章要点

➢ 策略梯度算法用参数化的函数 $\pi(a|s;\boldsymbol{\theta})$ 近似最优策略。为了使策略归一化，常引入偏好函数 $h(s,a;\boldsymbol{\theta})$，使得

$$\pi(a|s;\boldsymbol{\theta})=\frac{\exp h(s,a;\boldsymbol{\theta})}{\sum_{a'}\exp h(s,a';\boldsymbol{\theta})},\quad s\in\mathcal{S},a\in\mathcal{A}(s)$$

➢ 策略梯度定理认为期望回报的梯度与 $\mathrm{E}\left[\Psi_t\nabla\ln\pi(A_t|S_t;\boldsymbol{\theta})\right]$ 方向相同。其中 $\Psi_t=\gamma^t G_t$（不带基线）或 $\Psi_t=\gamma^t\left(G_t-B(S_t)\right)$（带基线）。

- 简单的策略梯度算法通过增大 $\Psi_t \ln \pi(A_t|S_t;\boldsymbol{\theta})$ 来更新参数 $\boldsymbol{\theta}$。
- 基线函数 $B(S_t)$ 可以是随机函数或确定函数，它可以和 S_t 有关，但是必须和 A_t 无关。选择不同的基线，可以得到 $\Psi_t = G_0$ 或 $\Psi_t = \gamma^t\left(G_t - v(S_t;\mathbf{w})\right)$ 等。基线的选择应减小策略梯度算法的方差。
- 引入行为策略和重要性采样，可以实现异策回合更新梯度算法。

CHAPTER 8

第8章

执行者/评论者方法

本章介绍带自益的策略梯度算法。这类算法将策略梯度和自益结合了起来：一方面，用一个含参函数近似价值函数，然后利用这个价值函数的近似值来估计回报值；另一方面，利用估计得到的回报值估计策略梯度，进而更新策略参数。这两方面又常常被称为**评论者**（critic）和**执行者**（actor）。所以，带自益的策略梯度算法被称为**执行者/评论者算法**（actor-critic algorithm）。

8.1 同策执行者/评论者算法

执行者/评论者算法同样用含参函数 $h(s,a;\mathbf{\theta})$ 表示偏好，用其 softmax 运算的结果 $\pi(a|s;\mathbf{\theta})$ 来近似最优策略。在更新参数 $\mathbf{\theta}$ 时，执行者/评论者算法依然也是根据策略梯度定理，取 $\mathrm{E}\left[\Psi_t \nabla \ln\pi(A_t|S_t;\mathbf{\theta})\right]$ 为梯度方向迭代更新。其中，$\Psi_t=\gamma^t\left(G_t-B(s)\right)$。J. Schulman 等在文章《High-dimensional continuous control using generalized advantage estimation》中指出，Ψ_t 并不拘泥于以上形式。Ψ_t 可以是以下几种形式：

- （动作价值）$\Psi_t=\gamma^t q_\pi(S_t,A_t)$；
- （优势函数）$\Psi_t=\gamma^t\left[q_\pi(S_t,A_t)-v_\pi(S_t)\right]$；
- （时序差分）$\Psi_t=\gamma^t\left[R_{t+1}+\gamma v_\pi(S_{t+1})-v_\pi(S_t)\right]$。

在以上形式中，往往用价值函数来估计回报。例如，由于 $\mathrm{E}\left[\gamma^t G_t\nabla\ln\pi(A_t|S_t;\mathbf{\theta})\right]=\mathrm{E}\left[\gamma^t q_{\pi(\mathbf{\theta})}(S_t,A_t)\nabla\ln\pi(A_t|S_t;\mathbf{\theta})\right]$，而且 $\mathrm{E}\left[q_{\pi(\mathbf{\theta})}(S_t,A_t)\nabla\ln\pi(A_t|S_t;\mathbf{\theta})\right]$ 也表征期望方向，所以 $\Psi_t=\gamma^t q_\pi(S_t,A_t)$，相当于用 $q_\pi(S_t,A_t)$ 表示期望。再例如，对于 $\Psi_t=\gamma^t\left[q_\pi(S_t,A_t)-v_\pi(S_t)\right]$，就相当于在回报 $q_\pi(S_t,A_t)$ 的基础上减去基线 $B(s)=v_\pi(s)$ 以减小方差。对于时序差分 $\Psi_t=\gamma^t\left[R_{t+1}+\gamma v_\pi(S_{t+1})-v_\pi(S_t)\right]$，也是用 $R_{t+1}+\gamma v_\pi(S_{t+1})$ 代表回报，再减去基线 $B(s)=v_\pi(s)$ 以减小方差。

不过在实际使用时，真实的价值函数是不知道的。但是，我们可以去估计这些价值函数。具体而言，我们可以用函数近似的方法，用含参函数 $v(s;\mathbf{w})$（$s\in\mathcal{S}$）或 $q(s,a;\mathbf{w})$（$s\in\mathcal{S},a\in\mathcal{A}(s)$）来近似 v_π 和 q_π。在上一章中，带基线的简单策略梯度算法已经使用了含参函数 $v(s;\mathbf{w})$（$s\in\mathcal{S}$）作为基线函数。我们可以在此基础上进一步引入自益的思想，用价值的估计 U_t 来代替 Ψ_t 中表示回报的部分。例如，对于时序差分，用估计来代替价值函数可以得到 $\Psi_t=\gamma^t\left[R_{t+1}+\gamma v(S_{t+1};\mathbf{w})-v(S_t;\mathbf{w})\right]$。这里的估计值 $v(\mathbf{w})$ 就是评论者，这样的算法就是执行者 / 评论者算法。

注意： 只有采用了自益的方法，即用价值估计来估计回报，并引入了偏差，才是执行者 / 评论者算法。用价值估计来做基线并没有带来偏差（因为基线本来就可以任意选择）。所以，带基线的简单策略梯度算法不是执行者 / 评论者算法。

8.1.1　动作价值执行者 / 评论者算法

根据前述分析，同策执行者 / 评论者算法在更新策略参数 $\boldsymbol\theta$ 时也应该试图减小 $-\Psi_t\ln\pi(A_t|S_t;\boldsymbol\theta)$，只是在计算 Ψ_t 时采用了基于自益的回报估计。算法 8-3 给出了在回报估计为 $q(S_t,A_t;\mathbf{w})$，并取 $\Psi_t=\gamma^t q(S_t,A_t;\mathbf{w})$ 时的同策算法，称为动作价值执行者 / 评论者算法。算法一开始初始化了策略参数和价值参数。虽然算法中写的是可以将这个参数初始化为任意值，但是如果它们是神经网络的参数，还是应该按照神经网络的要求来初始化参数。在迭代过程中有个变量 I，用来存储策略梯度的表达式中的折扣因子 γ^t。在同一回合中，每一步都把这个折扣因子乘上 γ，所以第 t 步就是 γ^t。

算法 8-1　动作价值同策执行者 / 评论者算法

输入：环境（无数学描述）。

输出：最优策略的估计 $\pi(\boldsymbol\theta)$。

参数：优化器（隐含学习率 $\alpha^{(\mathbf{w})},\alpha^{(\boldsymbol\theta)}$），折扣因子 γ，控制回合数和回合内步数的参数。

1.（初始化）$\boldsymbol\theta\leftarrow$ 任意值，$\mathbf{w}\leftarrow$ 任意值；

2.（带自益的策略更新）对每个回合执行以下操作：

　2.1（初始化累积折扣）$I\leftarrow 1$；

　2.2（决定初始状态动作对）选择状态 S，并用 $\pi(\cdot|S;\boldsymbol\theta)$ 得到动作 A；

　2.3 如果回合未结束，执行以下操作：

　　2.3.1（采样）根据状态 S 和动作 A 得到奖励 R 和下一状态 S'；

　　2.3.2（执行）用 $\pi(\cdot|S';\boldsymbol\theta)$ 得到动作 A'；

　　2.3.3（估计回报）$U\leftarrow R+\gamma q(S',A';\mathbf{w})$；

　　2.3.4（策略改进）更新 $\boldsymbol\theta$ 以减小 $-Iq(S,A;\mathbf{w})\ln\pi(A|S;\boldsymbol\theta)$（如 $\boldsymbol\theta\leftarrow\boldsymbol\theta+\alpha^{(\boldsymbol\theta)}Iq(S,A;\mathbf{w})$

$\nabla \ln \pi(A|S;\boldsymbol{\theta})$）；

2.3.5（更新价值）更新 $\mathbf{w}$ 以减小 $[U - q(S,A;\mathbf{w})]^2$（如 $\mathbf{w} \leftarrow \mathbf{w} + \alpha^{(\mathbf{w})}[U - q(S,A;\mathbf{w})]$ $\nabla q(S,A;\mathbf{w})$）；

2.3.6（更新累积折扣）$I \leftarrow \gamma I$；

2.3.7（更新状态）$S \leftarrow S'$，$A \leftarrow A'$。

8.1.2 优势执行者/评论者算法

在基本执行者/评论者算法中引入基线函数 $B(S_t) = v(S_t;\mathbf{w})$，就会得到 $\Psi_t = \gamma^t[q(S_t,A_t;\mathbf{w}) - v(S_t;\mathbf{w})]$，其中，$q(S_t,A_t;\mathbf{w}) - v(S_t;\mathbf{w})$ 是优势函数的估计。这样，我们就得到了优势执行者/评论者算法。不过，如果采用 $q(S_t,A_t;\mathbf{w}) - v(S_t;\mathbf{w})$ 这样形式的优势函数估计值，我们就需要搭建两个函数分别表示 $q(\mathbf{w})$ 和 $v(\mathbf{w})$。为了避免这样的麻烦，这里用了 $U_t = R_{t+1} + \gamma v(S_{t+1};\mathbf{w})$ 做目标，这样优势函数的估计就变为单步时序差分的形式 $R_{t+1} + \gamma v(S_{t+1};\mathbf{w}) - v(S_t;\mathbf{w})$。

算法 8-2 优势执行者/评论者算法

输入：环境（无数学描述）。

输出：最优策略的估计 $\pi(\boldsymbol{\theta})$。

参数：优化器（隐含学习率 $\alpha^{(\boldsymbol{\theta})}, \alpha^{(\mathbf{w})}$），折扣因子 γ，控制回合数和回合内步数的参数。

1.（初始化）$\boldsymbol{\theta} \leftarrow$ 任意值，$\mathbf{w} \leftarrow$ 任意值。

2.（带自益的策略更新）对每个回合执行以下操作。

2.1（初始化累积折扣）$I \leftarrow 1$。

2.2（决定初始状态）选择状态 S。

2.3 如果回合未结束，执行以下操作：

2.3.1（采样）用 $\pi(\cdot|S;\boldsymbol{\theta})$ 得到动作 A；

2.3.2（执行）执行动作 A，得到奖励 R 和观测 S'；

2.3.3（估计回报）$U \leftarrow R + \gamma v(S';\mathbf{w})$；

2.3.4（策略改进）更新 $\boldsymbol{\theta}$ 以减小 $-I[U - v(S;\mathbf{w})]\ln \pi(A|S;\boldsymbol{\theta})$（如 $\boldsymbol{\theta} \leftarrow \boldsymbol{\theta} + \alpha^{(\boldsymbol{\theta})} I[U - v(S;\mathbf{w})]$ $\nabla \ln \pi(A|S;\boldsymbol{\theta})$）；

2.3.5（更新价值）更新 $\mathbf{w}$ 以减小 $[U - v(S;\mathbf{w})]^2$（如 $\mathbf{w} \leftarrow \mathbf{w} + \alpha^{(\mathbf{w})}[U - v(S;\mathbf{w})]\nabla v(S;\mathbf{w})$）；

2.3.6（更新累积折扣）$I \leftarrow \gamma I$；

2.3.7（更新状态）$S \leftarrow S'$。

如果优势执行者 / 评论者算法在执行过程中不是每一步都更新参数，而是在回合结束后用整个轨迹来进行更新，就可以把算法分为经验搜集和经验使用两个部分。这样的分隔可以让这个算法同时有很多执行者在同时执行。例如，让多个执行者同时分别收集很多经验，然后都用自己的那些经验得到一批经验所带来的梯度更新值。每个执行者在一定的时机更新参数，同时更新策略参数 $\mathbf{\theta}$ 和价值参数 $\mathbf{w}$ 。每个执行者的更新是异步的。所以，这样的并行算法称为**异步优势执行者 / 评论者算法**（Asynchronous Advantage Actor-Critic，A3C）。异步优势执行者 / 评论者算法中的自益部分，不仅可以采用单步时序差分，也可以使用多步时序差分。另外，还可以对函数参数的访问进行控制，使得所有执行者统一更新参数。这样的并行算法称为**优势执行者 / 评论者算法**（Advantage Actor-Critic，A2C）。

算法 8-3 给出了异步优势执行者 / 评论者算法。异步优势执行者 / 评论者算法可以有许多执行者（或称多个线程），所以除了有全局的价值参数 $\mathbf{w}$ 和策略参数 $\mathbf{\theta}$ 外，每个线程还可能有自己维护的价值参数 $\mathbf{w}'$ 和 $\mathbf{\theta}'$ 。执行者执行时，先从全局同步参数，然后再自己学习，最后统一同步全局参数。

算法 8-3　异步优势执行者 / 评论者算法（演示某个线程的行为）

输入：环境（无数学描述）。

输出：最优策略的估计 $\pi(\mathbf{\theta})$。

参数：优化器（隐含学习率 $\alpha^{(\mathbf{\theta})},\alpha^{(\mathbf{w})}$），折扣因子 γ，控制回合数和回合内步数的参数。

1.（同步全局参数）$\mathbf{\theta}' \leftarrow \mathbf{\theta}$ ，$\mathbf{w}' \leftarrow \mathbf{w}$ ；

2. 逐回合执行以下过程。

　2.1 用策略 $\pi(\mathbf{\theta}')$ 生成轨迹 $S_0,A_0,R_1,S_1,A_1,R_1,\ldots,S_{T-1},A_{T-1},R_T,S_T$ ，直到回合结束或执行步数达到上限 T。

　2.2 为梯度计算初始化：

　　2.2.1（初始化目标 U_T）若 S_T 是终止状态，则 $U \leftarrow 0$ ；否则 $U \leftarrow v(S_T;\mathbf{w}')$ ；

　　2.2.2（初始化梯度）$\mathbf{g}^{(\mathbf{\theta})} \leftarrow \mathbf{0}$ ，$\mathbf{g}^{(\mathbf{w})} \leftarrow \mathbf{0}$ 。

　2.3（异步计算梯度）对 $t = T-1, T-2, \ldots, 0$ ，执行以下内容：

　　2.3.1（估计目标 U_t）计算 $U \leftarrow \gamma U + R_{t+1}$ ；

　　2.3.2（估计策略梯度方向）$\mathbf{g}^{(\mathbf{\theta})} \leftarrow \mathbf{g}^{(\mathbf{\theta})} + \left[U - v(S_t;\mathbf{w}')\right]\nabla \ln \pi(A_t \mid S_t;\mathbf{\theta}')$ ；

　　2.3.3（估计价值梯度方向）$\mathbf{g}^{(\mathbf{w})} \leftarrow \mathbf{g}^{(\mathbf{w})} + \left[U - v(S_t;\mathbf{w}')\right]\nabla v(S_t;\mathbf{w}')$ 。

3.（同步更新）更新全局参数。

　3.1（策略更新）用梯度方向 $\mathbf{g}^{(\mathbf{\theta})}$ 更新策略参数 $\mathbf{\theta}$（如 $\mathbf{\theta} \leftarrow \mathbf{\theta} + \alpha^{(\mathbf{\theta})}\mathbf{g}^{(\mathbf{\theta})}$ ）。

　3.2（价值更新）用梯度方向 $\mathbf{g}^{(\mathbf{w})}$ 更新价值参数 $\mathbf{w}$（如 $\mathbf{w} \leftarrow \mathbf{w} + \alpha^{(\mathbf{w})}\mathbf{g}^{(\mathbf{w})}$ ）。

8.1.3 带资格迹的执行者/评论者算法

执行者/评论者算法引入了自益，那么它也就可以引入资格迹。算法 8-4 给出了带资格迹的优势执行者/评论者算法。这个算法里有两个资格迹 $\mathbf{z}^{(\theta)}$ 和 $\mathbf{z}^{(\mathbf{w})}$，它们分别与策略参数 $\boldsymbol{\theta}$ 和价值参数 $\mathbf{w}$ 对应，并可以分别有自己的 $\lambda^{(\theta)}$ 和 $\lambda^{(\mathbf{w})}$。具体而言，$\mathbf{z}^{(\mathbf{w})}$ 与价值参数 $\mathbf{w}$ 对应，运用梯度为 $\nabla v(S;\mathbf{w})$，参数为 $\lambda^{(\mathbf{w})}$ 的累积迹；$\mathbf{z}^{(\theta)}$ 与策略参数 $\boldsymbol{\theta}$ 对应，运用的梯度是 $\nabla\ln\pi(A|S;\boldsymbol{\theta})$ 参数为 $\lambda^{(\theta)}$ 的累积迹，在运用中可以将折扣 γ^t 整合到资格迹中。

算法 8-4 带资格迹的优势执行者/评论者算法

输入：环境（无数学描述）。

输出：最优策略的估计 $\pi(\boldsymbol{\theta})$。

参数：资格迹参数 $\lambda^{(\theta)},\lambda^{(\mathbf{w})}$，学习率 $\alpha^{(\theta)},\alpha^{(\mathbf{w})}$，折扣因子 γ，控制回合数和回合内步数的参数。

1. （初始化）$\boldsymbol{\theta}\leftarrow$ 任意值，$\mathbf{w}\leftarrow$ 任意值。
2. （带自益的策略更新）对每个回合执行以下操作：
   - 2.1 （初始化资格迹和累积折扣）$\mathbf{z}^{(\theta)}\leftarrow\mathbf{0}$，$\mathbf{z}^{(\mathbf{w})}\leftarrow\mathbf{0}$，$I\leftarrow 1$；
   - 2.2 （决定初始状态）选择状态 S。
   - 2.3 如果回合未结束，执行以下操作：
     - 2.3.1 （采样）用 $\pi(\cdot|S;\boldsymbol{\theta})$ 得到动作 A；
     - 2.3.2 （执行）执行动作 A，得到奖励 R 和观测 S'；
     - 2.3.3 （估计回报）$U\leftarrow R+\gamma v(S';\mathbf{w})$；
     - 2.3.4 （更新策略资格迹）$\mathbf{z}^{(\theta)}\leftarrow\gamma\lambda^{(\theta)}\mathbf{z}^{(\theta)}+I\nabla\ln\pi(A|S;\boldsymbol{\theta})$；
     - 2.3.5 （策略改进）$\boldsymbol{\theta}\leftarrow\boldsymbol{\theta}+\alpha^{(\theta)}\left[U-v(S;\mathbf{w})\right]\mathbf{z}^{(\theta)}$；
     - 2.3.6 （更新价值资格迹）$\mathbf{z}^{(\mathbf{w})}\leftarrow\gamma\lambda^{(\mathbf{w})}\mathbf{z}^{(\mathbf{w})}+\nabla v(S;\mathbf{w})$；
     - 2.3.7 （更新价值）$\mathbf{w}\leftarrow\mathbf{w}+\alpha^{(\mathbf{w})}\left[U-v(S;\mathbf{w})\right]\mathbf{z}^{(\mathbf{w})}$；
     - 2.3.8 （更新累积折扣）$I\leftarrow\gamma I$。
     - 2.3.9 （更新状态）$S\leftarrow S'$。

8.2 基于代理优势的同策算法

本节介绍面向代理优势的执行者/评论者算法。这些算法在迭代的过程中并没有直接优化期望目标，而是试图优化期望目标近似——代理优势。在很多问题上，这些算法会比简单的执行者/评论者算法得到更好的性能。

8.2.1 代理优势

考虑采用迭代的方法更新策略 $\pi(\boldsymbol{\theta})$。在某次迭代后，得到了策略 $\pi(\boldsymbol{\theta}_k)$。接下来我们希望得到一个更好的策略 $\pi(\boldsymbol{\theta})$。Kakade 等在文章《Approximately optimal approximate reinforcement learning》中证明了策略 $\pi(\boldsymbol{\theta})$ 和策略 $\pi(\boldsymbol{\theta}_k)$ 的期望回报满足**性能差别引理**（Performance Difference Lemma）：

$$\mathrm{E}_{\pi(\boldsymbol{\theta})}\left[G_0\right]=\mathrm{E}_{\pi(\boldsymbol{\theta}_k)}\left[G_0\right]+\mathrm{E}_{\pi(\boldsymbol{\theta})}\left[\sum_{t=0}^{+\infty}\gamma^t a_{\pi(\boldsymbol{\theta}_k)}\left(S_t,A_t\right)\right]$$

（证明：

$$\begin{aligned}
&\mathrm{E}_{\pi(\boldsymbol{\theta})}\left[\sum_{t=0}^{+\infty}\gamma^t a_{\pi(\boldsymbol{\theta}_k)}\left(S_t,A_t\right)\right]\\
&=\mathrm{E}_{\pi(\boldsymbol{\theta})}\left[\sum_{t=0}^{+\infty}\gamma^t\left(R_{t+1}+\gamma v_{\pi(\boldsymbol{\theta}_k)}\left(S_{t+1}\right)-v_{\pi(\boldsymbol{\theta}_k)}\left(S_t\right)\right)\right]\\
&=\mathrm{E}_{\pi(\boldsymbol{\theta})}\left[-v_{\pi(\boldsymbol{\theta}_k)}\left(S_0\right)+\sum_{t=0}^{+\infty}\gamma^t R_{t+1}\right]\\
&=-\mathrm{E}_{S_0}\left[v_{\pi(\boldsymbol{\theta}_k)}\left(S_0\right)\right]+\mathrm{E}_{\pi(\boldsymbol{\theta})}\left[\sum_{t=0}^{+\infty}\gamma^t R_{t+1}\right]\\
&=-\mathrm{E}_{\pi(\boldsymbol{\theta}_k)}\left[G_0\right]+\mathrm{E}_{\pi(\boldsymbol{\theta})}\left[G_0\right]
\end{aligned}$$

得证。）所以，要最大化 $\mathrm{E}_{\pi(\boldsymbol{\theta})}\left[G_0\right]$，就是要最大化优势的期望 $\mathrm{E}_{\pi(\boldsymbol{\theta})}\left[\sum_{t=0}^{+\infty}\gamma^t a_{\pi(\boldsymbol{\theta}_k)}\left(S_t,A_t\right)\right]$。这个期望是对含参策略而言的。要优化这样的期望，可以利用以下形式的重采样，将其中对 $A_t\sim\pi(\boldsymbol{\theta})$ 求期望转化为对 $A_t\sim\pi(\boldsymbol{\theta}_k)$ 求期望：

$$\mathrm{E}_{S_t,A_t\sim\pi(\boldsymbol{\theta})}\left[a_{\pi(\boldsymbol{\theta}_k)}\left(S_t,A_t\right)\right]=\mathrm{E}_{S_t\sim\pi(\boldsymbol{\theta}),A_t\sim\pi(\boldsymbol{\theta}_k)}\left[\frac{\pi\left(A_t\mid S_t;\boldsymbol{\theta}\right)}{\pi\left(A_t\mid S_t;\boldsymbol{\theta}_k\right)}a_{\pi(\boldsymbol{\theta}_k)}\left(S_t,A_t\right)\right]$$

但是，对 $S_t\sim\pi(\boldsymbol{\theta})$ 求期望无法进一步转化。**代理优势**（surrogate advantage）就是在上述重采样的基础上，将对 $S_t\sim\pi(\boldsymbol{\theta})$ 求期望近似为对 $S_t\sim\pi(\boldsymbol{\theta}_k)$ 求期望：

$$\mathrm{E}_{S_t,A_t\sim\pi(\boldsymbol{\theta})}\left[a_{\pi_k}\left(S_t,A_t\right)\right]\approx\mathrm{E}_{S_t,A_t\sim\pi(\boldsymbol{\theta}_k)}\left[\frac{\pi\left(A_t\mid S_t;\boldsymbol{\theta}\right)}{\pi\left(A_t\mid S_t;\boldsymbol{\theta}_k\right)}a_{\pi(\boldsymbol{\theta}_k)}\left(S_t,A_t\right)\right]$$

这样得到了 $\mathrm{E}_{\pi(\boldsymbol{\theta})}\left[G_0\right]$ 的近似表达式 $l(\boldsymbol{\theta})$，其中

$$l(\boldsymbol{\theta})=\mathrm{E}_{\pi(\boldsymbol{\theta}_k)}\left[G_0\right]+\mathrm{E}_{S_t,A_t\sim\pi(\boldsymbol{\theta}_k)}\left[\sum_{t=0}^{+\infty}\gamma^t\frac{\pi\left(A_t\mid S_t;\boldsymbol{\theta}\right)}{\pi\left(A_t\mid S_t;\boldsymbol{\theta}_k\right)}a_{\pi(\boldsymbol{\theta}_k)}\left(S_t,A_t\right)\right]$$

可以证明，$\mathrm{E}_{\pi(\boldsymbol{\theta})}\left[G_0\right]$ 和 $l(\boldsymbol{\theta})$ 在 $\boldsymbol{\theta}=\boldsymbol{\theta}_k$ 处有相同的值 $\mathrm{E}_{\pi(\boldsymbol{\theta}_k)}\left[G_0\right]$ 和梯度。

虽然$\mathrm{E}_{\pi(\boldsymbol{\theta})}[G_0]$没有直接的表达式而很难直接优化，但是只要沿着它的梯度方向改进策略参数，就有机会增大它。由于$\mathrm{E}_{\pi(\boldsymbol{\theta})}[G_0]$和$l(\boldsymbol{\theta})$在$\boldsymbol{\theta}=\boldsymbol{\theta}_k$处有着相同的值和梯度方向，$\mathrm{E}_{\pi(\boldsymbol{\theta})}[G_0]$和代理优势有着相同的梯度方向。所以，沿着

$$\mathrm{E}_{S_t,A_t\sim\pi(\boldsymbol{\theta}_k)}\left[\sum_{t=0}^{+\infty}\gamma^t\frac{\pi(A_t\,|\,S_t;\boldsymbol{\theta})}{\pi(A_t\,|\,S_t;\boldsymbol{\theta}_k)}a_{\pi(\boldsymbol{\theta}_k)}(S_t,A_t)\right]$$

的梯度方向就有机会改进$\mathrm{E}_{\pi(\boldsymbol{\theta})}[G_0]$。据此，我们可以得到以下结论：通过优化代理优势，有希望找到更好的策略。

8.2.2 邻近策略优化

我们已经知道代理优势与真实的目标相比，在$\boldsymbol{\theta}=\boldsymbol{\theta}_k$处有相同的值和梯度。但是，如果$\boldsymbol{\theta}$和$\boldsymbol{\theta}_k$差别较远，则近似就不再成立。所以针对代理优势的优化不能离原有的策略太远。基于这一思想，J. Schulman等在文章《Proximal policy optimization algorithms》中提出了**邻近策略优化**（Proximal Policy Optimization）算法，将优化目标设计为

$$\mathrm{E}_{\pi(\boldsymbol{\theta}_k)}\left[\min\left(\frac{\pi(A_t\,|\,S_t;\boldsymbol{\theta})}{\pi(A_t\,|\,S_t;\boldsymbol{\theta}_k)}a_{\pi(\boldsymbol{\theta}_k)}(S_t,A_t),a_{\pi(\boldsymbol{\theta}_k)}(S_t,A_t)+\varepsilon\left|a_{\pi(\boldsymbol{\theta}_k)}(S_t,A_t)\right|\right)\right]$$

其中$\varepsilon\in(0,1)$是指定的参数。采用这样的优化目标后，优化目标至多比$a_{\pi(\boldsymbol{\theta}_k)}(S_t,A_t)$大$\varepsilon\left|a_{\pi(\boldsymbol{\theta}_k)}(S_t,A_t)\right|$，所以优化问题就没有动力让代理优势$\frac{\pi(A_t\,|\,S_t;\boldsymbol{\theta})}{\pi(A_t\,|\,S_t;\boldsymbol{\theta}_k)}a_{\pi(\boldsymbol{\theta}_k)}(S_t,A_t)$变得非常大，可以避免迭代后的策略与迭代前的策略差距过大。

算法8-5给出了邻近策略优化算法的简化版本。

算法 8-5 邻近策略优化算法（简化版本）

输入：环境（无数学描述）。

输出：最优策略的估计$\pi(\boldsymbol{\theta})$。

参数：策略更新时目标的限制参数ε（$\varepsilon>0$），优化器，折扣因子γ，控制回合数和回合内步数的参数。

1.（初始化）$\boldsymbol{\theta}\leftarrow$任意值，$\mathbf{w}\leftarrow$任意值；

2.（时序差分更新）对每个回合执行以下操作：

2.1 用策略$\pi(\boldsymbol{\theta})$生成轨迹；

2.2 用生成的轨迹由$\mathbf{w}$确定的价值函数估计优势函数（如$a(S_t,A_t)\leftarrow\sum_{\tau=t}^{T-1}(\gamma\lambda)^{\tau-t}\left[U_{\tau:\tau+1}^{(v)}-v(S_\tau;\mathbf{w})\right]$）；

2.3（策略更新）更新 $\boldsymbol{\theta}$ 以增大 $\min\left(\frac{\pi(A_t|S_t;\boldsymbol{\theta})}{\pi(A_t|S_t;\boldsymbol{\theta}_k)}a_{\pi(\boldsymbol{\theta}_k)}(S_t,A_t), a_{\pi(\boldsymbol{\theta}_k)}(S_t,A_t)+\varepsilon\left|a_{\pi(\boldsymbol{\theta}_k)}(S_t,A_t)\right|\right)$；

2.4（价值更新）更新 $\mathbf{w}$ 以减小价值函数的误差（如最小化 $\left[G_t - v(S_t;\mathbf{w})\right]^2$）。

在实际应用中，常常加入经验回放。具体的方法是，每次更新策略参数 $\boldsymbol{\theta}$ 和价值参数 $\mathbf{w}$ 前得到多个轨迹，为这些轨迹的每一步估计优势和价值目标，并存储在经验库 $\mathcal{D}$ 中。接着多次执行以下操作：从经验库 $\mathcal{D}$ 中抽取一批经验 $\mathcal{B}$，并利用这批经验回放并学习，即从经验库中随机抽取一批经验并用这批经验更新策略参数和价值参数。

注意：邻近策略优化算法在学习过程中使用的经验都是当前策略产生的经验，所以使用了经验回放的邻近策略优化依然是同策学习算法。

8.3　信任域算法

信任域方法（Trust Region Method，TRM）是求解非线性优化的常用方法，它将一个复杂的优化问题近似为简单的信任域子问题再进行求解。

本节将介绍三种同策执行者 / 评论者算法：

- 自然策略梯度算法；
- 信任域策略优化算法；
- Kronecker 因子信任域执行者 / 评论者算法。

这三个算法十分接近，它们都是以试图通过优化代理优势，迭代更新策略参数，进而找到最优策略的估计。在优化的过程中，也需要让新的策略和旧的策略不能相差太远。和上节介绍的邻近策略优化相比，它们在代理优势的基础上可以进一步引入信任域，要求新的策略在一个信任域内。本节将介绍信任域的定义（包括用来定义信任域的 KL 散度的定义），再介绍如何利用信任域实现这些算法。

8.3.1　KL 散度

我们先来看 KL 散度的定义。回顾重要性采样的章节，我们知道，如果两个分布 $p(x)$（$x\in\mathcal{X}$）和 $q(x)$（$x\in\mathcal{X}$），满足对于任意的 $p(x)>0$，均有 $q(x)>0$，则称分布 p 对分布 q 绝对连续，记为 $p\ll q$。在这种情况下，我们可以定义从分布 q 到分布 p 的 **KL 散度**（Kullback–Leibler divergence）：

$$d_{\mathrm{KL}}(p\|q)=\mathrm{E}_{X\sim p}\left[\ln\frac{p(X)}{q(X)}\right]$$

当 p 和 q 是离散分布时，

$$d_{\mathrm{KL}}(p \| q)=\sum_{x} p(x) \ln \frac{p(x)}{q(x)}$$

当 p 和 q 是连续分布时，

$$d_{\mathrm{KL}}(p \| q)=\int_{x} p(x) \ln \frac{p(x)}{q(x)} \mathrm{d} x$$

KL 散度有个性质：相同分布的 KL 散度为 0，即 $d_{\mathrm{KL}}(p \| p)=0$。

8.3.2 信任域

8.2.1 节告诉我们，代理优势是回报期望的近似。虽然在 $\boldsymbol{\theta}=\boldsymbol{\theta}_k$ 附近这个近似还比较精确，但是在离 $\boldsymbol{\theta}=\boldsymbol{\theta}_k$ 比较远的地方难免会有差别。J. Schulman 等在论文《Trust region policy optimization》中证明了，

$$\mathrm{E}_{\pi(\boldsymbol{\theta})}[G_0] \geqslant l(\boldsymbol{\theta})-c \max_{s} d_{\mathrm{KL}}(\pi(\cdot|s;\boldsymbol{\theta}) \| \pi(\cdot|s;\boldsymbol{\theta}_k))$$

其中 $c=\frac{4\gamma}{(1-\gamma)^2} \max_{s,a}\left|a_{\pi(\boldsymbol{\theta})}(s,a)\right|$。这个结论告诉我们，用 $l(\boldsymbol{\theta})$ 来近似 $\mathrm{E}_{\pi(\boldsymbol{\theta})}[G_0]$，差距是有限的。只要控制好 KL 散度的大小，就能控制近似带来的误差。从另外一个角度看，$l_c(\boldsymbol{\theta})=l(\boldsymbol{\theta})-c \max_{s} d_{\mathrm{KL}}(\pi(\cdot|s;\boldsymbol{\theta}) \| \pi(\cdot|s;\boldsymbol{\theta}_k))$ 可以看作是 $\mathrm{E}_{\pi(\boldsymbol{\theta}_k)}[G_0]$ 的一个下界。由于 $d_{\mathrm{KL}}(\pi(\cdot|s;\boldsymbol{\theta}) \| \pi(\cdot|s;\boldsymbol{\theta}_k))$ 在 $\boldsymbol{\theta}=\boldsymbol{\theta}_k$ 处的值和梯度都是 $\mathbf{0}$，所以这个下界 $l_c(\boldsymbol{\theta})$ 依然是 $\mathrm{E}_{\pi(\boldsymbol{\theta})}[G_0]$ 的近似，只不过它肯定比 $\mathrm{E}_{\pi(\boldsymbol{\theta}_k)}[G_0]$ 小。这三者的关系如图 8-1 所示。

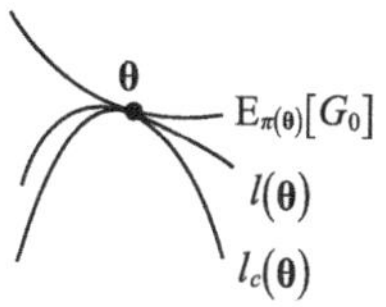

图 8-1 $\mathrm{E}_{\pi(\boldsymbol{\theta})}[G_0]$ 与 $l(\boldsymbol{\theta})$ 和 $l_c(\boldsymbol{\theta})$ 的关系

在实际运用中，估计 $\max_{s} d_{\mathrm{KL}}(\pi(\cdot|s;\boldsymbol{\theta}) \| \pi(\cdot|s;\boldsymbol{\theta}_k))$ 往往十分困难。为此，常常用 KL 散度的期望值 $\bar{d}_{\mathrm{KL}}(\boldsymbol{\theta} \| \boldsymbol{\theta}_k)=\mathrm{E}_{S\sim\pi(\boldsymbol{\theta}_k)}[d_{\mathrm{KL}}(\pi(\cdot|S;\boldsymbol{\theta}) \| \pi(\cdot|S;\boldsymbol{\theta}_k))]$ 来代替 KL 散度的最大值 $\max_{s} d_{\mathrm{KL}}(\pi(\cdot|s;\boldsymbol{\theta}) \| \pi(\cdot|s;\boldsymbol{\theta}_k))$。$\bar{d}_{\mathrm{KL}}(\boldsymbol{\theta} \| \boldsymbol{\theta}_k)$ 应当这么理解：在旧的策略 $\pi(\boldsymbol{\theta}_k)$ 下，状态 S_t 是一个随机变量。对于任意 S_t 的取值，都有该状态下旧策略的动作分布 $\pi(\cdot|S_t;\boldsymbol{\theta}_k)$ 和新策略的动作分布 $\pi(\cdot|S_t;\boldsymbol{\theta})$。这两个分布之间有个 KL 散度值。这个散度值与 S_t 有关，所以也是随机变量。这个随机变量的期望就是不等式左边的值。KL 散度的期望值可以用样本 KL 散度的平均估计得到。

如果我们要控制 $l(\boldsymbol{\theta})$ 和 $\mathrm{E}_{\pi(\boldsymbol{\theta})}[G_0]$ 的差别，可以确定一个阈值 δ，再让 $\bar{d}_{\mathrm{KL}}(\boldsymbol{\theta} \| \boldsymbol{\theta}_k)$ 不超过这个阈值。这样得到的 $\boldsymbol{\theta}$ 的取值区域 $\{\boldsymbol{\theta}: \bar{d}_{\mathrm{KL}}(\boldsymbol{\theta} \| \boldsymbol{\theta}_k) \leqslant \delta\}$ 称为**信任域**（trust region）。在自然策略梯度算法和信任域策略优化过程中，我们会用到这个信任域。

KL 散度期望可以近似为一个二次型。在 $\boldsymbol{\theta}=\boldsymbol{\theta}_k$ 处将 $\bar{d}_{\mathrm{KL}}(\boldsymbol{\theta} \| \boldsymbol{\theta}_k)$ Tayler 展开，可以得到

$$\bar{d}_{\mathrm{KL}}(\boldsymbol{\theta} \| \boldsymbol{\theta}_k)=0+\mathbf{0}\cdot(\boldsymbol{\theta}-\boldsymbol{\theta}_k)+\frac{1}{2}(\boldsymbol{\theta}-\boldsymbol{\theta}_k)^{\mathrm{T}}\mathbf{F}(\boldsymbol{\theta}_k)(\boldsymbol{\theta}-\boldsymbol{\theta}_k)+\cdots$$

其中 $\mathbf{F}(\boldsymbol{\theta})$ 是 **Fisher 信息矩阵**（Fisher Information Matrix，FIM）。可以证明，Fisher 信息矩阵满足以下表达式：

$$\mathbf{F}(\boldsymbol{\theta})=\mathrm{E}_{S,A\sim\boldsymbol{\theta}}\left[\nabla\ln\pi(A|S;\boldsymbol{\theta})\left(\nabla\ln\pi(A|S;\boldsymbol{\theta})\right)^{\mathrm{T}}\right]$$

取 $\bar{d}_{\mathrm{KL}}(\boldsymbol{\theta}\|\boldsymbol{\theta}_k)$ 的第一个非 0 项，$\bar{d}_{\mathrm{KL}}(\boldsymbol{\theta}\|\boldsymbol{\theta}_k)$ 就可以近似为

$$\bar{d}_{\mathrm{KL}}(\boldsymbol{\theta}\|\boldsymbol{\theta}_k)\approx\frac{1}{2}(\boldsymbol{\theta}-\boldsymbol{\theta}_k)^{\mathrm{T}}\mathbf{F}(\boldsymbol{\theta}_k)(\boldsymbol{\theta}-\boldsymbol{\theta}_k)$$

8.3.3 自然策略梯度算法

自然策略梯度算法（Natural Policy Gradient，NPG）是一个基于代理优势的迭代算法，它由 S. Kakade 在文章《 A natural policy gradient 》中提出。它的原理是通过最大化代理优势并限定新策略处于信任域内来更新策略参数。这事实上就在考虑以下优化问题：

$$\begin{array}{ll}\text{maximize} & \mathrm{E}_{\pi(\boldsymbol{\theta}_k)}\left[\dfrac{\pi(A|S;\boldsymbol{\theta})}{\pi(A|S;\boldsymbol{\theta}_k)}a_{\pi(\boldsymbol{\theta}_k)}(S,A)\right]\\ \text{over} & \boldsymbol{\theta}\\ \text{s.t.} & \mathrm{E}_{S\sim\pi(\boldsymbol{\theta}_k)}\left[d_{\mathrm{KL}}\left(\pi(\cdot|S;\boldsymbol{\theta})\|\pi(\cdot|S;\boldsymbol{\theta}_k)\right)\right]\leqslant\delta\end{array}$$

其中 δ 是一个可以设置的参数。这个优化问题的目标函数和约束都很复杂，需要进一步进行简化。

如果把上述优化问题中的目标取 $\boldsymbol{\theta}=\boldsymbol{\theta}_k$ 处的 Tayler 展开取前两项近似（注意由于代理优势的梯度和优化的最终目标 $\mathrm{E}_{\pi(\boldsymbol{\theta})}[G_0]$ 的梯度在 $\boldsymbol{\theta}=\boldsymbol{\theta}_k$ 处是相同的，所以这个近似可以认为是直接对最终目标展开）：

$$\mathrm{E}_{\pi(\boldsymbol{\theta}_k)}\left[\frac{\pi(A|S;\boldsymbol{\theta})}{\pi(A|S;\boldsymbol{\theta}_k)}a_{\pi(\boldsymbol{\theta}_k)}(S,A)\right]\approx\mathbf{0}+\mathbf{g}(\boldsymbol{\theta}_k)\cdot(\boldsymbol{\theta}-\boldsymbol{\theta}_k)$$

约束取二次型近似：

$$\bar{d}_{\mathrm{KL}}(\boldsymbol{\theta}\|\boldsymbol{\theta}_k)\approx0+\mathbf{0}\cdot(\boldsymbol{\theta}-\boldsymbol{\theta}_k)+\frac{1}{2}(\boldsymbol{\theta}-\boldsymbol{\theta}_k)^{\mathrm{T}}\mathbf{F}(\boldsymbol{\theta}_k)(\boldsymbol{\theta}-\boldsymbol{\theta}_k)$$

可以得到一个简化的优化问题：

$$\begin{array}{ll}\text{maximize} & \mathbf{g}(\boldsymbol{\theta}_k)\cdot(\boldsymbol{\theta}-\boldsymbol{\theta}_k)\\ \text{over} & \boldsymbol{\theta}\\ \text{s.t.} & \dfrac{1}{2}(\boldsymbol{\theta}-\boldsymbol{\theta}_k)^{\mathrm{T}}\mathbf{F}(\boldsymbol{\theta}_k)(\boldsymbol{\theta}-\boldsymbol{\theta}_k)\leqslant\delta\end{array}$$

而这个简化的优化问题具有闭式解：

$$\boldsymbol{\theta}_{k+1}=\boldsymbol{\theta}_k+\sqrt{\frac{2\delta}{\left(\mathbf{g}(\boldsymbol{\theta}_k)\right)^{\mathrm{T}}\mathbf{F}^{-1}(\boldsymbol{\theta}_k)\mathbf{g}(\boldsymbol{\theta}_k)}}\mathbf{F}^{-1}(\boldsymbol{\theta}_k)\mathbf{g}(\boldsymbol{\theta}_k)$$

这里的 $\sqrt{\frac{2\delta}{\left(\mathbf{g}(\boldsymbol{\theta}_k)\right)^{\mathrm{T}}\mathbf{F}^{-1}(\boldsymbol{\theta}_k)\mathbf{g}(\boldsymbol{\theta}_k)}}\mathbf{F}^{-1}(\boldsymbol{\theta}_k)\mathbf{g}(\boldsymbol{\theta}_k)$ 就称为自然梯度，而上式就是自然策略梯度算法的迭代式。

基于上述迭代式，算法 8-6 给出了自然策略梯度算法。

算法 8-6 基本的自然策略梯度算法

输入：环境（无数学描述）。

输出：最优策略的估计 $\pi(\boldsymbol{\theta})$。

参数：KL 散度上界 δ，控制轨迹生成和估计优势函数的参数。

1.（初始化）$\boldsymbol{\theta}\leftarrow$ 任意值，$\mathbf{w}\leftarrow$ 任意值。

2. 对每个回合执行以下操作：

  2.1 用策略 $\pi(\boldsymbol{\theta})$ 生成轨迹；

  2.2 用生成的轨迹估计 $\boldsymbol{\theta}$ 处的策略梯度 $\mathbf{g}$ 和 Fisher 信息矩阵 $\mathbf{F}$，计算自然梯度 $\sqrt{\frac{2\delta}{\mathbf{g}^{\mathrm{T}}\mathbf{F}^{-1}\mathbf{g}}}\mathbf{F}^{-1}\mathbf{g}$；

  2.3（策略更新）$\boldsymbol{\theta}\leftarrow\boldsymbol{\theta}+\sqrt{\frac{2\delta}{\mathbf{g}^{\mathrm{T}}\mathbf{F}^{-1}\mathbf{g}}}\mathbf{F}^{-1}\mathbf{g}$；

  2.4（价值更新）更新 $\mathbf{w}$ 以减小价值函数的误差。

在这个迭代式中，需要计算 $\mathbf{F}^{-1}\mathbf{g}$。在参数 $\boldsymbol{\theta}$ 的数量特别大的情况下，估计 Fisher 信息矩阵的逆 $\mathbf{F}^{-1}$ 需要大量的计算（矩阵求逆的算法复杂度是矩阵维度的 3 次方）。在这种情况下，可以采用共轭梯度算法在不求 $\mathbf{F}^{-1}$ 的情况下直接计算 $\mathbf{F}^{-1}\mathbf{g}$。

共轭梯度算法（Conjugate Gradient，CG）是一种求解形如 $\mathbf{F}\mathbf{x}=\mathbf{g}$ 的线性方程组的方法，其中要求系数矩阵 $\mathbf{F}$ 是实对称正定矩阵。这里**共轭**（conjugate）的定义是：对于两个向量 $\mathbf{p}_i$ 和 $\mathbf{p}_j$，如果它们满足 $\mathbf{p}_i^{\mathrm{T}}\mathbf{F}\mathbf{p}_j=0$，那么称 $\mathbf{p}_i$ 和 $\mathbf{p}_j$ 关于矩阵 $\mathbf{F}$ 共轭。共轭梯度算法有直接求解算法和迭代求解算法两个版本，这里我们要用迭代求解版本。

迭代求解的思想在于，方程 $\mathbf{F}\mathbf{x}=\mathbf{g}$ 的解就是二次函数 $\frac{1}{2}\mathbf{x}^{\mathrm{T}}\mathbf{F}\mathbf{x}-\mathbf{g}^{\mathrm{T}}\mathbf{x}$ 的最小值点。要求最小值，我们之前都是用梯度下降方法，从起始点 $\mathbf{x}_0$ 开始不断沿着负梯度的方向迭代找到 $\mathbf{x}_1,\mathbf{x}_2,\dots$。但是，在沿着梯度搜索的过程中，不同次迭代方向一般是随机的。这对于随机的数据当然没有关系，但是对于确定性的优化问题就有些浪费了。为此，共轭梯度算法在每次选择梯度的时候只选择和之前用过的负梯度方向都共轭的负梯度方向，而且每次都下降到最合适的位置，这样可以用尽可能少的迭代次数找到较优的解。具体而言，对于第 k 步迭代（$k=0,1,2,\ldots$），在迭代前 $\mathbf{x}$ 的取值为 $\mathbf{x}_k$，这时 $\frac{1}{2}\mathbf{x}^{\mathrm{T}}\mathbf{F}\mathbf{x}-\mathbf{g}^{\mathrm{T}}\mathbf{x}$ 的负梯度方向为待求线性方程组残差 $\mathbf{r}_k=\mathbf{g}-\mathbf{F}\mathbf{x}_k$。共轭梯度为了让迭代更高效，需要找到一个和之前的用过的方向 $\mathbf{p}_0,\mathbf{p}_1,\ldots,\mathbf{p}_{k-1}$ 都共轭的方向。因此，我们可以设该方向为

$$\mathbf{p}_k=\mathbf{r}_k-\sum_{\kappa=0}^{k-1}\beta_{k,\kappa}\mathbf{p}_\kappa$$

利用 $\mathbf{p}_k^{\mathrm{T}}\mathbf{F}\mathbf{p}_\kappa=0$（$0\leqslant\kappa<k$）可以得到

$$\beta_{k,\kappa}=\frac{\mathbf{p}_\kappa^{\mathrm{T}}\mathbf{F}\mathbf{r}_\kappa}{\mathbf{p}_\kappa^{\mathrm{T}}\mathbf{F}\mathbf{p}_\kappa},\quad 0\leqslant\kappa<k$$

这样就确定了第 k 次迭代的方向。接下来确定学习率 α_k。学习率的选择应当让优化目标 $\frac{1}{2}\mathbf{x}^{\mathrm{T}}\mathbf{F}\mathbf{x}-\mathbf{g}^{\mathrm{T}}\mathbf{x}$ 在更新后的值 $\mathbf{x}_{k+1}=\mathbf{x}_k+\alpha_k\mathbf{p}_k$ 上尽量小。由于

$$\frac{\partial}{\partial\alpha_k}\left(\frac{1}{2}(\mathbf{x}_k+\alpha_k\mathbf{p}_k)^{\mathrm{T}}\mathbf{F}(\mathbf{x}_k+\alpha_k\mathbf{p}_k)-\mathbf{g}^{\mathrm{T}}(\mathbf{x}_k+\alpha_k\mathbf{p}_k)\right)=\alpha_k\mathbf{p}_k^{\mathrm{T}}\mathbf{F}\mathbf{p}_k+\mathbf{p}_k^{\mathrm{T}}(\mathbf{F}\mathbf{x}_k-\mathbf{g})$$

令其为 0，有

$$\alpha_k=\frac{\mathbf{p}_k^{\mathrm{T}}(\mathbf{g}-\mathbf{F}\mathbf{x}_k)}{\mathbf{p}_k^{\mathrm{T}}\mathbf{F}\mathbf{p}_k}$$

利用以上信息，就可以实现梯度迭代算法。

在实际应用中，可以进一步简化计算。定义 $\rho_k=\mathbf{r}_k^{\mathrm{T}}\mathbf{r}_k$，$\mathbf{z}_k=\mathbf{F}\mathbf{p}_k$（$k=0,1,\ldots$）。可以证明（证明比较烦琐，略过）：

$$\alpha_k=\frac{\rho_k}{\mathbf{p}_k^{\mathrm{T}}\mathbf{z}_k},\qquad \mathbf{r}_{k+1}=\mathbf{r}_k-\alpha_k\mathbf{z}_k,\qquad \mathbf{p}_{k+1}=\mathbf{r}_{k+1}+\frac{\rho_{k+1}}{\rho_k}\mathbf{p}_k$$

利用这些关系，可以得到算法 8-7 所示的共轭梯度算法。在算法 8-7 中，还引入了一个参数 ε，这是一个小正实数（可取 $\varepsilon=10^{-8}$），用来提高算法的稳定性。

算法 8-7　共轭梯度算法

输入：矩阵 $\mathbf{F}$ 和向量 $\mathbf{g}$。

输出：线性方程组 $\mathbf{F}\mathbf{x}=\mathbf{g}$ 的解 $\mathbf{x}$。

参数：迭代次数 n_{CG}，保持稳定性的参数 $\varepsilon>0$。

1.（初始化）设置迭代起始点 $\mathbf{x}\leftarrow$ 任意值（常设置为全零 $\mathbf{0}$），残差 $\mathbf{r}=\mathbf{g}-\mathbf{F}\mathbf{x}$，基底 $\mathbf{p}=\mathbf{r}$，$\rho\leftarrow\mathbf{r}^{\mathrm{T}}\mathbf{r}$。

2.（迭代求解）$k=1,\ldots,n_{\mathrm{CG}}$：

　2.1 $\mathbf{z}\leftarrow\mathbf{F}\mathbf{p}$；

2.2 $\alpha \leftarrow \dfrac{\rho}{\mathbf{p}\cdot\mathbf{z}+\varepsilon}$；

2.3（更新值和残差）$\mathbf{x} \leftarrow \mathbf{x}+\alpha\mathbf{p}$，$\mathbf{r} \leftarrow \mathbf{r}-\alpha\mathbf{z}$；

2.4（更新基底）$\rho_{新} \leftarrow \mathbf{r}^{\mathrm{T}}\mathbf{r}$，$\mathbf{p} \leftarrow \mathbf{r}+\dfrac{\rho_{新}}{\rho}\mathbf{p}$；

2.5 $\rho \leftarrow \rho_{新}$。

将简单的自然梯度算法和共轭梯度算法结合，可以得到带共轭梯度的自然梯度算法（见算法 8-8）。

算法 8-8　带共轭梯度的自然策略梯度算法

输入：环境（无数学描述）。

输出：最优策略的估计 $\pi(\boldsymbol{\theta})$。

参数：共轭梯度算法迭代次数 n_{CG}，KL 散度上界 δ，控制轨迹生成和估计优势函数的参数。

1.（初始化）$\boldsymbol{\theta} \leftarrow$ 任意值，$\mathbf{w} \leftarrow$ 任意值；

2. 对每个回合执行以下操作：

2.1 用策略 $\pi(\boldsymbol{\theta})$ 生成轨迹；

2.2 用生成的轨迹和由 $\mathbf{w}$ 确定的价值函数估计 $\boldsymbol{\theta}$ 处的策略梯度 $\mathbf{g}$ 和优势函数；

2.3 用共轭梯度算法迭代 n_{CG} 次得到 $\mathbf{x}$，计算自然梯度的估计 $\sqrt{\dfrac{2\delta}{\mathbf{x}^{\mathrm{T}}\mathbf{F}\mathbf{x}}}\mathbf{x}$；

2.4（策略更新）更新策略参数 $\boldsymbol{\theta} \leftarrow \boldsymbol{\theta}+\sqrt{\dfrac{2\delta}{\mathbf{x}^{\mathrm{T}}\mathbf{F}\mathbf{x}}}\mathbf{x}$；

2.5（价值更新）更新 $\mathbf{w}$ 以减小价值函数的误差。

8.3.4　信任域策略优化

信任域策略优化算法（Trust Region Policy Optimization，TRPO）是在自然策略优化的基础上修改而来的，它也是在文章《Trust region policy optimization》中提出的。在自然梯度算法中，我们试图求解以下优化问题：

$$\begin{array}{ll}\text{maximize} & \mathrm{E}_{\pi(\boldsymbol{\theta}_k)}\left[\dfrac{\pi(A|S;\boldsymbol{\theta})}{\pi(A|S;\boldsymbol{\theta}_k)}a_{\pi(\boldsymbol{\theta}_k)}(S,A)\right] \\ \text{over} & \boldsymbol{\theta} \\ \text{s.t.} & \mathrm{E}_{S\sim\pi(\boldsymbol{\theta}_k)}\left[d_{\mathrm{KL}}\left(\pi(\cdot|S;\boldsymbol{\theta})\,\|\,\pi(\cdot|S;\boldsymbol{\theta}_k)\right)\right]\leqslant\delta\end{array}$$

但是，自然梯度算法并没有直接求解这个问题，而是求解了一个近似的问题。对近似后的优化问题求得最优解，并不一定会导致问题有最优解。在个别情况下，反而会使原问题变差。为了解决这一个问题，信任域策略优化算法将策略参数的迭代式扩展为

$$\boldsymbol{\theta}_{k+1} = \boldsymbol{\theta}_k + \alpha^j \sqrt{\frac{2\delta}{\left[\mathbf{x}(\boldsymbol{\theta}_k)\right]^{\mathrm{T}} \mathbf{F}(\boldsymbol{\theta}_k)\mathbf{x}(\boldsymbol{\theta}_k)}}\mathbf{x}(\boldsymbol{\theta}_k)$$

其中 $\alpha \in (0,1)$ 是学习参数，j 是某个非负整数。对于自然策略梯度，j 总是为 0。信任域策略优化算法则用以下方法确定 j 的值：从非负整数到 0,1,2,... 中依次寻找首个满足期望 KL 散度约束并且能提升代理梯度的值。不过，由于近似得不错，一般情况下 j 值为 0，极少数情况的 j 值为 1，其他值几乎没有。但是，这样的小改动就可以避免那些较少出现的情况对迭代过程带来毁灭性的影响。更新算法见算法 8-9。

算法 8-9　信任域策略优化算法

输入：环境（无数学描述）。

输出：最优策略的估计 $\pi(\boldsymbol{\theta})$。

参数：信任域中 KL 期望的最大值 δ，学习率 α，折扣因子 γ，控制回合数和回合内步数的参数。

1.（初始化）$\boldsymbol{\theta} \leftarrow$ 任意值，$\mathbf{w} \leftarrow$ 任意值；

2.（时序差分更新）对每个回合执行以下操作：

　2.1 用策略 $\pi(\boldsymbol{\theta})$ 生成轨迹；

　2.2 用生成的轨迹和由 $\mathbf{w}$ 确定的价值函数估计 $\boldsymbol{\theta}$ 处的策略梯度 $\mathbf{g}$ 和优势函数。

　2.3 用共轭梯度算法迭代 n_{CG} 次得到 $\mathbf{x}$，计算自然梯度 $\sqrt{\frac{2\delta}{\mathbf{x}^{\mathrm{T}}\mathbf{F}\mathbf{x}}}\mathbf{x}$；

　2.4（策略更新）确定 j 的值，使得新策略在信任域内，并且代理优势有提升。更新策略参数 $\boldsymbol{\theta} \leftarrow \boldsymbol{\theta} + \alpha^j \sqrt{\frac{2\delta}{\mathbf{x}^{\mathrm{T}}\mathbf{F}\mathbf{x}}}\mathbf{x}$；

　2.5（价值更新）更新 $\mathbf{w}$ 以减小价值函数的误差。

8.3.5 Kronecker 因子信任域执行者 / 评论者算法

Y. Wu 在文章《Scalable trust-region method for deep reinforcement learning using Kronecker-factored approximation》中提出了 **Kronecker 因子信任域执行者 / 评论者算法**（Actor Critic using Kronecker-factored Trust Region，ACKTR）。这个算法将 Kronecker 因子近似曲率算法用到了信任域策略优化算法中，减少了计算量。

Kronecker 因子近似曲率算法（Kronecker-Factor Approximate Curvature，K-FAC）是这样的：考虑一个 m 层的全连接神经网络 $f: \mathbf{x} \mapsto y$，设其第 i 层（$0 \leqslant i < m$）的输入为 $\mathbf{x}_i$，权重为 $\mathbf{W}_i$，激活前的输出为 $\mathbf{z}_i$，则有

$$\mathbf{z}_i = \mathbf{W}_i \mathbf{x}_i, \quad 0 \leqslant i < m$$

最终的输出 y 对网络中所有权重

$$\mathbf{w}=\begin{pmatrix}\operatorname{vec}(\mathbf{W}_0)\\ \operatorname{vec}(\mathbf{W}_1)\\ \vdots \\ \operatorname{vec}(\mathbf{W}_{m-1})\end{pmatrix}$$

的梯度可以表示为

$$\nabla_{\mathbf{w}}y=\begin{pmatrix}\operatorname{vec}(\nabla_{\mathbf{W}_0}y)\\ \operatorname{vec}(\nabla_{\mathbf{W}_1}y)\\ \vdots \\ \operatorname{vec}(\nabla_{\mathbf{W}_{m-1}}y)\end{pmatrix}$$

考虑任意的 $0\leqslant i<m$，由于 $\mathbf{z}_i=\mathbf{W}_i\mathbf{x}_i$，用链式法则可得 $\nabla_{\mathbf{W}_i}y=\mathbf{g}_i\mathbf{x}_i^{\mathrm{T}}$，其中 $\mathbf{g}_i=\nabla_{\mathbf{z}_i}y$。进而得出

$$\operatorname{vec}(\nabla_{\mathbf{W}_i}y)=\operatorname{vec}(\mathbf{g}_i\mathbf{x}_i^{\mathrm{T}})=\mathbf{x}_i\otimes\mathbf{g}_i$$

其中 $\otimes$ 是 Kronecker 积，这里用了恒等式 $\operatorname{vec}(\mathbf{u}\mathbf{v}^{\mathrm{T}})=\mathbf{v}\otimes\mathbf{u}$。再进一步，对于任意的 $0\leqslant i,j<m$ 有

$$\operatorname{vec}(\nabla_{\mathbf{W}_i}y)\left[\operatorname{vec}(\nabla_{\mathbf{W}_j}y)\right]=[\mathbf{x}_i\otimes\mathbf{g}_i][\mathbf{x}_j\otimes\mathbf{g}_j]^{\mathrm{T}}=(\mathbf{x}_i\mathbf{x}_j^{\mathrm{T}})\otimes(\mathbf{g}_i\mathbf{g}_j^{\mathrm{T}})$$

这里用了恒等式 $(\mathbf{A}\otimes\mathbf{B})(\mathbf{C}\otimes\mathbf{D})=(\mathbf{AC})\otimes(\mathbf{BD})$。这样，我们就得到了 $(\nabla_{\mathbf{w}}y)(\nabla_{\mathbf{w}}y)^{\mathrm{T}}$ 的表达式，其第 (i,j) 元素为

$$\left[(\nabla_{\mathbf{w}}y)(\nabla_{\mathbf{w}}y)^{\mathrm{T}}\right]_{i,j}=(\mathbf{x}_i\mathbf{x}_j^{\mathrm{T}})\otimes(\mathbf{g}_i\mathbf{g}_j^{\mathrm{T}}),\quad 0\leqslant i,j<m$$

当神经网络的输入是随机变量 $\mathbf{X}$ 时，有

$$\mathrm{E}\left[(\nabla_{\mathbf{w}}Y)(\nabla_{\mathbf{w}}Y)^{\mathrm{T}}\right]_{i,j}=\mathrm{E}\left[(\mathbf{X}_i\mathbf{X}_j^{\mathrm{T}})\otimes(\mathbf{G}_i\mathbf{G}_j^{\mathrm{T}})\right]\approx\mathrm{E}\left[\mathbf{X}_i\mathbf{X}_j^{\mathrm{T}}\right]\otimes\mathrm{E}\left[\mathbf{G}_i\mathbf{G}_j^{\mathrm{T}}\right],\quad 0\leqslant i,j<m$$

这就是 Kronecker 因子近似曲率算法的表达式。除了用这样的近似以外，还可以进一步将某些 $\mathrm{E}\left[(\nabla_{\mathbf{w}}Y)(\nabla_{\mathbf{w}}Y)^{\mathrm{T}}\right]_{i,j}$ 近似为全零矩阵，得到分块对角矩阵或分块三角矩阵。

Kronecker 因子近似曲率算法可以直接用在 Fisher 信息矩阵的计算上。回顾前文，Fisher 信息矩阵具有以下形式：

$$\mathbf{F}=\mathrm{E}\left[\left[\nabla\ln\pi(A_t|S_t;\boldsymbol{\theta})\right]\left[\nabla\ln\pi(A_t|S_t;\boldsymbol{\theta})\right]^{\mathrm{T}}\right]$$

这正是 Kronecker 因子算法可以处理的形式。这个算法将 Kronecker 因子近似曲率算法用到了信任域策略优化算法中，减少了计算量。

8.4 重要性采样异策执行者 / 评论者算法

执行者 / 评论者算法可以和重要性采样结合，得到异策执行者 / 评论者算法。本节介绍基于重要性采样的异策执行者 / 评论者算法。

8.4.1 基本的异策算法

本节介绍基于重要性采样的**异策的执行者 / 评论者算法**（Off-Policy Actor-Critic，OffPAC）。

用 $b(\cdot|\cdot)$ 表示行为策略，则梯度方向可由 $\mathrm{E}_{\pi(\boldsymbol{\theta})}\left[\Psi_t \nabla \ln \pi(A_t|S_t;\boldsymbol{\theta})\right]$ 变为 $\mathrm{E}_b\left[\frac{\pi(A_t|S_t;\boldsymbol{\theta})}{b(A_t|S_t)}\Psi_t \nabla \ln \pi(A_t|S_t;\boldsymbol{\theta})\right] = \mathrm{E}_b\left[\frac{1}{b(A_t|S_t)}\Psi_t \nabla \pi(A_t|S_t;\boldsymbol{\theta})\right]$。这时，更新策略参数 $\boldsymbol{\theta}$ 时就应该试图减小 $-\frac{1}{b(A_t|S_t)}\Psi_t \nabla \pi(A_t|S_t;\boldsymbol{\theta})$。据此，可以得到异策执行者 / 评论者算法，见算法 8-10。

算法 8-10　异策动作价值执行者 / 评论者算法

输入：环境（无数学描述）。

输出：最优策略的估计 $\pi(\boldsymbol{\theta})$。

参数：优化器（隐含学习率 $\alpha^{(\boldsymbol{\theta})},\alpha^{(\mathbf{w})}$），折扣因子 γ，控制回合数和回合内步数的参数。

1.（初始化）$\boldsymbol{\theta} \leftarrow$ 任意值，$\mathbf{w} \leftarrow$ 任意值。

2.（带自益的策略更新）对每个回合执行以下操作。

　2.1（初始化累积折扣）$I \leftarrow 1$。

　2.2（初始化状态动作对）选择状态 S，用行为策略 $b(\cdot|S)$ 得到动作 A；

　2.3 如果回合未结束，执行以下操作：

　　2.3.1（采样）根据状态 S 和动作 A 得到采样 R 和下一状态 S'；

　　2.3.2（执行）用 $b(\cdot|S')$ 得到动作 A'；

　　2.3.3（估计回报）$U \leftarrow R + \gamma q(S',A';\mathbf{w})$；

　　2.3.4（策略改进）更新 $\boldsymbol{\theta}$ 以减小 $-\frac{1}{b(A|S)}Iq(S,A;\mathbf{w})\pi(A|S;\boldsymbol{\theta})$（如 $\boldsymbol{\theta} \leftarrow \boldsymbol{\theta} + \alpha^{(\boldsymbol{\theta})}I\frac{1}{b(A|S)}q(S,A;\mathbf{w})\nabla\pi(A|S;\boldsymbol{\theta})$）；

　　2.3.5（更新价值）更新 $\mathbf{w}$ 以减小 $\frac{\pi(A|S;\boldsymbol{\theta})}{b(A|S)}\left[U - q(S,A;\mathbf{w})\right]^2$（如 $\mathbf{w} \leftarrow \mathbf{w} + \alpha^{(\mathbf{w})}\frac{\pi(A|S;\boldsymbol{\theta})}{b(A|S)}\left[U - q(S,A;\mathbf{w})\right]\nabla q(S,A;\mathbf{w})$）；

　　2.3.6（更新累积折扣）$I \leftarrow \gamma I$；

　　2.3.7（更新状态）$S \leftarrow S'$，$A \leftarrow A'$。

8.4.2 带经验回放的异策算法

本节介绍 Z. Wang 等在文章《Sample efficient actor-critic with experience replay》中提出了**带经验回放的执行者/评论者算法**（Actor-Critic with Experiment Replay，ACER）。如果说 8.4.1 节介绍的基本异策执行者/评论者算法是 8.1.1 节介绍的基本同策执行者/评论者算法的异策版本，那么本节介绍的带经验回放的异策执行者/评论者算法就相当于 8.1.2 节介绍的 A3C 算法的异策版本。它同样可以支持多个线程的异步学习：每个线程在执行前先同步全局参数，然后独立执行和学习，再利用学到的梯度方向进行全局更新。

8.1.2 节中介绍的执行者/评论者算法是基于整个轨迹进行更新的。对于引入行为策略和重采样后，对于目标 U_t 的重采样系数变为 $\prod_{\tau=0}^{t}\rho_\tau$，其中 $\rho_\tau=\dfrac{\pi(A_\tau|S_\tau;\boldsymbol{\theta})}{b(A_\tau|S_\tau)}$。在这个表达式中，每个 ρ_τ 都有比较大的方差，最终乘积得到的方差会特别大。一种限制方差的方法是控制重采样比例的范围，例如给定一个常数 c，将重采样比例截断为 $\min\{\rho_\tau,c\}$。但是，如果直接将梯度方向中的重采样系数进行截断（例如从 $\mathrm{E}_b\left[\rho_t\Psi_t\nabla\ln\pi(A_t|S_t;\boldsymbol{\theta})\right]$ 修改为 $\mathrm{E}_b\left[\min\{\rho_t,c\}\Psi_t\nabla\ln\pi(A_t|S_t;\boldsymbol{\theta})\right]$），会带来偏差。这时候我们可以再加一项来弥补这个偏差。利用恒等式 $\rho=\min\{\rho,c\}+\max\{\rho-c,0\}$，我们可以把梯度 $\mathrm{E}_b\left[\rho_t\Psi_t\nabla\ln\pi(A_t|S_t;\boldsymbol{\theta})\right]$ 拆成以下两项：

- $\mathrm{E}_b\left[\min\{\rho_t,c\}\Psi_t\nabla\ln\pi(A_t|S_t;\boldsymbol{\theta})\right]$：期望针对行为策略 b，此项方差是可控的；
- $\mathrm{E}_b\left[\max\{\rho_t-c,0\}\Psi_t\nabla\ln\pi(A_t|S_t;\boldsymbol{\theta})\right]$ 即 $\mathrm{E}_{\pi(\boldsymbol{\theta})}\left[\max\{1-c/\rho_t,0\}\Psi_t\nabla\ln\pi(A_t|S_t;\boldsymbol{\theta})\right]$：采用针对原有目标策略 $\pi(\boldsymbol{\theta})$ 的期望后，$\max\{1-c/\rho_t,0\}$ 也是有界的（即 $\max\{1-c/\rho_t,0\}\leqslant 1$）。

采用这样的拆分后，两项的方差都是可控的。但是，这两项中其中一项针对的是行为策略，另外一项针对的是原策略，这就要求在执行过程中兼顾这两种策略。

得到梯度方向后，我们希望对这个梯度方向做修正，以免超出范围。为此，用 KL 散度增加了约束。记在迭代过程中策略参数的指数滑动平均值为 $\boldsymbol{\theta}^{\mathrm{EMA}}$，对应的平均策略为 $\pi(\boldsymbol{\theta}^{\mathrm{EMA}})$。我们可以希望迭代得到的新策略参数不要与这个平均策略 $\pi(\boldsymbol{\theta}^{\mathrm{EMA}})$ 参数差别太大。所以，可以限定这两个策略在当前状态 S_t 下的动作分布不要差别太大。考虑到 KL 散度可以刻画两个分布直接的差别，所以可以限定新得到的梯度方向（记为 $\mathbf{z}_t$）与 $\nabla_{\boldsymbol{\theta}}d_{\mathrm{KL}}\left(\pi(\cdot|S_t;\boldsymbol{\theta}^{\mathrm{EMA}})\|\pi(\cdot|S_t;\boldsymbol{\theta})\right)$ 的内积不要太大。值得一提的是，$\nabla_{\boldsymbol{\theta}}d_{\mathrm{KL}}\left(\pi(\cdot|S_t;\boldsymbol{\theta}^{\mathrm{EMA}})\|\pi(\cdot|S_t;\boldsymbol{\theta})\right)$ 实际上有和重采样比例类似的形式：

$$
\begin{aligned}
&\nabla_{\boldsymbol{\theta}}d_{\mathrm{KL}}\left(\pi(\cdot|S_t;\boldsymbol{\theta}^{\mathrm{EMA}})\|\pi(\cdot|S_t;\boldsymbol{\theta})\right)\\
&=\nabla_{\boldsymbol{\theta}}\sum_a\pi(a|S_t;\boldsymbol{\theta}^{\mathrm{EMA}})\ln\frac{\pi(a|S_t;\boldsymbol{\theta}^{\mathrm{EMA}})}{\pi(a|S_t;\boldsymbol{\theta})}\\
&=-\nabla_{\boldsymbol{\theta}}\sum_a\pi(a|S_t;\boldsymbol{\theta}^{\mathrm{EMA}})\ln\pi(a|S_t;\boldsymbol{\theta})\\
&=-\sum_a\frac{\pi(a|S_t;\boldsymbol{\theta}^{\mathrm{EMA}})}{\pi(a|S_t;\boldsymbol{\theta})}\nabla_{\boldsymbol{\theta}}\pi(a|S_t;\boldsymbol{\theta})
\end{aligned}
$$

至此，我们可以得到一个确定新的梯度方向的优化问题。记新的梯度方向为 $\mathbf{z}_t$，定义

$$\mathbf{g}_t = \min\{\rho_t, c\}\left(U_t - v(S_t;\mathbf{w})\right)\nabla \ln \pi(A_t \mid S_t;\boldsymbol{\theta})$$
$$+\mathrm{E}_{A_t\sim\pi(\boldsymbol{\theta})}\left[\max\left\{1-\frac{\rho_t}{c}\right\}\left(q(S_t,A_t;\mathbf{w}) - v(S_t;\mathbf{w})\right)\nabla \ln \pi(A_t \mid S_t;\boldsymbol{\theta})\right]$$
$$\mathbf{k}_t = \nabla_{\boldsymbol{\theta}} d_{\mathrm{KL}}\left(\pi(\cdot \mid S_t;\boldsymbol{\theta}^{\mathrm{EMA}}) \,\|\, \pi(\cdot \mid S_t;\boldsymbol{\theta})\right)$$

我们一方面希望新的梯度方向 $\mathbf{z}_t$ 要和 $\mathbf{g}_t$ 尽量接近，另外一方面要满足 $\mathbf{k}_t^{\mathrm{T}}\mathbf{z}_t$ 不超过一个给定的参数 δ。这样这个优化问题为

$$\begin{array}{ll} \text{minimize} & \frac{1}{2}\|\mathbf{g}_t - \mathbf{z}\|_2^2 \\ \text{over} & \mathbf{z} \\ \text{s.t.} & \mathbf{k}_t^{\mathrm{T}}\mathbf{z} \leqslant \delta. \end{array}$$

接下来求解这个优化问题。使用 Lagrange 乘子法，构造函数：

$$l(\mathbf{z},\lambda) = \frac{1}{2}\|\mathbf{g}_t - \mathbf{z}\|_2^2 + \lambda\left(\mathbf{k}_t^{\mathrm{T}}\mathbf{z} - \delta\right)$$

令 $\left.\frac{\partial l(\mathbf{z},\lambda)}{\partial \mathbf{z}}\right|_{\mathbf{z}=\mathbf{z}_t,\lambda=\lambda_t} = \mathbf{0}$ 和 $\left.\frac{\partial l(\mathbf{z},\lambda)}{\partial \lambda}\right|_{\mathbf{z}=\mathbf{z}_t,\lambda=\lambda_t} = 0$，有

$$\mathbf{z}_t = \mathbf{g}_t - \lambda_t \mathbf{k}_t$$
$$\mathbf{k}_t^{\mathrm{T}}\mathbf{z}_t = \delta$$

将前式代入后式可得 $\lambda_t = \frac{\mathbf{k}_t^{\mathrm{T}}\mathbf{g}_t - \delta}{\mathbf{k}_t^{\mathrm{T}}\mathbf{k}_t}$。由于 Lagrange 乘子应大等于 0，所以，Lagrange 乘子应为 $\max\left\{\frac{\mathbf{k}_t^{\mathrm{T}}\mathbf{g}_t - \delta}{\mathbf{k}_t^{\mathrm{T}}\mathbf{k}_t}, 0\right\}$，优化问题的最优解为

$$\mathbf{z}_t = \mathbf{g}_t - \max\left\{\frac{\mathbf{k}_t^{\mathrm{T}}\mathbf{g}_t - \delta}{\mathbf{k}_t^{\mathrm{T}}\mathbf{k}_t}, 0\right\}\mathbf{k}_t$$

这个方向才是我们真正要用的梯度方向。

综合以上分析，我们可以得到带经验回放的执行者 / 评论者算法的一个简化版本。这个算法可以有一个回放因子，可以控制每次运行得到的经验可以回放多少次。算法 8-11 给出了经验回放的线程的算法。对于经验回放的线程所回放的经验是从其他线程已经执行过的线程生成并存储的，这个过程在算法 8-11 中没有展示，但是是这个算法必需的。在存储和回放的时候，不仅要存储和回放状态 S_t、动作 A_t、奖励 R_{t+1} 等，还需要存储和回放在状态 S_t 产生动作 A_t 的概率 $b(A_t \mid S_t)$。有了这个概率值，才能计算重采样系数。在价值网络的设计方面，只维护动作价值网络。在需要状态价值的估计时，由动作价值网络计算得到。

算法 8-11 带经验回放的执行者/评论者算法（异策简化版本）

参数：学习率 $\alpha^{(\theta)},\alpha^{(\mathbf{w})}$，指数滑动平均系数 α^{EMA}，重采样因子截断系数 c，折扣因子 γ，控制回合数和回合内步数的参数。

1.（同步全局参数）$\boldsymbol{\theta}' \leftarrow \boldsymbol{\theta}$，$\mathbf{w}' \leftarrow \mathbf{w}$。

2.（经验回放）回放存储的经验轨迹 $S_0,A_0,R_1,S_1,\ldots,S_{T-1},A_{T-1},R_T,S_T$，以及经验对应的行为策略概率 $b(A_t|S_t)$（$t=0,1,\ldots$）。

3. 梯度估计。

3.1 为梯度计算初始化：

3.1.1（初始化目标 U_T）若 S_T 是终止状态，则 $U \leftarrow 0$；否则 $U \leftarrow \sum_a \pi(a|S_t;\boldsymbol{\theta}') q(S_t,a;\mathbf{w}')$；

3.1.2（初始化梯度）$\mathbf{g}^{(\mathbf{w})} \leftarrow \mathbf{0}$，$\mathbf{g}^{(\theta)} \leftarrow \mathbf{0}$。

3.2（异步计算梯度）对 $t=T-1,T-2,\ldots,0$，执行以下内容：

3.2.1（估计目标 U_t）计算 $U \leftarrow \gamma U + R_{t+1}$；

3.2.2（估计价值梯度方向）$\mathbf{g}^{(\mathbf{w})} \leftarrow \mathbf{g}^{(\mathbf{w})} + \left[U - q(S_t,A_t;\mathbf{w}')\right] \nabla q(S_t,A_t;\mathbf{w}')$；

3.2.3（估计策略梯度方向）计算动作价值 $V \leftarrow \sum_a \pi(a|S_t;\boldsymbol{\theta}') q(S_t,a;\mathbf{w}')$，重采样系数 $\rho \leftarrow \dfrac{\pi(A_t|S_t;\boldsymbol{\theta}')}{b(A_t|S_t)}$，以及 $\mathbf{g}$，$\mathbf{k} \leftarrow \nabla_{\boldsymbol{\theta}} d_{\text{KL}}\left(\pi(\cdot|S_t;\boldsymbol{\theta}^{\text{EMA}}) \| \pi(\cdot|S_t;\boldsymbol{\theta}')\right)$，$\mathbf{z} \leftarrow \mathbf{g} - \max\left\{\dfrac{\mathbf{k}^{\mathrm{T}}\mathbf{g} - \delta}{\mathbf{k}^{\mathrm{T}}\mathbf{k}}, 0\right\}\mathbf{k}$。$\mathbf{g}^{(\theta)} \leftarrow \mathbf{g}^{(\theta)} + \mathbf{z}$。

3.2.4（更新回溯目标）$U \leftarrow \min\{\rho,1\}\left[U - q(S_t,A_t;\mathbf{w}')\right] + V$。

4.（同步更新）更新全局参数。

4.1（价值更新）$\mathbf{w} \leftarrow \mathbf{w} + \alpha^{(\mathbf{w})}\mathbf{g}^{(\mathbf{w})}$。

4.2（策略更新）$\boldsymbol{\theta} \leftarrow \boldsymbol{\theta} + \alpha^{(\theta)}\mathbf{g}^{(\theta)}$。

4.3（更新平均策略）$\boldsymbol{\theta}^{\text{EMA}} \leftarrow \left(1-\alpha^{\text{EMA}}\right)\boldsymbol{\theta}^{\text{EMA}} + \alpha^{\text{EMA}}\boldsymbol{\theta}$。

8.5 柔性执行者/评论者算法

本节介绍一种基于经验回放的异策执行者/评论者算法——**柔性执行者/评论者算法**（Soft Actor-Critic，SAC）。柔性执行者/评论者算法的理论和实现细节与前面介绍的几个算法都不一样，它用到了熵的概念。

8.5.1 熵

熵是信息论里的概念。对于一个分布 p，它的**熵**（entropy）的定义为：

$$h(p)=\mathrm{E}_{X\sim p}\left[-\ln p(X)\right]$$

如果分布 p 是离散分布，则离散熵

$$h(p)=-\sum_{x}p(x)\ln p(x)$$

如果分布 p 是连续分布，则连续熵

$$h(p)=-\int_{x}p(x)\ln p(x)\mathrm{d}x$$

对于一个随机变量，如果它的不确定性越大，那么它的熵就越大。所以，熵又被称为不确定性的度量。

8.5.2　奖励工程和带熵的奖励

强化学习中的**奖励工程**（reward engineering）是指通过修改原问题中奖励的定义得到新的强化学习问题，然后求解修改后的强化学习问题，以期为求解原强化学习问题提供帮助。

柔性执行者 / 评论者算法就使用了奖励工程。具体而言，柔性执行者 / 评论者算法鼓励探索。上一节我们知道，熵是不确定性的度量，熵越大则探索程度越大。为了鼓励探索，柔性执行者 / 评论者算法使用带熵的奖励，即在原奖励的基础上增加由动作分布确定的熵：

$$R_{t+1}^{(熵)}=R_{t+1}+\alpha^{(熵)}h\left(\pi(\cdot|S_t)\right),\quad t=0,1,\ldots$$

其中 $\alpha^{(熵)}$ 是一个参数（$\alpha^{(熵)}>0$）。在后文中，我们对带熵奖励对应的强化学习任务的相关量加上上标“$^{(熵)}$”做区别。例如，带熵的回报和带熵的价值函数记为：

$$\begin{aligned}
G_t^{(熵)}&=\sum_{\tau=0}^{+\infty}\gamma^{\tau}R_{t+\tau+1}^{(熵)},\quad t=0,1,2,\ldots\\
v_\pi^{(熵)}(s)&=\mathrm{E}_\pi\left[G_t^{(熵)}|S_t=s\right],\quad s\in\mathcal{S}\\
q_\pi^{(熵)}(s,a)&=\mathrm{E}_\pi\left[G_t^{(熵)}|S_t=s,A_t=a\right],\quad s\in\mathcal{S},a\in\mathcal{A}
\end{aligned}$$

对于给定的状态动作对 (s,a)，从状态 s 到动作 a 是完全确定的，不需要为此奖励熵。所以，为此再引入一个抛去首个熵的动作价值函数：

$$q_\pi^{(熵-)}(s,a)=q_\pi^{(熵)}(s,a)-\alpha^{(熵)}h\left(\pi(\cdot|s)\right),\quad s\in\mathcal{S},a\in\mathcal{A}$$

我们不难得到 $v_\pi^{(熵)}(s)$ 和 $q_\pi^{(熵-)}(s,a)$ 之间有以下关系：

$$\begin{aligned}
v_\pi^{(熵)}(s)&=\mathrm{E}_{A\sim\pi}\left[q_\pi^{(熵-)}(s,A)\right]+\alpha h\left(\pi(\cdot|s)\right),\\
&=\mathrm{E}_{A\sim\pi}\left[q_\pi^{(熵-)}(s,A)-\alpha\ln\pi(A|s)\right]\quad s\in\mathcal{S}
\end{aligned}$$

$$\begin{aligned}q_\pi^{(\text{熵}-)}(s,a) &= q_\pi^{(\text{熵})}(s,a)-\alpha h\big(\pi(\cdot|s)\big)\\&=\mathrm{E}_\pi\left[R_{t+1}^{(\text{熵})}+\gamma v_\pi^{(\text{熵})}(S_{t+1})|S_t=s,A_t=a\right]-\alpha h\big(\pi(\cdot|s)\big)\\&=\mathrm{E}_\pi\left[R_{t+1}+\gamma v_\pi^{(\text{熵})}(S_{t+1})|S_t=s,A_t=a\right],\quad s\in\mathcal{S},a\in\mathcal{A}\end{aligned}$$

柔性执行者/评论者算法中的评论者将会用到这些带熵的价值函数。

8.5.3 柔性执行者/评论者的网络设计

柔性执行者/评论者算法也是用含参函数来近似最优价值函数和最优策略。例如，它用策略 $\pi(\boldsymbol{\theta})$ 来近似最优策略。但是，柔性执行者/评论者算法与前面提到的算法有着不同的价值估计方法。为了让算法更加稳定，它分别用不同的含参函数来近似最优动作价值函数和最优状态价值函数。而对动作价值函数和状态价值函数的处理也不相同：它对动作价值函数采用了双重学习，而对状态价值函数使用了目标网络。

我们先来看动作价值函数的近似。柔性执行者/评论者算法用神经网络去近似 $q_\pi^{(\text{熵}-)}$，并采用了与双重 Q 学习类似的技术，引入了两套参数 $\mathbf{w}^{(0)}$ 和 $\mathbf{w}^{(1)}$，用两个形式相同的函数 $q\big(\mathbf{w}^{(0)}\big)$ 和 $q\big(\mathbf{w}^{(1)}\big)$ 来近似 $q_\pi^{(\text{熵}-)}$。回顾前文，双重 Q 学习可以消除最大偏差。基于查找表的双重 Q 学习用了两套动作价值函数 $q^{(0)}$ 和 $q^{(1)}$，其中一套动作价值函数用来计算最优动作（如 $A'=\arg\max_a q^{(0)}(S',a)$），另外一套价值函数用来估计回报（如 $q^{(1)}(S',A')$）；双重 Q 网络，则考虑到有了目标网络后已经有了两套价值函数的参数 $\mathbf{w}$ 和 $\mathbf{w}_{\text{目标}}$，所以用其中一套参数 $\mathbf{w}$ 计算最优动作（如 $A'=\arg\max_a q(S',a;\mathbf{w})$），再用目标网络的参数 $\mathbf{w}_{\text{目标}}$ 估计目标（如 $q(S',A';\mathbf{w}_{\text{目标}})$）。对于柔性执行者/评论者算法，它的处理方式与它们都不同。柔性执行者/评论者算法维护两份学习过程的价值网络参数 $\mathbf{w}^{(i)}$（$i=0,1$）。在估计目标时，选取两个结果中较小的那个，即 $\min_{i=0,1} q\big(\cdot,\cdot;\mathbf{w}^{(i)}\big)$。

接着看状态价值函数的近似。柔性执行者/评论者算法采用了目标网络，引入了两套形式相同的参数 $\mathbf{w}^{(v)}$ 和 $\mathbf{w}_{\text{目标}}^{(v)}$，其中 $\mathbf{w}^{(v)}$ 是迭代更新日常使用的参数，而 $\mathbf{w}_{\text{目标}}^{(v)}$ 是用来估计目标网络的参数。在更新目标网络时，为了避免参数更新过快，还引入了目标网络学习率 $\alpha_{\text{目标}}$。

综上所述，价值近似一共使用 4 套参数：$\mathbf{w}^{(0)}$、$\mathbf{w}^{(1)}$、$\mathbf{w}^{(v)}$ 和 $\mathbf{w}_{\text{目标}}^{(v)}$。在此基础上，用 $q\big(s,a;\mathbf{w}^{(i)}\big)$（$i=0,1$）近似 $q_\pi^{(\text{熵}-)}(s,a)$，用 $v\big(s;\mathbf{w}^{(v)}\big)$ 近似 $v_\pi^{(\text{熵})}(s)$。它们学习的目标如下：

1）在学习 $q\big(s,a;\mathbf{w}^{(i)}\big)$（$i=0,1$）时，试图最小化

$$\mathrm{E}_{\mathcal{D}}\left[\left(q\big(S,A;\mathbf{w}^{(i)}\big)-U_t^{(q)}\right)^2\right]$$

其中目标 $U_t^{(q)}=R_{t+1}+\gamma v\big(S';\mathbf{w}_{\text{目标}}^{(v)}\big)$；

2）在学习 $v\left(S;\mathbf{w}^{(v)}\right)$ 时，试图最小化

$$\mathrm{E}_{S\sim\mathcal{D},A\sim\pi(\boldsymbol{\theta})}\left[\left(v\left(S;\mathbf{w}^{(v)}\right)-U_t^{(v)}\right)^2\right]$$

其中目标

$$\begin{aligned}U_t^{(v)}&=\mathrm{E}_{A'\sim\pi(\boldsymbol{\theta})}\left[\min_{i=0,1}q\left(S,A';\mathbf{w}^{(i)}\right)\right]+\alpha^{(\text{熵})}h\left[\pi\left(\cdot|S;\boldsymbol{\theta}\right)\right]\\&=\mathrm{E}_{A'\sim\pi(\boldsymbol{\theta})}\left[\min_{i=0,1}q\left(S,A';\mathbf{w}^{(i)}\right)-\alpha^{(\text{熵})}\ln\pi\left(A'|S;\boldsymbol{\theta}\right)\right]\end{aligned}$$

在策略近似方面，只用一套参数 $\boldsymbol{\theta}$，用 $\pi(\boldsymbol{\theta})$ 近似最优策略。在学习 $\pi(\boldsymbol{\theta})$ 时，试图最大化

$$\mathrm{E}_{A'\sim\pi(\cdot|S;\boldsymbol{\theta})}\left[q\left(S,A';\mathbf{w}^{(0)}\right)\right]+\alpha^{(\text{熵})}h\left[\pi\left(\cdot|S;\boldsymbol{\theta}\right)\right]=\mathrm{E}_{A'\sim\pi(\cdot|S;\boldsymbol{\theta})}\left[q\left(S,A';\mathbf{w}^{(0)}\right)-\alpha^{(\text{熵})}\ln\pi\left(A'|S;\boldsymbol{\theta}\right)\right]$$

综合以上分析，我们可以得到柔性执行者 / 评论者算法（见算法 8-12）。

算法 8-12　柔性执行者 / 评论者算法

输入：环境（无数学描述）。

输出：最优策略的估计 $\pi(\boldsymbol{\theta})$。

参数：熵的奖励系数 $\alpha^{(\text{熵})}$，优化器，折扣因子 γ，控制回合数和回合内步数的参数，目标网络学习率 $\alpha_{\text{目标}}$。

1.（初始化）$\boldsymbol{\theta}\leftarrow$ 任意值，$\mathbf{w}^{(0)},\mathbf{w}^{(1)},\mathbf{w}^{(v)}\leftarrow$ 任意值，$\mathbf{w}_{\text{目标}}^{(v)}\leftarrow\mathbf{w}^{(v)}$。

2. 循环执行以下操作。

  2.1（累积经验）从起始状态 S 出发，执行以下操作，直到满足终止条件：

    2.1.1 用策略 $\pi(\cdot|S;\boldsymbol{\theta})$ 确定动作 A；

    2.1.2 执行动作 A，观测到奖励 R 和下一状态 S'；

    2.1.3 将经验 (S,A,R,S') 存储在经验存储空间 $\mathcal{D}$；

    2.1.4 如果 S' 是终止状态，则初始化一个新的状态作为 S'。

  2.2（更新）在更新的时机，执行一次或多次以下操作：

    2.2.1（经验回放）从存储空间 $\mathcal{D}$ 采样出一批经验 $\mathcal{B}$；

    2.2.2（估计回报）为每条经验 $(S,A,R,S')\in\mathcal{B}$ 计算对应的回报 $U_t^{(q)}=R_{t+1}+\gamma v\left(S';\mathbf{w}_{\text{目标}}^{(v)}\right)$，

    $U_t^{(v)}=\mathrm{E}_{A'\sim\pi(\cdot|S;\boldsymbol{\theta})}\left[\min_{i=0,1}q\left(S,A';\mathbf{w}^{(i)}\right)-\alpha^{(\text{熵})}\ln\pi\left(A'|S;\boldsymbol{\theta}\right)\right]$；

    2.2.3（价值更新）更新 $\mathbf{w}^{(i)}$（$i=0,1$）以减小 $\frac{1}{|\mathcal{B}|}\sum_{(S,A,R,S')\in\mathcal{B}}\left[U_t^{(q)}-q\left(S,A;\mathbf{w}^{(i)}\right)\right]^2$（$i=0,1$），

    更新 $\mathbf{w}^{(v)}$ 以减小 $\frac{1}{|\mathcal{B}|}\sum_{(S,A,R,S')\in\mathcal{B}}\left[U_t^{(v)}-v\left(S;\mathbf{w}^{(v)}\right)\right]^2$；

2.2.4（策略更新）更新参数 $\mathbf{\theta}$ 以减小

$$-\frac{1}{|\mathcal{B}|}\sum_{(S,A,R,S')\in\mathcal{B}}\mathrm{E}_{A'\sim\pi(\cdot|S;\mathbf{\theta})}\left[q\left(S,A';\mathbf{w}^{(0)}\right)-\alpha^{(熵)}\ln\pi\left(A'|S;\mathbf{\theta}\right)\right];$$

2.2.5（更新目标）在恰当的时机更新目标网络：$\mathbf{w}_{目标}^{(v)}\leftarrow\left(1-\alpha_{目标}\right)\mathbf{w}_{目标}^{(v)}+\alpha_{目标}\mathbf{w}^{(v)}$。

值得注意的是，更新动作价值网络参数和策略参数都用到了针对 $A'\sim\pi(\cdot|S,\mathbf{\theta})$ 的期望。对于离散的动作空间，这个期望可以通过

$$\begin{aligned}&\mathrm{E}_{A'\sim\pi(\cdot|S;\mathbf{\theta})}\left[q(S,A';\mathbf{w})-\alpha^{(熵)}\ln\pi(A'|S;\mathbf{\theta})\right]\\&=\sum_{a\in\mathcal{A}(S)}\pi(a|S;\mathbf{\theta})\left[q(S,a;\mathbf{w})-\alpha^{(熵)}\ln\pi(a|S;\mathbf{\theta})\right]\end{aligned}$$

计算。为此，在构建网络时，动作价值网络和策略网络往往采用矢量形式的输出，输出维度就是动作空间的大小。

8.6 案例：双节倒立摆

本节考虑 Gym 库中的双节倒立摆（Acrobot-v1）。双节倒立摆示意图如图 8-2 所示，有两根在二维垂直面上活动的杆子首尾相接，一端固定在原点，另一端在二维垂直面上活动。基于原点可以在二维垂直面上建立一个绝对坐标系 $X'Y'$，X' 轴是垂直向下的，Y' 轴是水平向右的；基于连接在原点的杆的位置可以建立另外一个相对的坐标系 $X''Y''$，X'' 轴向外，Y'' 轴与 X'' 轴垂直。在任一时刻 t（$t=0,1,2,\dots$），可以观测到棍子连接处在绝对坐标系的坐标 $(X'_t,Y'_t)=(\cos\Theta'_t,\sin\Theta'_t)$ 和活动端在相对坐标系上的坐标 $(X''_t,Y''_t)=(\cos\Theta''_t,\sin\Theta''_t)$，还有当前的角速度 $\dot\Theta'_t$ 和 $\dot\Theta''_t$（注意，最后两个分量上面有一个点，以此表示角速度）。可以在两个杆子的连接处施加动作，动作取自动作空间 $\mathcal{A}=\{0,1,2\}$。每过一步，惩罚奖励值 -1。活动端在绝对坐标系中的 X' 坐标小于 -1（即 $\cos\Theta'+\cos(\Theta'+\Theta'')<-1$）时，或回合达到 500 步，回合结束。我们希望回合步数尽量少。

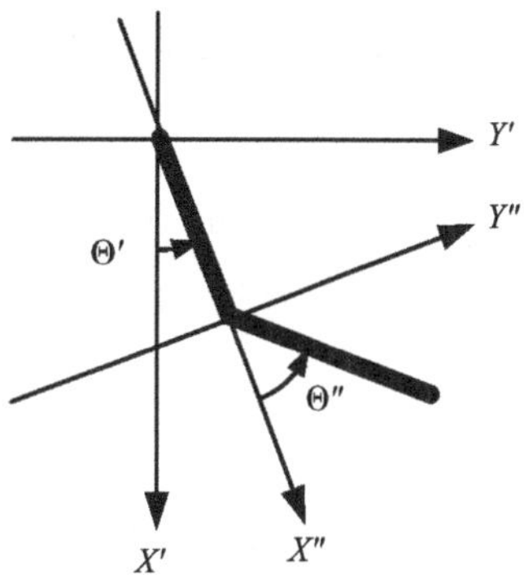

图 8-2 双节倒立摆问题示意图（此图改编自 R. Sutton, Generalization in reinforcement learning: Successful examples using sparse coarse coding, 1996）

这个问题没有规定一个回合总奖励的阈值，所以没有连续 100 回合平均回合奖励达到某个数值就认为问题解决这样的说法。

实际上，在 t 时刻，环境的状态由 $\left(\Theta_t',\Theta_t'',\dot{\Theta}_t',\dot{\Theta}_t''\right)$ 决定。状态 $S_t=\left(\Theta_t',\Theta_t'',\dot{\Theta}_t',\dot{\Theta}_t''\right)$ 可以从观测 $O_t=\left(\cos\Theta_t',\sin\Theta_t',\cos\Theta_t'',\sin\Theta_t'',\dot{\Theta}_t',\dot{\Theta}_t''\right)$ 完全得到，所以这个任务是完全可观测的。在状态 S_t 情况下使用动作 A_t，会导致角度 Θ_t' 和 Θ_t'' 对应的角加速度 $\ddot{\Theta}_t'$ 和 $\ddot{\Theta}_t''$ 满足

$$\ddot{\Theta}_t''=\left(A_t-1+\frac{D_t''}{D_t'}\Phi_t'-\frac{1}{2}\left(\dot{\Theta}_t''\right)^2\sin\Theta_t''-\Phi_t''\right)\left(\frac{5}{4}-\frac{\left(D_t''\right)^2}{D_t'}\right)$$

$$\ddot{\Theta}_t'=-\frac{1}{D_t'}\left(D_t''\ddot{\Theta}_t''+\Phi_t'\right)$$

其中

$$D_t'=\cos\Theta_t''+\frac{7}{2}$$

$$D_t''=\frac{1}{2}\cos\Theta_t''+\frac{5}{4}$$

$$\Phi_t''=\frac{1}{2}g\sin\left(\Theta_t'+\Theta_t''\right)$$

$$\Phi_t'=-\frac{1}{2}\left(\dot{\Theta}_t''\right)^2\sin\Theta_t''-\dot{\Theta}_t'\Theta_t''\sin\Theta_t''+\frac{3}{2}g\sin\Theta_t'+\Phi_t''$$

且重力加速度 $g=9.8$。利用角加速度值，可以通过积分 0.2 个连续时间单位得到下一离散时刻的状态。在计算过程中，始终用 clip() 函数使得角速度有界 $\dot{\Theta}_t'\in\left[-4\pi,4\pi\right]$，$\dot{\Theta}_t''\in\left[-9\pi,9\pi\right]$。

注意：这个例子中，两个离散时刻的间隔是 0.2 个连续时间单位，而不是 1 个连续时间单位。这再一次说明了离散时间指标并不一定要和连续时间指标一一对应。

这个动力显然非常复杂。即使知道动力的表达式，也不可能求出最优动作的闭式解。

8.6.1　同策执行者 / 评论者算法求解最优策略

本节使用同策执行者 / 评论者算法求解最优策略。

代码清单 8-1 给出了动作价值执行者 / 评论者算法的智能体。它和第 5 章中的代码清单 5-3 中的 play_sarsa() 函数一起实现了简单的动作价值执行者 / 评论者算法。配套的训练和测试算法见代码清单 5-8 和代码清单 5-9。

代码清单 8-1　动作价值执行者 / 评论者算法

```
class QActorCriticAgent:
    def __init__(self, env, actor_kwargs, critic_kwargs, gamma=0.99):
        self.action_n = env.action_space.n
        self.gamma = gamma
        self.discount = 1.
```

```
        self.actor_net = self.build_network(output_size=self.action_n,
                output_activation=tf.nn.softmax,
                loss=keras.losses.categorical_crossentropy,
                **actor_kwargs)
        self.critic_net = self.build_network(output_size=self.action_n,
                **critic_kwargs)

    def build_network(self, hidden_sizes, output_size, input_size=None,
                activation=tf.nn.relu, output_activation=None,
                loss=keras.losses.mse, learning_rate=0.01):
        model = keras.Sequential()
        for idx, hidden_size in enumerate(hidden_sizes):
            kwargs = {}
            if idx == 0 and input_size is not None:
                kwargs['input_shape'] = (input_size,)
            model.add(keras.layers.Dense(units=hidden_size,
                    activation=activation,
                    kernel_initializer=GlorotUniform(seed=0), **kwargs))
        model.add(keras.layers.Dense(units=output_size,
                activation=output_activation,
                kernel_initializer=GlorotUniform(seed=0)))
        optimizer = Adam(learning_rate)
        model.compile(optimizer=optimizer, loss=loss)
        return model

    def decide(self, observation):
        probs = self.actor_net.predict(observation[np.newaxis])[0]
        action = np.random.choice(self.action_n, p=probs)
        return action

    def learn(self, observation, action, reward, next_observation, done,
        next_action=None):
        # 训练执行者网络
        x = observation[np.newaxis]
        u = self.critic_net.predict(x)
        q = u[0, action]
        x_tensor = tf.convert_to_tensor(x, dtype=tf.float32)
        with tf.GradientTape() as tape:
            pi_tensor = self.actor_net(x_tensor)[0, action]
            logpi_tensor = tf.math.log(tf.clip_by_value(pi_tensor,
                    1e-6, 1.))
            loss_tensor = -self.discount * q * logpi_tensor
        grad_tensors = tape.gradient(loss_tensor, self.actor_net.variables)
        self.actor_net.optimizer.apply_gradients(zip(
                grad_tensors, self.actor_net.variables))

        # 训练评论者网络
        u[0, action] = reward
        if not done:
            q = self.critic_net.predict(
                    next_observation[np.newaxis])[0, next_action]
```

```
            u[0, action] += self.gamma * q
        self.critic_net.fit(x, u, verbose=0)

        if done:
            self.discount = 1.
        else:
            self.discount *= self.gamma

actor_kwargs = {'hidden_sizes' : [100,], 'learning_rate' : 0.0002}
critic_kwargs = {'hidden_sizes' : [100,], 'learning_rate' : 0.0005}
agent = QActorCriticAgent(env, actor_kwargs=actor_kwargs,
        critic_kwargs=critic_kwargs)
```

代码清单 8-2 给出了使用简单的优势执行者 / 评论者算法的智能体。它和代码清单 5-7 中的 play_qlearning() 函数一起实现了简单的优势执行者 / 评论者算法。训练与测试仍然用代码清单 5-8 和代码清单 5-9。

代码清单 8-2　优势执行者 / 评论者算法的智能体实现

```
class AdvantageActorCriticAgent:
    def __init__(self, env, actor_kwargs, critic_kwargs, gamma=0.99):
        self.action_n = env.action_space.n
        self.gamma = gamma # 单步折扣
        self.discount = 1. # 累计折扣

        self.actor_net = self.build_network(output_size=self.action_n,
                output_activation=tf.nn.softmax,
                loss=keras.losses.categorical_crossentropy,
                **actor_kwargs) # 执行者网络
        self.critic_net = self.build_network(output_size=1,
                **critic_kwargs) # 评论者网络

    def build_network(self, hidden_sizes, output_size,
                activation=tf.nn.relu, output_activation=None,
                loss=keras.losses.mse, learning_rate=0.01): ... # 构建网络，略

    def decide(self, observation): ... # 判决，略

def learn(self, observation, action, reward, next_observation, done):
    x = observation[np.newaxis] # 特征
    u = reward + (1. - done) * self.gamma * self.critic_net.predict(
            next_observation[np.newaxis]) # 评论者目标
    td_error = u - self.critic_net.predict(x)

    # 训练执行者网络
    x_tensor = tf.convert_to_tensor(observation[np.newaxis],
            dtype=tf.float32)
    with tf.GradientTape() as tape:
        pi_tensor = self.actor_net(x_tensor)[0, action]
        logpi_tensor = tf.math.log(tf.clip_by_value(pi_tensor, 1e-6, 1.))
        loss_tensor = -self.discount * td_error * logpi_tensor
```

```
        grad_tensors = tape.gradient(loss_tensor, self.actor_net.variables)
        self.actor_net.optimizer.apply_gradients(zip(
                grad_tensors, self.actor_net.variables)) # 更新执行者网络

        # 训练评论者网络
        self.critic_net.fit(x, u, verbose=0) # 更新评论者网络

        if done:
            self.discount = 1. # 为下一回合初始化累积折扣
        else:
            self.discount *= self.gamma # 进一步累积折扣

actor_kwargs = {'hidden_sizes' : [100,], 'learning_rate' : 0.0001}
critic_kwargs = {'hidden_sizes' : [100,], 'learning_rate' : 0.0002}
agent = AdvantageActorCriticAgent(env, actor_kwargs=actor_kwargs,
        critic_kwargs=critic_kwargs) # 构造智能体
```

代码清单 8-3 给出了带资格迹的执行者 / 评论者算法。这里的资格迹使用了累积迹。

代码清单 8-3 带资格迹的执行者 / 评论者

```
class ElibilityTraceActorCriticAgent(QActorCriticAgent):
    def __init__(self, env, actor_kwargs, critic_kwargs, gamma=0.99,
            actor_lambda=0.9, critic_lambda=0.9):
        observation_dim = env.observation_space.shape[0]
        self.action_n = env.action_space.n
        self.actor_lambda = actor_lambda
        self.critic_lambda = critic_lambda
        self.gamma = gamma
        self.discount = 1.

        self.actor_net = self.build_network(input_size=observation_dim,
                output_size=self.action_n, output_activation=tf.nn.softmax,
                **actor_kwargs)
        self.critic_net = self.build_network(input_size=observation_dim,
                output_size=1, **critic_kwargs)
        self.actor_traces = [np.zeros_like(weight) for weight in
                self.actor_net.get_weights()]
        self.critic_traces = [np.zeros_like(weight) for weight in
                self.critic_net.get_weights()]

    def learn(self, observation, action, reward, next_observation, done):
        q =  self.critic_net.predict(observation[np.newaxis])[0, 0]
        u = reward + (1. - done) * self.gamma * \
                self.critic_net.predict(next_observation[np.newaxis])[0, 0]
        td_error = u - q

        # 训练执行者网络
        x_tensor = tf.convert_to_tensor(observation[np.newaxis],
                dtype=tf.float32)
        with tf.GradientTape() as tape:
            pi_tensor = self.actor_net(x_tensor)
```

```
            logpi_tensor = tf.math.log(tf.clip_by_value(pi_tensor, 1e-6, 1.))
            logpi_pick_tensor = logpi_tensor[0, action]
        grad_tensors = tape.gradient(logpi_pick_tensor,
                self.actor_net.variables)
        self.actor_traces = [self.gamma * self.actor_lambda * trace +
                self.discount * grad.numpy() for trace, grad in
                zip(self.actor_traces, grad_tensors)]
        actor_grads = [tf.convert_to_tensor(-td_error * trace,
                dtype=tf.float32) for trace in self.actor_traces]
        actor_grads_and_vars = tuple(zip(actor_grads,
                self.actor_net.variables))
        self.actor_net.optimizer.apply_gradients(actor_grads_and_vars)

        # 训练评论者网络
        with tf.GradientTape() as tape:
            v_tensor = self.critic_net(x_tensor)
        grad_tensors = tape.gradient(v_tensor, self.critic_net.variables)
        self.critic_traces = [self.gamma * self.critic_lambda * trace +
                self.discount* grad.numpy() for trace, grad in
                zip(self.critic_traces, grad_tensors)]
        critic_grads = [tf.convert_to_tensor(-td_error * trace,
                dtype=tf.float32) for trace in self.critic_traces]
        critic_grads_and_vars = tuple(zip(critic_grads,
                self.critic_net.variables))
        self.critic_net.optimizer.apply_gradients(critic_grads_and_vars)

        if done:
            # 下一回合重置资格迹
            self.actor_traces = [np.zeros_like(weight) for weight
                    in self.actor_net.get_weights()]
            self.critic_traces = [np.zeros_like(weight) for weight
                    in self.critic_net.get_weights()]
            # 为下一回合重置累积折扣
            self.discount = 1.
        else:
            self.discount *= self.gamma

actor_kwargs = {'hidden_sizes' : [100,], 'learning_rate' : 0.001}
critic_kwargs = {'hidden_sizes' : [100,], 'learning_rate' : 0.001}
agent = ElibilityTraceActorCriticAgent(env, actor_kwargs=actor_kwargs,
        critic_kwargs=critic_kwargs)
```

接下来介绍邻近策略优化算法。我们这里使用带经验回放的邻近策略优化算法，经验回放的逻辑由代码清单 8-4 实现。每个回合存储一次经验，存储的经验可以多次回放。因为邻近策略优化算法属于同策算法，所以一个经验回放类 PPOReplayer 对象里的所有经验都是同一个策略生成的。策略改进后，需要重新建一个新的对象。

代码清单 8-4　邻近策略优化的经验回放类

```
class PPOReplayer:
    def __init__(self):
```

```
        self.memory = pd.DataFrame()

    def store(self, df): # 存储经验
        self.memory = pd.concat([self.memory, df], ignore_index=True)

    def sample(self, size): # 回放经验
        indices = np.random.choice(self.memory.shape[0], size=size)
        return (np.stack(self.memory.loc[indices, field]) for field \
                in self.memory.columns)
```

代码清单8-5给出了邻近策略优化算法的智能体。它与代码清单1-3中的play_montecarlo()函数一起实现了邻近策略优化算法。智能体在学习时，可以多次进行经验回放，这样可以更充分地利用已有经验。训练和测试智能体的代码同代码清单7-2与代码清单1-4。

代码清单 8-5　邻近策略优化算法智能体

```
class PPOAgent(ActorCriticAgent):
    def __init__(self, env, actor_kwargs, critic_kwargs, clip_ratio=0.1,
            gamma=0.99, lambd=0.99, min_trajectory_length=1000,
            batches=1, batch_size=64):
        self.action_n = env.action_space.n
        self.gamma = gamma
        self.lambd = lambd
        self.min_trajectory_length = min_trajectory_length
        self.batches = batches
        self.batch_size = batch_size

        self.trajectory = [] # 存储回合内的轨迹
        self.replayer = PPOReplayer()

        def ppo_loss(y_true, y_pred): # 损失函数
            # 真实值 y_true : (2*action_n,) 旧策略的策略概率 + 优势函数
            # 预测值 y_pred : (action,) 神经网络输出的策略概率
            p = y_pred # 新策略概率
            p_old = y_true[:, :self.action_n] # 旧策略概率
            advantage = y_true[:, self.action_n:] # 优势
            surrogate_advantage = (p / p_old) * advantage # 代理优势
            clip_times_advantage = clip_ratio * advantage
            max_surrogate_advantage = advantage + tf.where(advantage > 0.,
                    clip_times_advantage, -clip_times_advantage)
            clipped_surrogate_advantage = tf.minimum(surrogate_advantage,
                    max_surrogate_advantage)
            return -tf.reduce_mean(clipped_surrogate_advantage, axis=-1)

        self.actor_net = self.build_network(output_size=self.action_n,
                output_activation=tf.nn.softmax, loss=ppo_loss,
                **actor_kwargs) # 执行者网络
        self.critic_net = self.build_network(output_size=1,
                **critic_kwargs) # 评论者网络
```

```
    def learn(self, observation, action, reward, done):
        self.trajectory.append((observation, action, reward))

        if done:
            df = pd.DataFrame(self.trajectory, columns=['observation',
                    'action', 'reward']) # 开始对本回合经验进行重构
            observations = np.stack(df['observation'])
            df['v'] = self.critic_net.predict(observations)
            pis = self.actor_net.predict(observations)
            df['pi'] = [a.flatten() for a in np.split(pis, pis.shape[0])]

            df['next_v'] = df['v'].shift(-1).fillna(0.)
            df['u'] = df['reward'] + self.gamma * df['next_v']
            df['delta'] = df['u'] - df['v'] # 时序差分误差
            df['return'] = df['reward'] # 初始化优势估计，后续会再更新
            df['advantage'] = df['delta'] # 初始化优势估计，后续会再更新
            for i in df.index[-2::-1]: # 指数加权平均
                df.loc[i, 'return'] += self.gamma * df.loc[i + 1, 'return']
                df.loc[i, 'advantage'] += self.gamma * self.lambd * \
                        df.loc[i + 1, 'advantage'] # 估计优势
            fields = ['observation', 'action', 'pi', 'advantage', 'return']
            self.replayer.store(df[fields]) # 存储重构后的回合经验
            self.trajectory = [] # 为下一回合初始化回合内经验

            if len(self.replayer.memory) > self.min_trajectory_length:
                for batch in range(self.batches):
                    observations, actions, pis, advantages, returns = \
                            self.replayer.sample(size=self.batch_size)
                    ext_advantages = np.zeros_like(pis)
                    ext_advantages[range(self.batch_size), actions] = \
                            advantages
                    actor_targets = np.hstack([pis, ext_advantages]) #执行者目标
                    self.actor_net.fit(observations, actor_targets, verbose=0)
                    self.critic_net.fit(observations, returns, verbose=0)

                self.replayer = PPOReplayer() # 为下一回合初始化经验回放
```

8.6.2 异策执行者 / 评论者算法求解最优策略

本节使用异策的柔性执行者 / 评论者算法求解最优策略。在这里，我们选取柔性执行者 / 评论者算法。代码清单 8-6 实现了柔性执行者 / 评论者算法的智能体，它和代码清单 5-7 中的 play_qlearning() 函数联合起来实现了柔性执行者 / 评论者算法。训练和测试智能体的代码仍然是代码清单 5-8 与代码清单 5-9。

代码清单 8-6　柔性执行者 / 评论者算法智能体

```
class SACAgent:
    def __init__(self, env, actor_kwargs, critic_kwargs,
            replayer_capacity=10000, gamma=0.99, alpha=0.99,
```

```
            batches=1, batch_size=64, net_learning_rate=0.995):
        observation_dim = env.observation_space.shape[0]
        self.action_n = env.action_space.n
        self.gamma = gamma
        self.alpha = alpha
        self.net_learning_rate = net_learning_rate # 网络学习速度
        self.batches = batches
        self.batch_size = batch_size

        self.replayer = DQNReplayer(replayer_capacity)

        def sac_loss(y_true, y_pred):
            # 损失函数。参数 y_true 是 Q(*, action_n), y_pred 是 pi(*, action_n)
            qs = alpha * tf.math.xlogy(y_pred, y_pred) - y_pred * y_true
            return tf.reduce_sum(qs, axis=-1)

        self.actor_net = self.build_network(input_size=observation_dim,
                output_size=self.action_n, output_activation=tf.nn.softmax,
                loss=sac_loss, **actor_kwargs) # 执行者网络
        self.q0_net = self.build_network(input_size=observation_dim,
                output_size=self.action_n, **critic_kwargs) # 动作价值网络
        self.q1_net = self.build_network(input_size=observation_dim,
                output_size=self.action_n, **critic_kwargs) # 动作价值网络
        self.v_evaluate_net = self.build_network(
                input_size=observation_dim, output_size=1, **critic_kwargs)
        self.v_target_net = self.build_network(
                input_size=observation_dim, output_size=1, **critic_kwargs)

        self.update_target_net(self.v_target_net, self.v_evaluate_net)

    def build_network(self, hidden_sizes, hidden_sizes, output_size,
            activation=tf.nn.relu, output_activation=None,
            loss=keras.losses.mse, learning_rate=0.01): # 构建网络
        model = keras.Sequential()
        for layer, hidden_size in enumerate(hidden_sizes):
            kwargs = {'input_shape' : (input_size,)} if layer == 0 else {}
            model.add(keras.layers.Dense(units=hidden_size,
                    activation=activation, **kwargs)) # 隐藏层
        model.add(keras.layers.Dense(units=output_size,
                activation=output_activation)) # 输出层
        optimizer = keras.optimizers.Adam(learning_rate) # 优化器
        model.compile(optimizer=optimizer, loss=loss)
        return model

    def update_target_net(self, target_net, evaluate_net, learning_rate=1.):
        target_weights = target_net.get_weights()
        evaluate_weights = evaluate_net.get_weights()
        average_weights = [(1. - learning_rate) * t + learning_rate * e
                for t, e in zip(target_weights, evaluate_weights)]
        target_net.set_weights(average_weights)
```

```
    def decide(self, observation):
        probs = self.actor_net.predict(observation[np.newaxis])[0] # 计算概率
        action = np.random.choice(self.action_n, p=probs)
        return action

    def learn(self, observation, action, reward, next_observation, done):
        self.replayer.store(observation, action, reward, next_observation,
                done) # 存储经验

        if done:
            for batch in range(self.batches):
                observations, actions, rewards, next_observations, \
                        dones = self.replayer.sample(self.batch_size) # 经验回放
                pis = self.actor_net.predict(observations)
                q0s = self.q0_net.predict(observations)
                q1s = self.q1_net.predict(observations)

                self.actor_net.fit(observations, q0s, verbose=0) # 更新执行者

                q01s = np.minimum(q0s, q1s)
                entropic_q01s = q01s - self.alpha * np.log(pis)
                v_targets = (pis * entropic_q01s).mean(axis=1)
                self.v_evaluate_net.fit(observations, v_targets, verbose=0)

                next_vs = self.v_target_net.predict(next_observations)
                q_targets = rewards + \
                        self.gamma * (1. - dones) * next_vs[:, 0]
                q0s[range(self.batch_size), actions] = q_targets
                q1s[range(self.batch_size), actions] = q_targets
                self.q0_net.fit(observations, q0s, verbose=0)
                self.q1_net.fit(observations, q1s, verbose=0) # 更新动作价值网络

                self.update_target_net(self.v_target_net,
                        self.v_evaluate_net, self.net_learning_rate)# 更新目标网络
```

8.7　本章小结

本节介绍了执行者 / 评论者算法。执行者 / 评论者算法其实就是使用了自益的策略梯度算法。本章不但介绍了基本的同策算法和异策算法，还介绍了它们常见的变形。本章还介绍了一些比较新的执行者 / 评论者算法的变形，包括柔性执行者 / 评论者算法、邻近策略优化、信任域算法。这些算法都基于比较复杂的数学原理，并且常常需要借助自动微分的软件包才能正确实现。一般的强化学习初学者贸然自行实现这些算法，难免会出现各种各样的错误。所以，用这些算法一般都是在现成的代码基础上修改而来的。在将这些大型算法运用于实际问题前，可以考虑先将算法在更为简单的环境中测试（如 Gym 中的环境），在消除绝大多数错误后，再运用于复杂的问题。

本章要点

- 执行者/评论者算法将策略梯度和自益结合起来。
- 同策的执行者/评论者算法更新参数 $\mathbf{\theta}$ 以增大 $\Psi_t \ln\pi\left(A_t|S_t;\mathbf{\theta}\right)$。
- 代理优势是

$$\mathrm{E}_{S_t,A_t\sim\pi(\mathbf{\theta}_k)}\left[\frac{\pi\left(A_t\mid S_t;\mathbf{\theta}\right)}{\pi\left(A_t\mid S_t;\mathbf{\theta}_k\right)}a_{\pi(\mathbf{\theta}_k)}\left(S_t,A_t\right)\right]$$

- 邻近策略优化算法的优化目标是有上界的代理优势。它是同策算法。
- 在策略迭代的过程中，信任域是

$$\mathrm{E}_{S\sim\pi(\mathbf{\theta}_k)}\left[d_{\mathrm{KL}}\left(\pi\left(\cdot|S;\mathbf{\theta}\right)\|\,\pi\left(\cdot|S;\mathbf{\theta}_k\right)\right)\right]\leqslant\delta$$

  其中 d_{KL} 是 KL 散度。KL 散度的期望可以近似为

$$\frac{1}{2}\left(\mathbf{\theta}-\mathbf{\theta}_k\right)^{\mathrm{T}}\mathbf{F}\left(\mathbf{\theta}_k\right)\left(\mathbf{\theta}-\mathbf{\theta}_k\right)$$

  其中 $\mathbf{F}(\mathbf{\theta})$ 是 Fisher 信息矩阵。
- 自然策略梯度算法、信任域策略优化算法和 Kronecker 因子信任域执行者/评论者算法以代理优势作为优化目标，以信任域作为约束条件迭代更新参数。它们都属于同策算法。
- 异策的执行者/评论者算法引入行为策略，使用重采样系数更新迭代策略参数。
- 奖励工程是通过求解另外一个修改了奖励定义的强化学习问题来求解原强化学习问题。
- 柔性执行者/评论者算法使用带熵的奖励来鼓励探索。它是一个异策算法。

CHAPTER 9

第 9 章

连续动作空间的确定性策略

本章介绍在连续动作空间里的确定性执行者 / 评论者算法。在连续的动作空间中，动作的个数是无穷大的。如果采用常规方法，需要计算 $\max_a q(s,a;\boldsymbol{\theta})$。而对于无穷多的动作，最大值往往很难求得。为此，D. Silver 等人在文章《Deterministic Policy Gradient Algorithms》中提出了确定性策略的方法，来处理连续动作空间情况。本章将针对连续动作空间，推导出确定性策略的策略梯度定理，并据此给出确定性执行者 / 评论者算法。

9.1 同策确定性算法

对于连续动作空间里的确定性策略，$\pi(a|s;\boldsymbol{\theta})$ 并不是一个通常意义上的函数，它对策略参数 $\boldsymbol{\theta}$ 的梯度 $\nabla\pi(a|s;\boldsymbol{\theta})$ 也不复存在。所以，第 8 章介绍的执行者 / 评论者算法就不再适用。幸运的是，第 2 章曾提到确定性策略可以表示为 $\pi(s;\boldsymbol{\theta})$（$s\in\mathcal{S}$）。这种表示可以绕过由于 $\pi(a|s;\boldsymbol{\theta})$ 并不是通常意义上的函数而带来的困难。

本节介绍在连续空间中的确定性策略梯度定理，并据此给出基本的同策确定性执行者 / 评论者算法。

9.1.1 策略梯度定理的确定性版本

当策略是一个连续动作空间上的确定性的策略 $\pi(s;\boldsymbol{\theta})$（$s\in\mathcal{S}$）时，策略梯度定理为

$$\nabla \mathrm{E}_{\pi(\boldsymbol{\theta})}[G_0]=\mathrm{E}\left[\sum_{t=0}^{+\infty}\gamma^t\nabla\pi(S_t;\boldsymbol{\theta})\left[\nabla_a q_{\pi(\boldsymbol{\theta})}(S_t,a)\right]_{a=\pi(S_t;\boldsymbol{\theta})}\right]$$

（证明：状态价值和动作价值满足以下关系

$$\begin{aligned}
v_{\pi(\boldsymbol{\theta})}(s)&=q_{\pi(\boldsymbol{\theta})}(s,\pi(s;\boldsymbol{\theta})), && s\in\mathcal{S}\\
q_{\pi(\boldsymbol{\theta})}(s,\pi(s;\boldsymbol{\theta}))&=r(s,\pi(s;\boldsymbol{\theta}))+\gamma\sum_{s'}p(s'|s,\pi(s;\boldsymbol{\theta}))v_{\pi(\boldsymbol{\theta})}(s'), && s\in\mathcal{S}
\end{aligned}$$

以上两式对 $\boldsymbol{\theta}$ 求梯度，有

$$
\begin{aligned}
&\nabla v_{\pi(\boldsymbol\theta)}(s)=\nabla q_{\pi(\boldsymbol\theta)}\big(s,\pi(s;\boldsymbol\theta)\big), \qquad s\in\mathcal{S}\\
&\nabla q_{\pi(\boldsymbol\theta)}\big(s,\pi(s;\boldsymbol\theta)\big)=\big[\nabla_a r(s,a)\big]_{a=\pi(s;\boldsymbol\theta)}\nabla\pi(s;\boldsymbol\theta)+\\
&\qquad\gamma\sum_{s'}\Big\{\big[\nabla_a p(s'|s,a)\big]_{a=\pi(s;\boldsymbol\theta)}\big[\nabla\pi(s;\boldsymbol\theta)\big]v_{\pi(\boldsymbol\theta)}(s')+p\big(s'|s,\pi(s;\boldsymbol\theta)\big)\nabla v_{\pi(\boldsymbol\theta)}(s')\Big\}\\
&\quad=\nabla\pi(s;\boldsymbol\theta)\Big[\nabla_a r(s,a)+\gamma\sum_{s'}\nabla_a p(s'|s,a)v_{\pi(\boldsymbol\theta)}(s')\Big]_{a=\pi(s;\boldsymbol\theta)}+\gamma\sum_{s'}p\big(s'|s,\pi(s;\boldsymbol\theta)\big)\nabla v_{\pi(\boldsymbol\theta)}(s')\\
&\quad=\nabla\pi(s;\boldsymbol\theta)\big[\nabla_a q_{\pi(\boldsymbol\theta)}(s,a)\big]_{a=\pi(s;\boldsymbol\theta)}+\gamma\sum_{s'}p\big(s'|s,\pi(s;\boldsymbol\theta)\big)\nabla v_{\pi(\boldsymbol\theta)}(s'),\quad s\in\mathcal{S}
\end{aligned}
$$

将 $\nabla q_{\pi(\boldsymbol\theta)}\big(s,\pi(s;\boldsymbol\theta)\big)$ 的表达式代入 $\nabla v_{\pi(\boldsymbol\theta)}(s)$ 的表达式中，有

$$
\nabla v_{\pi(\boldsymbol\theta)}(s)=\nabla\pi(s;\boldsymbol\theta)\big[\nabla_a q_{\pi(\boldsymbol\theta)}(s,a)\big]_{a=\pi(s;\boldsymbol\theta)}+\gamma\sum_{s'}p\big(s'|s,\pi(s;\boldsymbol\theta)\big)\nabla v_{\pi(\boldsymbol\theta)}(s'),\qquad s\in\mathcal{S}
$$

对上式求关于 S_t 的期望，并考虑到 $p\big(s'|s,\pi(s;\boldsymbol\theta)\big)=\Pr\big[S_{t+1}=s'|S_t=s;\pi(\boldsymbol\theta)\big]$（其中 t 任取），有

$$
\begin{aligned}
&\mathrm{E}\big[\nabla v_{\pi(\boldsymbol\theta)}(S_t)\big]\\
&\quad=\sum_s\Pr[S_t=s]\nabla v_{\pi(\boldsymbol\theta)}(s)\\
&\quad=\sum_s\Pr[S_t=s]\Big[\nabla\pi(s;\boldsymbol\theta)\big[\nabla_a q_{\pi(\boldsymbol\theta)}(s,a)\big]_{a=\pi(s;\boldsymbol\theta)}+\gamma\sum_{s'}p\big(s'|s,\pi(s;\boldsymbol\theta)\big)\nabla v_{\pi(\boldsymbol\theta)}(s')\Big]\\
&\quad=\sum_s\Pr[S_t=s]\Big[\nabla\pi(s;\boldsymbol\theta)\big[\nabla_a q_{\pi(\boldsymbol\theta)}(s,a)\big]_{a=\pi(s;\boldsymbol\theta)}+\gamma\sum_{s'}\Pr\big[S_{t+1}=s'|S_t=s;\pi(\boldsymbol\theta)\big]\nabla v_{\pi(\boldsymbol\theta)}(s')\Big]\\
&\quad=\sum_s\Pr[S_t=s]\nabla\pi(s;\boldsymbol\theta)\big[\nabla_a q_{\pi(\boldsymbol\theta)}(s,a)\big]_{a=\pi(s;\boldsymbol\theta)}+\gamma\sum_s\Pr[S_t=s]\sum_{s'}\Pr\big[S_{t+1}=s'|S_t=s;\pi(\boldsymbol\theta)\big]\nabla v_{\pi(\boldsymbol\theta)}(s')\\
&\quad=\sum_s\Pr[S_t=s]\nabla\pi(s;\boldsymbol\theta)\big[\nabla_a q_{\pi(\boldsymbol\theta)}(s,a)\big]_{a=\pi(s;\boldsymbol\theta)}+\gamma\sum_{s'}\Pr\big[S_{t+1}=s';\pi(\boldsymbol\theta)\big]\nabla v_{\pi(\boldsymbol\theta)}(s')\\
&\quad=\mathrm{E}\Big[\nabla\pi(S;\boldsymbol\theta)\big[\nabla_a q_{\pi(\boldsymbol\theta)}(S,a)\big]_{a=\pi(S;\boldsymbol\theta)}\Big]+\gamma\,\mathrm{E}\big[\nabla v_{\pi(\boldsymbol\theta)}(S_{t+1})\big],
\end{aligned}
$$

这样就得到了从 $\mathrm{E}\big[\nabla v_{\pi(\boldsymbol\theta)}(S_t)\big]$ 到 $\mathrm{E}\big[\nabla v_{\pi(\boldsymbol\theta)}(S_{t+1})\big]$ 的递推式。注意，最终关注的梯度值就是

$$
\nabla\mathrm{E}_{\pi(\boldsymbol\theta)}[G_0]=\mathrm{E}\big[\nabla v_{\pi(\boldsymbol\theta)}(S_0)\big],
$$

所以有

$$
\begin{aligned}
&\nabla\mathrm{E}_{\pi(\boldsymbol\theta)}[G_0]=\mathrm{E}\big[\nabla v_{\pi(\boldsymbol\theta)}(S_0)\big]\\
&\quad=\mathrm{E}\Big[\nabla\pi(S_0;\boldsymbol\theta)\big[\nabla_a q_{\pi(\boldsymbol\theta)}(S_0,a)\big]_{a=\pi(S_0;\boldsymbol\theta)}\Big]+\gamma\,\mathrm{E}\big[\nabla v_{\pi(\boldsymbol\theta)}(S_1)\big]\\
&\quad=\mathrm{E}\Big[\nabla\pi(S_0;\boldsymbol\theta)\big[\nabla_a q_{\pi(\boldsymbol\theta)}(S_0,a)\big]_{a=\pi(S_0;\boldsymbol\theta)}\Big]+\gamma\,\mathrm{E}\Big[\nabla\pi(S_1;\boldsymbol\theta)\big[\nabla_a q_{\pi(\boldsymbol\theta)}(S_1,a)\big]_{a=\pi(S_1;\boldsymbol\theta)}\Big]+\gamma^2\,\mathrm{E}\big[\nabla v_{\pi(\boldsymbol\theta)}(S_2)\big]\\
&\quad=\cdots\\
&\quad=\sum_{t=0}^{+\infty}\mathrm{E}\Big[\gamma^t\nabla\pi(S_t;\boldsymbol\theta)\big[\nabla_a q_{\pi(\boldsymbol\theta)}(S_t,a)\big]_{a=\pi(S_t;\boldsymbol\theta)}\Big],
\end{aligned}
$$

就得到和之前梯度策略定理类似的形式。）对于连续动作空间中的确定性策略，更常使用的是另外一种形式：

$$\nabla \mathrm{E}_{\pi(\boldsymbol{\theta})}\left[G_0\right]=\mathrm{E}_{S\sim\rho_{\pi(\boldsymbol{\theta})}}\left[\nabla\pi(S;\boldsymbol{\theta})\left[\nabla_a q_{\pi(\boldsymbol{\theta})}(S,a)\right]_{a=\pi(S;\boldsymbol{\theta})}\right],$$

其中的期望是针对折扣的状态分布（discounted state distribution）

$$\rho_{\pi(\boldsymbol{\theta})}(s)=\sum_{t=0}^{+\infty}\gamma^t \Pr\left[S_t=s;\pi(\boldsymbol{\theta})\right], s\in\mathcal{S}$$

而言的。（证明：

$$\begin{aligned}\nabla \mathrm{E}_{\pi(\boldsymbol{\theta})}\left[G_0\right]&=\sum_{t=0}^{+\infty}\mathrm{E}\left[\gamma^t\nabla\pi(S_t;\boldsymbol{\theta})\left[\nabla_a q_{\pi(\boldsymbol{\theta})}(S_t,a)\right]_{a=\pi(S_t;\boldsymbol{\theta})}\right]\\&=\sum_{t=0}^{+\infty}\sum_s \Pr\left[S_t=s;\pi(\boldsymbol{\theta})\right]\gamma^t\nabla\pi(s;\boldsymbol{\theta})\left[\nabla_a q_{\pi(\boldsymbol{\theta})}(s,a)\right]_{a=\pi(s;\boldsymbol{\theta})}\\&=\sum_s\left(\sum_{t=0}^{+\infty}\gamma^t \Pr\left[S_t=s;\pi(\boldsymbol{\theta})\right]\right)\nabla\pi(s;\boldsymbol{\theta})\left[\nabla_a q_{\pi(\boldsymbol{\theta})}(s,a)\right]_{a=\pi(s;\boldsymbol{\theta})}\\&=\sum_s\rho_{\pi(\boldsymbol{\theta})}(s)\nabla\pi(S_t;\boldsymbol{\theta})\left[\nabla_a q_{\pi(\boldsymbol{\theta})}(s,a)\right]_{a=\pi(s;\boldsymbol{\theta})}\\&=\mathrm{E}_{\rho_{\pi(\boldsymbol{\theta})}}\left[\nabla\pi(S;\boldsymbol{\theta})\left[\nabla_a q_{\pi(\boldsymbol{\theta})}(S,a)\right]_{a=\pi(S;\boldsymbol{\theta})}\right]\end{aligned}$$

得证。）这里的带折扣的分布并不是概率分布，期望也只是在形式上求期望。

9.1.2　基本的同策确定性执行者 / 评论者算法

根据策略梯度定理的确定性版本，对于连续动作空间中的确定性执行者 / 评论者算法，梯度的方向变为

$$\mathrm{E}\left[\sum_{t=0}^{+\infty}\gamma^t\nabla\pi(S_t;\boldsymbol{\theta})\left[\nabla_a q_{\pi(\boldsymbol{\theta})}(S_t,a)\right]_{a=\pi(S_t;\boldsymbol{\theta})}\right]$$

确定性的同策执行者 / 评论者算法还是用 $q(s,a;\mathbf{w})$ 来近似 $q_{\pi(\boldsymbol{\theta})}(s,a)$。这时，$\gamma^t\nabla\pi(S_t;\boldsymbol{\theta})\left[\nabla_a q_{\pi(\boldsymbol{\theta})}(S_t,a)\right]_{a=\pi(S_t;\boldsymbol{\theta})}$ 近似为

$$\gamma^t\nabla\pi(S_t;\boldsymbol{\theta})\left[\nabla_a q(S_t,a;\mathbf{w})\right]_{a=\pi(S_t;\boldsymbol{\theta})}=\nabla_{\boldsymbol{\theta}}\left[\gamma^t q(S_t,\pi(S_t;\boldsymbol{\theta});\mathbf{w})\right]$$

所以，与随机版本的同策确定性执行者 / 评论者算法相比，确定性同策执行者 / 评论者算法在更新策略参数 $\boldsymbol{\theta}$ 时试图减小 $-\gamma^t q(S_t,\pi(S_t;\boldsymbol{\theta});\mathbf{w})$。迭代式可以是

$$\boldsymbol{\theta} \leftarrow \boldsymbol{\theta} + \gamma^t \nabla \pi(S_t;\boldsymbol{\theta})\left[\nabla_a q(S_t,a;\mathbf{w})\right]_{a=\pi(S_t;\boldsymbol{\theta})}$$

算法 9-1 给出了基本的同策确定性执行者 / 评论者算法。对于同策的算法，必须进行探索。连续性动作空间的确定性算法将每个状态都映射到一个确定的动作上，需要在动作空间添加扰动实现探索。具体而言，在状态 S_t 下确定性策略 $\pi(\boldsymbol{\theta})$ 指定的动作为 $\pi(S_t;\boldsymbol{\theta})$，则在同策算法中使用的动作可以具有 $\pi(S_t;\boldsymbol{\theta})+N_t$ 的形式，其中 N_t 是扰动量。在动作空间无界的情况下（即没有限制动作有最大值和最小值），常常假设扰动量 N_t 满足正态分布。在动作空间有界的情况下，可以用 clip 函数进一步限制加扰动后的范围（如 $\text{clip}\left(\pi(S_t;\boldsymbol{\theta})+N_t,A_{\text{low}},A_{\text{high}}\right)$，其中 A_{low} 和 A_{high} 是动作的最小取值和最大取值），或用 sigmoid 函数将对加扰动后的动作变换到合适的区间里（如 $A_{\text{low}}+\left(A_{\text{high}}-A_{\text{low}}\right)\text{expit}\left(\pi(S_t;\boldsymbol{\theta})+N_t\right)$）。

算法 9-1　基本的同策确定性执行者 / 评论者算法

输入：环境（无数学描述）。

输出：最优策略的估计 $\pi(\boldsymbol{\theta})$。

参数：学习率 $\alpha^{(\mathbf{w})},\alpha^{(\boldsymbol{\theta})}$，折扣因子 γ，控制回合数和回合内步数的参数。

1.（初始化）$\boldsymbol{\theta} \leftarrow$ 任意值，$\mathbf{w} \leftarrow$ 任意值。

2.（带自益的策略更新）对每个回合执行以下操作：

　2.1（初始化累积折扣）$I \leftarrow 1$。

　2.2（初始化状态动作对）选择状态 S，对 $\pi(S;\boldsymbol{\theta})$ 加扰动进而确定动作 A（如用正态分布随机变量扰动）。

　2.3 如果回合未结束，执行以下操作：

　　2.3.1（采样）根据状态 S 和动作 A 得到采样 R 和下一状态 S'；

　　2.3.2（执行）对 $\pi(S';\boldsymbol{\theta})$ 加扰动进而确定动作 A'；

　　2.3.3（估计回报）$U \leftarrow R+\gamma q(S',A';\mathbf{w})$；

　　2.3.4（更新价值）更新 $\mathbf{w}$ 以减小 $\left[U-q(S,A;\mathbf{w})\right]^2$（如 $\mathbf{w} \leftarrow \mathbf{w}+\alpha^{(\mathbf{w})}\left[U-q(S,A;\mathbf{w})\right]\nabla q(S,A;\mathbf{w})$）；

　　2.3.5（策略改进）更新 $\boldsymbol{\theta}$ 以减小 $-Iq\left(S,\pi(S;\boldsymbol{\theta});\mathbf{w}\right)$（如 $\boldsymbol{\theta} \leftarrow \boldsymbol{\theta}+\alpha^{(\boldsymbol{\theta})}I\nabla\pi(S;\boldsymbol{\theta})\left[\nabla_a q(S,a;\mathbf{w})\right]_{a=\pi(S;\boldsymbol{\theta})}$）；

　　2.3.6（更新累积折扣）$I \leftarrow \gamma I$；

　　2.3.7（更新状态和动作）$S \leftarrow S'$，$A \leftarrow A'$。

在有些任务中，动作的效果经过低通滤波器处理后反映在系统中，而独立同分布的 Gaussian 噪声不能有效实现探索。例如，在某个任务中，动作的直接效果是改变一个质点的加速度。如果在这个任务中用独立同分布的 Gaussian 噪声叠加在动作上，那么对质点位置的整体效果是在没有噪声的位置附近移动。这样的探索就没有办法为质点的位置提供持续的偏移，使得质点到比较远的位置。在这类任务中，常常用 Ornstein Uhlenbeck 过程作为动作噪声。Ornstein Uhlenbeck 过程是用下列随机微分方程定义的（以一维的情况为例）：

$$\mathrm{d}N_t = \theta(\mu - N_t)\mathrm{d}t + \sigma \mathrm{d}B_t$$

其中 θ,μ,σ 是参数（$\theta>0,\sigma>0$），B_t 是标准 Brownian 运动。当初始扰动是在原点的单点分布（即限定 $N_0=0$），并且 $\mu=0$ 时，上述方程的解为

$$N_t = \sigma\int_0^t e^{\theta(\tau-t)}\mathrm{d}B_t$$

（证明：将 $\mathrm{d}N_t = \theta(\mu - N_t)\mathrm{d}t + \sigma \mathrm{d}B_t$ 代入 $\mathrm{d}\left(N_t e^{\theta t}\right) = \theta N_t e^{\theta t}\mathrm{d}t + e^{\theta t}\mathrm{d}N_t$，化简可得 $\mathrm{d}\left(N_t e^{\theta t}\right) = \mu\theta e^{\theta t}\mathrm{d}t + \sigma e^{\theta t}\mathrm{d}B_t$。将此式从 0 积到 t，得 $N_t e^{\theta t} - N_0 = \mu\left(e^{\theta t}-1\right) + \sigma\int_0^t e^{\theta\tau}\mathrm{d}B_\tau$。当 $N_0=0$ 且 $\mu=0$ 时化简可得结果。）

这个解的均值为 0，方差为 $\frac{\sigma^2}{2\theta}\left(1-e^{-2\theta t}\right)$，协方差为

$$\mathrm{Cov}(N_t,N_s) = \frac{\sigma^2}{2\theta}\left(e^{-\theta|t-s|} - e^{-\theta(t+s)}\right)$$

（证明：由于均值为 0，所以 $\mathrm{Cov}(N_t,N_s) = \mathrm{E}[N_t N_s] = \sigma^2 e^{-\theta(t+s)}\mathrm{E}\left[\int_0^t e^{\theta\tau}\mathrm{d}B_\tau \int_0^s e^{\theta\tau}\mathrm{d}B_\tau\right]$。另外，Ito Isometry 告诉我们 $\mathrm{E}\left[\int_0^t e^{\theta\tau}\mathrm{d}B_\tau \int_0^s e^{\theta\tau}\mathrm{d}B_\tau\right] = \mathrm{E}\left[\int_0^{\min(t,s)} e^{2\theta\tau}\mathrm{d}\tau\right]$，所以 $\mathrm{Cov}(N_t,N_s) = \sigma^2 e^{-\theta(t+s)} \int_0^{\min(t,s)} e^{2\theta\tau}\mathrm{d}\tau$，进一步化简可得结果。）

对于 $t\neq s$ 总有 $|t-s|<t+s$，所以 $\mathrm{Cov}(N_t,N_s)>0$。据此可知，使用 Ornstein Uhlenbeck 过程让相邻扰动正相关，进而让动作向相近的方向偏移。

9.2 异策确定性算法

对于连续的动作空间，我们希望能够找到一个确定性策略，使得每条轨迹的回报最大。同策确定性算法利用策略 $\pi(\boldsymbol{\theta})$ 生成轨迹，并在这些轨迹上求得回报的平均值，通过让平均回报最大，使得每条轨迹上的回报尽可能大。事实上，如果每条轨迹的回报都要最大，那么对于任意策略 b 采样得到的轨迹，我们都希望在这套轨迹上的平均回报最大。所以异策确定性策略算法引入确定性行为策略 b，将这个平均改为针对策略 b 采样得到的轨迹，得到异策确定性梯度为

$$\nabla \mathrm{E}_{\rho_b}\left[q_{\pi(\boldsymbol{\theta})}\left(\mathsf{S},\pi(\mathsf{S};\boldsymbol{\theta})\right)\right] = \mathrm{E}_{\rho_b}\left[\nabla\pi(\mathsf{S};\boldsymbol{\theta})\left[\nabla_{\mathsf{a}} q_{\pi(\boldsymbol{\theta})}(\mathsf{S},\mathsf{a})\right]_{\mathsf{a}=\pi(\mathsf{S};\boldsymbol{\theta})}\right]$$

这个表达式与同策的情形相比，期望运算针对的表达式相同。所以，异策确定性算法的迭代式与同策确定性算法的迭代式相同。

异策确定性算法可能比同策确定性算法性能好的原因在于，行为策略可能会促进探索，用行为策略采样得到的轨迹能够更加全面的探索轨迹空间。这时候，最大化对轨迹分布的平均期望时能够同时考虑到更多不同的轨迹，使得在整个轨迹空间上的所有轨迹的回报会更大。

9.2.1 基本的异策确定性执行者 / 评论者算法

基于上述分析，我们可以得到**异策确定性执行者 / 评论者算法**（Off-Policy Deterministic Actor-Critic，OPDAC），见算法 9-2。值得一提的是，虽然异策算法和同策算法有相同形式的迭代式，但是在算法结构上并不完全相同。在同策算法迭代更新时，目标策略的动作可以在运行过程中直接得到；但是在异策算法迭代更新策略参数时，对环境使用的是行为策略决定的动作，而不是目标策略决定的动作，所以需要额外计算目标策略的动作。在更新价值函数时，采用的是 Q 学习，依然需要计算目标策略的动作。

算法 9-2　基本的异策确定性执行者 / 评论者算法

输入：环境（无数学描述）。

输出：最优策略的估计 $\pi(\boldsymbol{\theta})$。

参数：学习率 $\alpha^{(\mathbf{w})}, \alpha^{(\boldsymbol{\theta})}$，折扣因子 γ，控制回合数和回合内步数的参数。

1.（初始化）$\boldsymbol{\theta} \leftarrow$ 任意值，$\mathbf{w} \leftarrow$ 任意值。

2.（带自益的策略更新）对每个回合执行以下操作。

　2.1（初始化累积折扣）$I \leftarrow 1$。

　2.2（初始化状态）选择状态 S。

　2.3 如果回合未结束，执行以下操作：

　　2.3.1（执行）用 $b(S)$ 得到动作 A；

　　2.3.2（采样）根据状态 S 和动作 A 得到采样 R 和下一状态 S'；

　　2.3.3（估计回报）$U \leftarrow R + \gamma q(S', \pi(S'; \boldsymbol{\theta}); \mathbf{w})$；

　　2.3.4（更新价值）更新 $\mathbf{w}$ 以减小 $\left[U - q(S, A; \mathbf{w})\right]^2$（如 $\mathbf{w} \leftarrow \mathbf{w} + \alpha^{(\mathbf{w})}\left[U - q(S, A; \mathbf{w})\right]\nabla q(S, A; \mathbf{w})$）；

　　2.3.5（策略改进）更新 $\boldsymbol{\theta}$ 以减小 $-Iq(S, \pi(S; \boldsymbol{\theta}); \mathbf{w})$（如 $\boldsymbol{\theta} \leftarrow \boldsymbol{\theta} + \alpha^{(\boldsymbol{\theta})} I \nabla \pi(S; \boldsymbol{\theta})\left[\nabla_a q(S, a; \mathbf{w})\right]_{a=\pi(S;\boldsymbol{\theta})}$）；

　　2.3.6（更新累积折扣）$I \leftarrow \gamma I$；

　　2.3.7（更新状态）$S \leftarrow S'$。

9.2.2 深度确定性策略梯度算法

深度确定性策略梯度算法（Deep Deterministic Policy Gradient，DDPG）将基本的异策确定性执行者 / 评论者算法和深度 Q 网络中常用的技术结合。具体而言，确定性深度策略梯度算法用到了以下技术。

- **经验回放**：执行者得到的经验 (S,A,R,S') 收集后放在一个存储空间中，等更新参数时批量回放，用批处理更新。
- **目标网络**：在常规价值参数 $\mathbf{w}$ 和策略参数 $\boldsymbol{\theta}$ 外再使用一套用于估计目标的目标价值参数 $\mathbf{w}_{目标}$ 和目标策略参数 $\boldsymbol{\theta}_{目标}$。在更新目标网络时，为了避免参数更新过快，还引入了目标网络的学习率 $\alpha_{目标}\in(0,1)$。

算法 9-3 给出了深度确定性策略梯度算法。

算法 9-3　深度确定性策略梯度算法（假设 $\pi(S;\boldsymbol{\theta})+N$ 总是在动作空间内）

输入：环境（无数学描述）。

输出：最优策略的估计 $\pi(\boldsymbol{\theta})$。

参数：学习率 $\alpha^{(\mathbf{w})},\alpha^{(\boldsymbol{\theta})}$，折扣因子 γ，控制回合数和回合内步数的参数，目标网络学习率 $\alpha_{目标}$。

1.（初始化）$\boldsymbol{\theta}\leftarrow$ 任意值，$\boldsymbol{\theta}_{目标}\leftarrow\boldsymbol{\theta}$，$\mathbf{w}\leftarrow$ 任意值，$\mathbf{w}_{目标}\leftarrow\mathbf{w}$。

2. 循环执行以下操作：

　2.1（累积经验）从起始状态 S 出发，执行以下操作，直到满足终止条件：

　　2.1.1 用对 $\pi(S;\boldsymbol{\theta})$ 加扰动进而确定动作 A（如用正态分布随机变量扰动）；

　　2.1.2 执行动作 A，观测到收益 R 和下一状态 S'；

　　2.1.3 将经验 (S,A,R,S') 存储在经验存储空间 $\mathcal{D}$。

　2.2（更新）在更新的时机，执行一次或多次以下更新操作：

　　2.2.1（回放）从存储空间 $\mathcal{D}$ 采样出一批经验 $\mathcal{B}$；

　　2.2.2（估计回报）为经验估计回报 $U\leftarrow R+\gamma q\left(S',\pi\left(S';\boldsymbol{\theta}_{目标}\right);\mathbf{w}_{目标}\right)$（$(S,A,R,S')\in\mathcal{B}$）；

　　2.2.3（价值更新）更新 $\mathbf{w}$ 以减小 $\frac{1}{|\mathcal{B}|}\sum_{(S,A,R,S')\in\mathcal{B}}\left[U-q(S,A;\mathbf{w})\right]^2$；

　　2.2.4（策略更新）更新 $\boldsymbol{\theta}$ 以减小 $-\frac{1}{|\mathcal{B}|}\sum_{(S,A,R,S')\in\mathcal{B}}q\left(S,\pi(S;\boldsymbol{\theta});\mathbf{w}\right)$（如

$$\boldsymbol{\theta}\leftarrow\boldsymbol{\theta}+\alpha^{(\boldsymbol{\theta})}\frac{1}{|\mathcal{B}|}\sum_{(S,A,R,S')\in\mathcal{B}}\nabla\pi(S;\boldsymbol{\theta})\left[\nabla_a q(S,a;\mathbf{w})\right]_{a=\pi(S;\boldsymbol{\theta})}$$）；

　　2.2.5（更新目标）在恰当的时机更新目标网络和目标策略，$\mathbf{w}_{目标}\leftarrow\left(1-\alpha_{目标}\right)\mathbf{w}_{目标}+\alpha_{目标}\mathbf{w}$，$\boldsymbol{\theta}_{目标}\leftarrow\left(1-\alpha_{目标}\right)\boldsymbol{\theta}_{目标}+\alpha_{目标}\boldsymbol{\theta}$。

9.2.3 双重延迟深度确定性策略梯度算法

S. Fujimoto 等人在文章《Addressing function approximation error in actor-critic methods》中给出了**双重延迟深度确定性策略梯度算法**（Twin Delay Deep Deterministic Policy Gradient，TD3），结合了深度确定性策略梯度算法和双重 Q 学习。

回顾前文，双重 Q 学习可以消除最大偏差。基于查找表的双重 Q 学习用了两套动作价值函数 $q^{(0)}(s,a)$ 和 $q^{(1)}(s,a)$（$s\in\mathcal{S},a\in\mathcal{A}$），其中一套动作价值函数用来计算最优动作（如 $A'=\arg\max_a q^{(0)}(S',a)$），另外一套价值函数用来估计回报（如 $q^{(1)}(S',A')$）；双重 Q 网络则考虑到有了目标网络后已经有了两套价值函数的参数 $\mathbf{w}$ 和 $\mathbf{w}_{目标}$，所以用其中一套参数 $\mathbf{w}$ 计算最优动作（如 $A'=\arg\max_a q(S',a;\mathbf{w})$），再用目标网络的参数 $\mathbf{w}_{目标}$ 估计目标（如 $q(S',A';\mathbf{w}_{目标})$）。但是对于确定性策略梯度算法，动作已经由含参策略 $\pi(\boldsymbol{\theta})$ 决定了（如 $\pi(S';\boldsymbol{\theta})$），双重网络则要由双重延迟深度确定性策略梯度算法维护两份学习过程的价值网络参数 $\mathbf{w}^{(i)}$ 和目标网络参数 $\mathbf{w}_{目标}^{(i)}$（$i=0,1$）。在估计目标时，选取两个目标网络得到的结果中较小的那个，即 $\min_{i=0,1} q\left(\cdot,\cdot;\mathbf{w}_{目标}^{(i)}\right)$。

算法 9-4 给出了双重延迟深度确定性策略梯度算法。

算法 9-4　双重延迟深度确定性策略梯度算法

输入：环境（无数学描述）。

输出：最优策略的估计 $\pi(\boldsymbol{\theta})$。

参数：学习率 $\alpha^{(\mathbf{w})},\alpha^{(\boldsymbol{\theta})}$，折扣因子 γ，控制回合数和回合内步数的参数，目标网络学习率 $\alpha_{目标}$。

1.（初始化）$\boldsymbol{\theta}\leftarrow$ 任意值，$\boldsymbol{\theta}_{目标}\leftarrow\boldsymbol{\theta}$，$\mathbf{w}^{(i)}\leftarrow$ 任意值，$\mathbf{w}_{目标}^{(i)}\leftarrow\mathbf{w}^{(i)},i\in\{0,1\}$。

2. 循环执行以下操作。

  2.1（累积经验）从起始状态 S 出发，执行以下操作，直到满足终止条件：

    2.1.1 用对 $\pi(S;\boldsymbol{\theta})$ 加扰动进而确定动作 A（如用正态分布随机变量扰动）；

    2.1.2 执行动作 A，观测到收益 R 和下一状态 S'；

    2.1.3 将经验 (S,A,R,S') 存储在经验存储空间 $\mathcal{D}$。

  2.2（更新）一次或多次执行以下操作：

    2.2.1（回放）从存储空间 $\mathcal{D}$ 采样出一批经验 $\mathcal{B}$；

    2.2.2（扰动动作）为目标动作 $\pi(S';\boldsymbol{\theta}_{目标})$ 加受限的扰动，得到动作 A'（$(S,A,R,S')\in\mathcal{B}$）；

    2.2.3（估计回报）为经验估计回报 $U=R+\gamma\min_{i=0,1} q\left(S',A';\mathbf{w}^{(i)}\right)$（$(S,A,R,S')\in\mathcal{B}$）；

    2.2.4（价值更新）更新 $\mathbf{w}^{(i)}$ 以减小 $\frac{1}{|\mathcal{B}|}\sum_{(S,A,R,S')\in\mathcal{B}}\left[U-q\left(S,A;\mathbf{w}^{(i)}\right)\right]^2$（$i=0,1$）；

    2.2.5（策略更新）在恰当的时机，更新 $\boldsymbol{\theta}$ 以减小 $-\frac{1}{|\mathcal{B}|}\sum_{(S,A,R,S')\in\mathcal{B}} q\left(S,\pi(S;\boldsymbol{\theta});\mathbf{w}^{(0)}\right)$（如 $\boldsymbol{\theta}\leftarrow$

$$\boldsymbol{\theta}+\alpha^{(\boldsymbol{\theta})}\frac{1}{|\mathcal{B}|}\sum_{(S,A,R,S')\in\mathcal{B}}\nabla\pi(S;\boldsymbol{\theta})\left[\nabla_a q\left(S,a;\mathbf{w}^{(0)}\right)\right]_{a=\pi(S;\boldsymbol{\theta})});$$

2.2.6（更新目标）在恰当的时机，更新目标网络和目标策略，$\mathbf{w}_{目标}^{(i)}\leftarrow\left(1-\alpha_{目标}\right)\mathbf{w}_{目标}^{(i)}+\alpha_{目标}\mathbf{w}^{(i)}$（$i=0,1$），$\boldsymbol{\theta}_{目标}\leftarrow\left(1-\alpha_{目标}\right)\boldsymbol{\theta}_{目标}+\alpha_{目标}\boldsymbol{\theta}$。

9.3　案例：倒立摆的控制

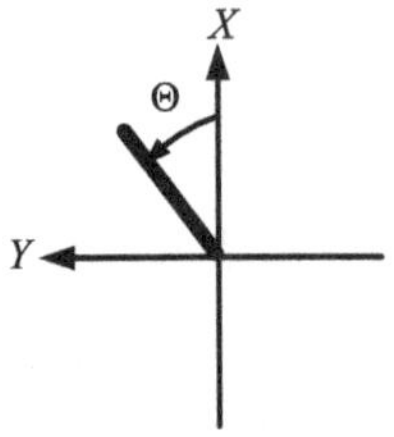

图 9-1　倒立摆问题

本节考虑 Gym 库中的倒立摆的控制问题（Pendulum-v0）。这个问题是这样的：如图 9-1 所示，在二维垂直面上有根长为 1 的棍子。棍子的一端固定在原点 $(0,0)$，另一端在垂直面上（注意：二维垂直面的 X 轴是垂直向上的，Y 轴是水平向左的）。在任一时刻 t（$t=0,1,2,\ldots$），可以观测到棍子活动端的坐标 $(X_t,Y_t)=(\cos\Theta_t,\sin\Theta_t)$（$\Theta_t\in[-\pi,+\pi)$）和角速度 $\dot{\Theta}_t$（$\dot{\Theta}_t\in[-8,+8]$）（注意角速度的字母上有个点）。这时，可以在活动段上施加一个力矩 A_t（$A_t\in[-2,+2]$），得到收益 R_{t+1} 和下一观测 $\left(\cos\Theta_{t+1},\sin\Theta_{t+1},\dot{\Theta}_{t+1}\right)$。我们希望在给定的时间内（200 步）总收益越大越好。

这个问题的动作空间和奖励空间都比第 8 章双节倒立摆任务中的空间大（比较见表 9-1）。其中动作空间是一个连续的空间，可以采用本章中介绍的连续动作空间的确定性算法。

表 9-1　双节倒立摆任务和倒立摆任务的空间比较

	双节倒立摆（Acrobot-v1）	倒立摆（Pendulum-v0）
状态空间 $\mathcal{S}$	$[-\pi,\pi)^2\times[-4\pi,4\pi]\times[-9\pi,9\pi]$	$[-\pi,\pi)\times[-8,8]$
观测空间 $\mathcal{O}$	$[-1,1]^4\times[-4\pi,4\pi]\times[-9\pi,9\pi]$	$[-1,1]^2\times[-8,8]$
动作空间 $\mathcal{A}$	$\{0,1,2\}$	$[-2,2]$
奖励空间 $\mathcal{R}$	$\{-1,0\}$	$[-\pi^2-6.404,0]$

这个问题没有规定一个回合收益的阈值，所以没有连续 100 回合平均回合收益达到某个数值就认为问题解决这样的说法。

实际上，在 t 时刻，环境的状态由 $\left(\Theta_t,\dot{\Theta}_t\right)$ 决定。环境的起始状态 $\left(\Theta_0,\dot{\Theta}_0\right)$ 是在 $[-\pi,+\pi)\times[-1,1]$ 里均匀抽取，而由 t 时刻的状态 $\left(\Theta_t,\dot{\Theta}_t\right)$ 与动作 A_t 决定的奖励 R_{t+1} 和下一状态 $\left(\Theta_{t+1},\dot{\Theta}_{t+1}\right)$ 满足以下关系：

$$R_{t+1}\leftarrow-\left(\Theta_t^2+0.1\dot{\Theta}_t^2+0.001A_t^2\right)$$

$$\Theta_{t+1}\leftarrow\Theta_t+0.05\left(\dot{\Theta}_t+0.75\sin\Theta_t+0.15A_t\right)\text{在}[-\pi,+\pi)\text{的主值区间}$$

$$\dot{\Theta}_{t+1}\leftarrow\operatorname{clip}\left(\dot{\Theta}_t+0.75\sin\Theta_t+0.15A_t,-8,+8\right)$$

智能体并不知道动力的数学表达式。由于在X_t较大时收益往往较大，并且角速度绝对值$|\dot{\Theta}_t|$和动作绝对值$|A_t|$较小时收益较大，所以最好让木棍能够静止直立。这个问题因此被称为倒立摆问题。

9.3.1 用深度确定性策略梯度算法求解

本节用深度确定性策略梯度算法求解最优策略。

代码清单 9-1 实现了 Ornstein Uhlenbeck 过程。OrnsteinUhlenbeck 类的内部实现使用差分方程来近似微分方程。要使用这个类，需要先构造 OrnsteinUhlenbeck 类的对象 noise，在每个回合开始时调用 noise.reset() 函数重置这个过程，再调用对象 noise() 来得到一组值。

代码清单 9-1 Ornstein Uhlenbeck 过程的实现

```
class OrnsteinUhlenbeckProcess:
    def __init__(self, size, mu=0., sigma=1., theta=.15, dt=.01):
        self.size = size # 数据的形状
        self.mu = mu
        self.sigma = sigma
        self.theta = theta
        self.dt = dt # 差分方程的指标粒度

    def reset(self, x=0.): # 开始一套新的过程
        self.x = x * np.ones(self.size)

    def __call__(self): # 输出一组值
        n = np.random.normal(size=self.size)
        self.x += (self.theta * (self.mu - self.x) * self.dt +
                self.sigma * np.sqrt(self.dt) * n)
        return self.x
```

代码清单 9-2 中的 DDPGAgent 类和代码清单 5-7 中的 play_qlearning() 函数共同实现了深度确定性策略梯度算法。在 DDPGAgent 类内部有个成员 explore 来控制是否进行探索，训练时应设置为 True，测试时应设置为 False。在经验回放环节，使用了第 6 章中代码清单 6-6 中的 DQNReplayer 类。

代码清单 9-2 深度确定性策略梯度算法的智能体

```
class DDPGAgent:
    def __init__(self, env, actor_kwargs, critic_kwargs,
            replayer_capacity=100000, replayer_initial_transitions=10000,
            gamma=0.99, batches=1, batch_size=64,
            net_learning_rate=0.005, noise_scale=0.1, explore=True):
        observation_dim = env.observation_space.shape[0]
        action_dim = env.action_space.shape[0]
        observation_action_dim = observation_dim + action_dim
        self.action_low = env.action_space.low # 动作空间下界
        self.action_high = env.action_space.high # 动作空间上界
        self.gamma = gamma # 折扣
```

```
        self.net_learning_rate = net_learning_rate # 目标网络学习率
        self.explore = explore # 是否为动作加噪声进行探索

        self.batches = batches
        self.batch_size = batch_size
        self.replayer = DQNReplayer(replayer_capacity)
        self.replayer_initial_transitions = replayer_initial_transitions

        self.noise = OrnsteinUhlenbeckProcess(size=(action_dim,),
                sigma=noise_scale) # 噪声对象
        self.noise.reset() # 初始化噪声对象

        self.actor_evaluate_net = self.build_network(
                input_size=observation_dim, **actor_kwargs) # 执行者评估网络
        self.actor_target_net = self.build_network(
                input_size=observation_dim, **actor_kwargs) # 执行者目标网络
        self.critic_evaluate_net = self.build_network(
                input_size=observation_action_dim, **critic_kwargs) #评论者评估
        self.critic_target_net = self.build_network(
                input_size=observation_action_dim, **critic_kwargs) #评论者目标

        self.update_target_net(self.actor_target_net,
                self.actor_evaluate_net) # 更新目标网络
        self.update_target_net(self.critic_target_net,
                self.critic_evaluate_net) # 更新目标网络

    def update_target_net(self, target_net, evaluate_net,
            learning_rate=1.): # 更新目标网络
        target_weights = target_net.get_weights()
        evaluate_weights = evaluate_net.get_weights()
        average_weights = [(1. - learning_rate) * t + learning_rate * e
                for t, e in zip(target_weights, evaluate_weights)]
        target_net.set_weights(average_weights)

    def build_network(self, input_size, hidden_sizes, output_size=1,
            activation=tf.nn.relu, output_activation=None,
            loss=keras.losses.mse, learning_rate=None): # 构建网络
        model = keras.Sequential()
        for layer, hidden_size in enumerate(hidden_sizes):
            kwargs = {'input_shape' : (input_size,)} if layer == 0 else {}
            model.add(keras.layers.Dense(units=hidden_size,
                    activation=activation,
                    kernel_initializer=GlorotUniform(seed=0), **kwargs))
        model.add(keras.layers.Dense(units=output_size,
                activation=output_activation,
                kernel_initializer=GlorotUniform(seed=0), ))
        optimizer = Adam(learning_rate)
        model.compile(optimizer=optimizer, loss=loss)
        return model

    def decide(self, observation): # 判决
```

```
        if self.explore and self.replayer.count < \
                self.replayer_initial_transitions: # 随机输出动作
            return np.random.uniform(self.action_low, self.action_high)

        action = self.actor_evaluate_net.predict(observation[np.newaxis])[0]
        if self.explore: # 为动作加噪声
            noise = self.noise()
            action = np.clip(action + noise, self.action_low, self.action_high)
        return action

    def learn(self, observation, action, reward, next_observation, done):
        self.replayer.store(observation, action, reward, next_observation,
                done) # 存储经验

        if self.replayer.count >= self.replayer_initial_transitions:
            if done:
                self.noise.reset() # 为下一回合重置噪声过程

            for batch in range(self.batches):
                observations, actions, rewards, next_observations, \
                        dones = self.replayer.sample(self.batch_size) # 经验回放

                # 训练执行者网络
                observation_tensor = tf.convert_to_tensor(observations,
                        dtype=tf.float32)
                with tf.GradientTape() as tape: # 用eager模式更新执行者网络
                    action_tensor = self.actor_evaluate_net(
                            observation_tensor)
                    input_tensor =  tf.concat([observation_tensor,
                            action_tensor], axis=1) # 评论者的输入
                    q_tensor = self.critic_evaluate_net(input_tensor)
                    loss_tensor = -tf.reduce_mean(q_tensor) # 损失张量
                grad_tensors = tape.gradient(loss_tensor,
                        self.actor_evaluate_net.variables) # 梯度张量
                self.actor_evaluate_net.optimizer.apply_gradients(zip(
                        grad_tensors, self.actor_evaluate_net.variables))

                # 训练评论者网络
                next_actions = self.actor_target_net.predict(
                        next_observations)
                observation_actions = np.hstack([observations, actions])
                next_observation_actions = np.hstack(
                        [next_observations, next_actions])
                next_qs = self.critic_target_net.predict(
                        next_observation_actions)[:, 0]
                targets = rewards + self.gamma * next_qs * (1. - dones) # 目标
                self.critic_evaluate_net.fit(observation_actions, targets,
                        verbose=0) # 更新评论者网络

                self.update_target_net(self.actor_target_net,
                        self.actor_evaluate_net, self.net_learning_rate)
```

```
            self.update_target_net(self.critic_target_net,
                    self.critic_evaluate_net, self.net_learning_rate)

actor_kwargs = {'hidden_sizes' : [32, 64], 'learning_rate' : 0.0001}
critic_kwargs = {'hidden_sizes' : [64, 128], 'learning_rate' : 0.001}
agent = DDPGAgent(env, actor_kwargs=actor_kwargs,
        critic_kwargs=critic_kwargs)
```

DDPGAgent 类的 learn() 函数给出了学习过程。更新价值参数 $\mathbf{w}$ 的逻辑可以像往常一样使用 Keras 的 Sequential API 实现。但是更新策略参数 $\boldsymbol{\theta}$ 需要试图增大 $q\left(S,\pi\left(S;\boldsymbol{\theta}\right);\mathbf{w}\right)$，不能够简单地使用 Keras 的 Sequential API 实现，而是在代码清单 9-2 中使用了 TensorFlow 的 eager 模式来实现的。如果不想使用 TensorFlow 的 eager 模式，而是想使用纯 Keras 逻辑，可以在构造函数中使用类似于下面的代码片段。不过，要注意代码的兼容性（特别是优化器类的 get_updates() 函数的兼容性）。

```
observation, action = self.critic_evaluate_net.input
combined_inputs = [observation, self.actor_evaluate_net(observation)]
combined_outputs = self.critic_evaluate_net(combined_inputs)
combined_loss = -keras.backend.mean(combined_outputs)
updates = self.actor_evaluate_net.optimizer.get_updates(
        params=self.actor_evaluate_net.trainable_weights,
        loss=combined_loss)
self.actor_trainer = keras.backend.function([observation,],
        [], updates=updates)
```

实现好的深度确定性策略梯度算法可以用代码清单 5-8 训练。在测试时，需要采用和代码清单 5-9 不同的语句来取消探索，见代码清单 9-3。

代码清单 9-3　测试深度确定性策略梯度算法

```
agent.explore = False # 取消探索
episode_rewards = [play_qlearning(env, agent) for _ in range(100)]
print('平均回合奖励 = {} / {} = {}'.format(sum(episode_rewards),
        len(episode_rewards), np.mean(episode_rewards)))
```

9.3.2　用双重延迟深度确定性算法求解

本节考虑用双重延迟深度确定性算法求解最优策略。代码清单 9-4 从 DDPGAgent 类派生出 TD3Agent 类，在评论家网络上使用了双重网络，和代码清单 5-7 的 play_qlearning() 函数一起实现了双重延迟深度确定性算法。更新策略参数的逻辑也是用 TensorFlow 的 eager 模式实现的。经验回放环节依然使用第 6 章中代码清单 6-6 的 DQNReplayer 类。实现好的双重延迟深度确定性算法也是用代码清单 5-8 训练，用代码清单 9-3 测试。

代码清单 9-4　双重延迟深度确定性算法智能体实现

```
class TD3Agent(DDPGAgent):
    def __init__(self, env, actor_kwargs, critic_kwargs,
```

```
        replayer_capacity=100000, replayer_initial_transitions=10000,
        gamma=0.99, batches=1, batch_size=64,
        net_learning_rate=0.005, noise_scale=0.1, explore=True):
    # 构造函数大部分和 DDPGAgent 类的构造函数。以下开始的内容是和 DDPGAgent 类相同的
    observation_dim = env.observation_space.shape[0]
    action_dim = env.action_space.shape[0]
    observation_action_dim = observation_dim + action_dim
    self.action_low = env.action_space.low
    self.action_high = env.action_space.high
    self.gamma = gamma
    self.net_learning_rate = net_learning_rate

    self.batches = batches
    self.batch_size = batch_size
    self.replayer = DQNReplayer(replayer_capacity)
    self.replayer_initial_transitions = replayer_initial_transitions

    self.noise = OrnsteinUhlenbeckProcess(size=(action_dim,),
            sigma=noise_scale)
    self.noise.reset()
    # 以上是和 DDPGAgent 类构造函数相同的部分

    # 在构建网络时和 DDPGAgent 类不同：构造了 2 个执行者网络和 4 个评论者网络
    self.actor_evaluate_net = self.build_network(
            input_size=observation_dim, **actor_kwargs)
    self.actor_target_net = self.build_network(
            input_size=observation_dim, **actor_kwargs)
    self.critic0_evaluate_net = self.build_network(
            input_size=observation_action_dim, **critic_kwargs)
    self.critic0_target_net = self.build_network(
            input_size=observation_action_dim, **critic_kwargs)
    self.critic1_evaluate_net = self.build_network(
            input_size=observation_action_dim, **critic_kwargs)
    self.critic1_target_net = self.build_network(
            input_size=observation_action_dim, **critic_kwargs)

    self.update_target_net(self.actor_target_net,
            self.actor_evaluate_net) # 更新执行者目标网络
    self.update_target_net(self.critic0_target_net,
            self.critic0_evaluate_net) # 更新评论者目标网络
    self.update_target_net(self.critic1_target_net,
            self.critic1_evaluate_net) # 更新评论者目标网络

def learn(self, observation, action, reward, next_observation, done):
    # 学习函数。大多数内容也都是和 DDPGAgent.learn() 相同的，只有在训练网络时有区别
    self.replayer.store(observation, action, reward, next_observation,
            done)

    if self.replayer.count >= self.replayer_initial_transitions:
        if done:
```

```
                self.noise.reset()

            for batch in range(self.batches):
                observations, actions, rewards, next_observations, \
                        dones =  self.replayer.sample(self.batch_size)

                # 训练执行者
                observation_tensor = tf.convert_to_tensor(observations,
                        dtype=tf.float32)
                with tf.GradientTape() as tape:
                    action_tensor = self.actor_evaluate_net(
                            observation_tensor)
                    input_tensor =  tf.concat([observation_tensor,
                            action_tensor], axis=1)
                    q_tensor = self.critic0_evaluate_net(input_tensor)
                    loss_tensor = -tf.reduce_mean(q_tensor)
                grad_tensors = tape.gradient(loss_tensor,
                        self.actor_evaluate_net.variables)
                self.actor_evaluate_net.optimizer.apply_gradients(zip(
                        grad_tensors, self.actor_evaluate_net.variables))

                # 训练评论者，这部分逻辑和 DDPGAgent 类逻辑不同
                next_actions = self.actor_target_net.predict(
                        next_observations)
                observation_actions = np.hstack([observations, actions])
                next_observation_actions = np.hstack(
                        [next_observations, next_actions])
                next_q0s = self.critic0_target_net.predict(
                        next_observation_actions)[:, 0]
                next_q1s = self.critic1_target_net.predict(
                        next_observation_actions)[:, 0]
                next_qs = np.minimum(next_q0s, next_q1s) # 取其中较小的
                targets = rewards + self.gamma * next_qs * (1. - dones)
                self.critic0_evaluate_net.fit(observation_actions,
                        targets[:, np.newaxis], verbose=0)
                self.critic1_evaluate_net.fit(observation_actions,
                        targets[:, np.newaxis], verbose=0)

                # 更新目标网络
                self.update_target_net(self.actor_target_net,
                        self.actor_evaluate_net, self.net_learning_rate)
                self.update_target_net(self.critic0_target_net,
                        self.critic0_evaluate_net, self.net_learning_rate)
                self.update_target_net(self.critic1_target_net,
                        self.critic1_evaluate_net, self.net_learning_rate)

actor_kwargs = {'hidden_sizes' : [32, 64], 'learning_rate' : 0.0001}
critic_kwargs = {'hidden_sizes' : [64, 128], 'learning_rate' : 0.001}
agent = TD3Agent(env, actor_kwargs=actor_kwargs,
        critic_kwargs=critic_kwargs)
```

9.4 本章小结

本章介绍了执行者 / 评论者算法在连续动作空间中的确定性版本。连续动作空间中的确定性版本与普通情况下的执行者 / 评论者算法在处理上略有区别，特别对于异策的算法更是如此。使用时要注意选用合适的版本。

至此，已经学完了本书的理论部分。后续章节将展示一些综合实例。

本章要点

- 连续动作空间的最优确定性策略可用 $\pi(s;\boldsymbol{\theta})$ 近似。
- 连续动作空间中确定性策略梯度定理为：

$$\nabla \mathrm{E}_{\pi(\boldsymbol{\theta})}[G_0]=\mathrm{E}_{S\sim\rho_{\pi(\boldsymbol{\theta})}}\left[\nabla\pi(S;\boldsymbol{\theta})\left[\nabla_a q_{\pi(\boldsymbol{\theta})}(S,a)\right]_{a=\pi(S;\boldsymbol{\theta})}\right],$$

  其中 ρ_π 是策略 π 的带折扣状态分布。
- 基本的同策和异策确定性执行者 / 评论者算法在更新策略参数 $\boldsymbol{\theta}$ 时试图增大 $\gamma^t q(S_t,\pi(S_t;\boldsymbol{\theta});\mathbf{w})$。
- 连续动作空间上的确定性算法可以通过增加扰动来实现探索。扰动可以是独立同分布的 Gaussian 噪声、Ornstein Uhlenbeck 过程等。
- 引入行为策略和重要性采样，可以实现确定性异策回合更新梯度算法。深度确定性策略梯度算法常结合经验回放、双重网络等技术。

CHAPTER 10

第 10 章

综合案例：电动游戏

从本章开始，我们来看一些比较复杂的综合实例。本章讨论为电动游戏设计基于图像信息的强化学习 AI。本章将复现 DeepMind 在《自然》期刊上发表的深度强化学习算法 Nature DQN，并将其用于强化学习界最知名的 Atari 电动游戏。

10.1 Atari 游戏环境

Atari 游戏是许多在 Atari 2600 主机上运行的游戏的统称。Atari 公司在 1977 年推出游戏主机 Atari 2600。玩家可以在主机上插入不同的游戏卡来访问不同的游戏，将主机与模拟信号电视机连接显示画面，并通过主机配套的手柄进行控制。后来，B. Matt 等开发了模拟器 Stella，使得 Atari 游戏可以在 Windows、macOS、Linux 等操作系统上运行。Stella 后来又被经过了多次的封装和打包，其中，OpenAI 将 Atari 游戏集成在 Gym 库里，使得研发人员可以使用 Gym 的 API 来使用环境。本章就将介绍 Gym 库中 Atari 游戏的安装和使用。

10.1.1 Gym 库的完整安装

Gym 库有一些内置的扩展库，它们并不包括在最小安装中。这些子库包括 gym[atari]、gym[box2d]、gym[mujoco]、gym[robotics]，其中 gym[atari] 提供了 Atari 游戏环境。

本书前 9 章只用到 Gym 库的最小安装，本章只用到扩展子库 gym[atari]。本书不使用其他子库。如果您只想安装最小安装版本和 gym[atari]，可以用以下命令：

```
pip install --upgrade gym[atari]
```

本节的后续内容将介绍如何在 Windows、macOS、Linux 操作系统上的 Anaconda3 中安装完整的 Gym 库。

完整安装 Gym 库前需要安装一些依赖软件。某些依赖软件在不同的操作系统中有不同的安装方法。接下来就介绍这些依赖软件的安装。

在 Windows 10 x64 系统下，需要安装 SWIG。你可以访问下列网站获得 SWIG 的安装包：

```
http://www.swig.org/download.html
```

下载地址可能是：

```
http://prdownloads.sourceforge.net/swig/swigwin-4.0.1.zip
```

下载得到的压缩包大小大约是 11 MB。请你将该压缩包解压到永久的地址（例如 C:\Programs\swigwin），然后在环境变量的路径里加入解压结果对应的 swig.exe 所在的目录（例如：C:\Programs\swigwin-4.0.1\swigwin-4.0.1）。Windows 10 系统设置环境变量的方法是：右击"我的电脑"、依次选择"属性"→"高级系统设置"→"环境变量"，再选择系统变量中的"PATH"增加新路径。设置完后，重新登录 Windows 系统以确保设置生效。

注意：如果没有正确安装 swigwin，会导致无法安装 Box2D 和 mujoco。

在 Ubuntu 18.04 系统下，你可以用 Anaconda 3，也可以用下列命令安装依赖项：

```
apt install -y zlib1g-dev libjpeg-dev cmake swig python-pyglet python3-opengl
libboost-all-dev libsdl2-dev libosmesa6-dev patchelf xvfb
```

在 macOS 系统下，你还需要安装 brew，并用下列命令安装依赖项：

```
brew install cmake boost boost-python sdl2 swig wget
```

接下来安装 ffmpeg。Windows 系统中可以用以下命令利用第三方通道安装 ffmpeg：

```
conda install ffmpeg -c menpo
```

在 Linux 系统和 macOS 系统上安装官方 ffmpeg 的命令是：

```
conda install ffmpeg
```

接下来安装 Box2D。到网站 https://www.lfd.uci.edu/~gohlke/pythonlibs/ 上搜索 Box2D，可以看到各版本的下载链接。下载 Box2D-2.3.2-cp38-cp38m-win_amd64.whl 到本地。接着，在命令提示符中在下载目录下运行下列命令即可完成安装。

```
pip install Box2D-2.3.2-cp38-cp38m-win_amd64.whl
```

本段安装 gym[mujoco]、gym[robotics] 依赖的 MuJoCo 控制环境依赖的扩展库 mujoco-py。这个扩展库进一步依赖于收费软件 MuJoCo。所以，如果想使用 gym[mujoco]、gym[robotics] 里的环境，需要先到 MuJoCo 的网站 https://www.roboti.us/license.html 申请使用权限。你可以到 MuJoCo 的权限申请网页 https://www.roboti.us/license.html（英文网页）申请 30 天免费试用。如果你是学生，还可以申请更长时间的免费试用。

注意：MuJoCo 免费试用时间有限，请合理安排许可证的申请时间。本书不需要安装和使用 MuJoCo。

MuJoCo 密钥申请的方法：到 MuJoCo 网站 https://www.roboti.us/license.html 下载小工具获取 Computer ID，然后将 Computer ID 填在表单里。表单审核通过后，许可证的密钥文件 mjkey.txt 会发送到你注册的邮箱中。你可以在你的主目录（如 Linux 下的 Home 目录或是 Windows 的用户目录）下新建名为“.mujoco”的文件夹（文件夹以英文句号“.”开头；Windows 默认图形界面不支持将文件夹改名为“.”开头的文件夹名，需要通过命令行改名），并将 mjkey.txt 文件放在这个目录里。

接下来下载 MuJoCo 2.0 版压缩文件。不同的操作系统对应的压缩文件如下：

- Windows 版：http://www.roboti.us/download/mujoco200_win64.zip；
- Linux 版：http://www.roboti.us/download/mujoco200_linux.zip；
- macOS 版：http://www.roboti.us/download/mujoco200_macos.zip。

下载好压缩文件后，解压文件放在密钥文件旁边的 ~/.mujoco/mujoco200 位置。

完成以上两步后，可使用下列命令安装 mujoco-py 库：

```
pip3 install --upgrade mujoco-py
```

安装完所有的依赖库后，可以使用下列命令完成 Gym 库的安装：

```
pip install gym[all]
```

如果不想安装 MuJoCo，但是想安装除 MuJoCo 以外的全部内容，可以用以下命令：

```
pip install gym[atari,box2d,classic_control]
```

10.1.2 游戏环境使用

Gym 库中包括了约 60 个 Atari 游戏，包括 Breakout、Pong 等（见图 10-1）。每个游戏都有自己的屏幕大小和动作数，也有不同的奖励值范围。屏幕高度和宽度默认为 210 像素 × 160 像素，也有少量游戏的分辨率为 230 像素 ×160 像素或 250 像素 ×160 像素。

对于同一个游戏，Gym 库还提供了多个不同的版本。例如，对于游戏 Pong 有表 10-1 中所示的 12 个版本。这些版本的区别如下。

- 不带 ram 字样的版本和带 ram 字样的版本的区别：不带 ram 字样的环境的观测是屏幕上 RGB 三通道图像，从观测往往不能完全决定环境状态。而带 ram 字样的环境的观测是内存里的状态。它们观测空间的比较如下：

```
Box(low=0, high=255, shape=( 屏幕长 , 屏幕宽 ,3), dtype=np.uint8) # 不带 ram 的版本
Box(low=0, high=255, shape=(128,), dtype=np.uint8) # 带 ram 的版本
```

- v0 和 v4 的区别：在 v0 环境中，智能体决定执行某个动作后，有 25% 的概率在下一次被迫决定使用相同的动作；在 v4 环境中无此限制。

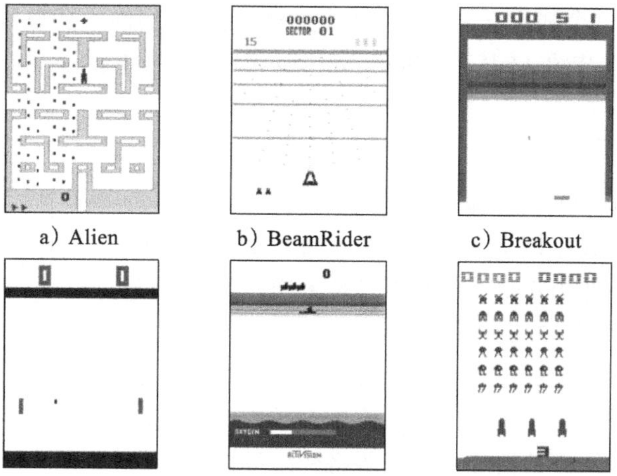

a) Alien　b) BeamRider　c) Breakout

d) Pong　e) Seaquest　f) SpaceInvader

图 10-1　部分 Atari 游戏的游戏界面（彩色动图参见 https://gym.openai.com/envs/#atari）

- 带 Deterministic 或 NoFrameskip 字样的版本与否的区别是环境每次调用 env.step() 时，会使得环境前进多少帧。带 Deterministic 字样的环境每次调用 env.step() 时连续进行 $N=4$ 帧，得到 4 帧后的观测，返回的奖励值是这 4 帧的总奖励值；带 NoFrameskip 字样的环境每次调用 env.step() 时只进行 $N=1$ 帧，得到下一帧的观测；不带这两个字样的版本每次调用 env.step() 时连续进行 N 帧，其中 N 在 $\{2,3,4\}$ 中随机取值。

表 10-1　游戏 Pong 对应的 12 个环境

观测是图像的环境	观测是内存内容的环境
Pong-v0	Pong-ram-v0
Pong-v4	Pong-ram-v4
PongDeterministic-v0	Pong-ramDeterministic-v0
PongDeterministic-v4	Pong-ramDeterministic-v4
PongNoFrameskip-v0	Pong-ramNoFrameskip-v0
PongNoFrameskip-v4	Pong-ramNoFrameskip-v4

这些环境的使用和 Gym 库中其他环境的使用方法完全相同，即用 reset() 开始新回合，step() 进行一步。可以用 env._max_episode_steps 查看每个环境默认的最大回合步数。

10.2　基于深度 Q 学习的游戏 AI

本节将复现 V. Mnih 等在论文《Human-level control through deep reinforcement learning》中的带经验回放和目标网络的深度 Q 学习算法，直接从游戏显示界面学习。因为这篇文章发表在刊物《自然》（Nature）上，所以这篇文章被称为 Nature DQN 文章，算法被称为

Nature DQN 算法。这个强化学习算法使用同一套代码，用同一套参数，实现了所有 Atari 游戏的 AI。注意，本节的 AI 基于 *Deterministic-v4 版本的环境。

10.2.1 算法设计

本节介绍 Nature DQN 算法的设计细节。

首先我们来看深度 Q 网络。网络的输入是最近的 4 帧的灰度画面。之所以要使用 4 帧画面而不只是采用当前帧的画面，是因为只有多帧信息才能表征物体的运动信息，而物体的运动信息对游戏 AI 非常重要。为了减小存储，可以对输入的画面进行缩放。Nature DQN 将画面宽度缩放为 84 像素。

对于网络输入是画面的情况，一般要将网络设计为卷积神经网络。如图 10-2 所示，卷积神经网络一般有卷积层和全连接层这两个部分。本例中卷积层的部分采用了 3 个使用 ReLU 激活的卷积层，卷积层提取出特征再通过 2 层全连接层得到各动作对应的动作价值估计。最后一层的输出向量大小和具体的游戏的动作空间大小有关。

虽然不同的游戏对应的网络输出向量大小并不相同，但是这个输出大小的逻辑可以通过 units = env.action_space.n 这样的逻辑统一设置，所以仍然认为整个算法用的是同一套参数。

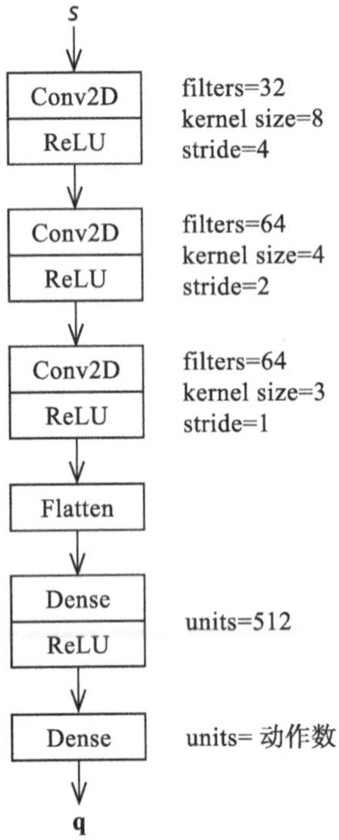

图 10-2 深度 Q 网络结构

注意： 现在学界主流观点认为卷积层后增加 BatchNormalization 能提升性能。在 Nature DQN 算法中没有使用 BatchNormalization，是因为当时研究人员见识有限，不知道要加 BatchNormalization。

设计好神经网络的结构后，需要对神经网络进行训练。神经网络使用了学习率为 0.00025 的 RMSProp 优化器进行批训练，每一批经验含有 32 条。

整个算法中最耗费存储的部分是对经验回放的存储。为了节约空间，将状态中的每个像素存储为 np.uint8 类型的数据。每个 np.uint8 数据只占用 1 字节空间，与单精度 float 的 4 字节或双精度 double 的 8 字节相比，大大节约了空间。Nature DQN 文章中，设置可以保存 10^6 条经验的存储空间。如果每个状态是大小为 (84, 84, 4) 的 np.uint8 型 np.array，那么存储 10^6 个状态需要 $84 \times 84 \times 4 \times 10^6\text{B} \approx 28\text{GB}$ 空间。

整个算法最耗费时间和计算的部分是对神经网络的训练。Nature DQN 文章中设置整个训练过程需要 5×10^7 步（不包括验证和测试的交互步数）。为了减少计算，Nature DQN 文章采用了以下策略。

- 收集到 5×10^4 条经验后再开始训练，没有收集到这么多经验则不训练。

- 不在每次和环境交互之后都训练，而是每与环境交互 4 次才训练 1 次。

在这样的设置下，再搭配上硬件加速，Nature DQN 文章自称其训练了大约 38 天。

注意：本书随书代码既给出了 Nature DQN 原始的参数，又给出了一个比较小规模的参数设置。原始的参数运行费时费空间，用单个计算机不可能完成运行。比较小规模的参数可以在数小时内用数 GB 内存的计算机完成运行，但是性能无法达到 Nature DQN 文章里的性能。

最后，介绍 Nature DQN 算法中探索的设置。Nature DQN 从以下方面进行探索。

- ε 贪心策略：在用动作价值对应的策略估计决定动作时，使用了 ε 贪心策略。随着训练的进行，ε 值逐步减小。第 5×10^4 步时 $\varepsilon=1$，然后线性减小；第 10^6 步时减小到 $\varepsilon=0.01$，然后保持不变。
- 回合初始随机动作：每一个回合的前 30 步，智能体在动作空间里等概率随机选择动作。这样可以避免智能体过早地记住某些特定的开局模式。

10.2.2 智能体的实现

本节介绍 Nature DQN 算法中智能体类 DQNAgent 的实现代码。本章的 DQNAgent 类由第 6 章中代码清单 6-10 的 DQNAgent 类修改而来，增加了一些和视频游戏有关的代码。本节就来看看具体有哪些增改。

首先来看构造函数。代码清单 10-1 给出了 DQNAgent 类的构造函数。在构造函数中，设置了各种参数，包括经验回放的参数和神经网络的参数等。构造函数内还初始化了经验回放器 self.replayer，其类 DQNReplayer 的实现见代码清单 6-6。

代码清单 10-1 智能体类 Agent 类的构造函数

```
def __init__(self, env, input_shape, learning_rate=0.00025,
        load_path=None, gamma=0.99,
        replay_memory_size=1000000, batch_size=32, replay_start_size=0,
        epsilon=1., epsilon_decrease_rate=9e-7, min_epsilon=0.1,
        random_initial_steps=0,
        clip_reward=True, rescale_state=True,
        update_freq=1, target_network_update_freq=1):

    self.action_n = env.action_space.n
    self.gamma = gamma

    # 经验回放参数
    self.replay_memory_size = replay_memory_size
    self.replay_start_size = replay_start_size
    self.batch_size = batch_size
    self.replayer = DQNReplayer(replay_memory_size)

    # 图像输入参数
```

```
        self.img_shape = (input_shape[-1], input_shape[-2])
        self.img_stack = input_shape[-3]

        # 探索参数
        self.epsilon = epsilon
        self.epsilon_decrease_rate = epsilon_decrease_rate
        self.min_epsilon = min_epsilon
        self.random_initial_steps = random_initial_steps

        self.clip_reward = clip_reward
        self.rescale_state = rescale_state

        self.update_freq = update_freq
        self.target_network_update_freq = target_network_update_freq

        # 评估网络
        self.evaluate_net = self.build_network(
                input_shape=input_shape, output_size=self.action_n,
                conv_activation=tf.nn.relu,
                fc_hidden_sizes=[512,], fc_activation=tf.nn.relu,
                learning_rate=learning_rate, load_path=load_path)
        self.evaluate_net.summary() # 输出网络结构
        # 目标网络
        self.target_net = self.build_network(
                input_shape=input_shape, output_size=self.action_n,
                conv_activation=tf.nn.relu,
                fc_hidden_sizes=[512,], fc_activation=tf.nn.relu)
        self.update_target_network()

        # 初始化计数值
        self.step = 0
        self.fit_count = 0
```

构造函数最后初始化了神经网络。神经网络的构造代码见代码清单 10-2。在 TensorFlow 中，卷积层的输入格式默认是“(样本，长，宽，通道)”这样的格式，和存储的格式并不完全兼容，所以模型的最开始用 tf.keras.layers.Permute 对象做了下标变换。

代码清单 10-2 神经网络的构造

```
    def build_network(self, input_shape, output_size, conv_activation,
            fc_hidden_sizes, fc_activation, output_activation=None,
            learning_rate=0.001, load_path=None):
        # 网络输入格式：(样本，通道，行，列)
        model = keras.models.Sequential()
        # tf 要求从 (样本，通道，行，列) 改为 (样本，行，列，通道)
        model.add(keras.layers.Permute((2, 3, 1), input_shape=input_shape))

        # 卷积层
        model.add(keras.layers.Conv2D(32, 8, strides=4,
                activation=conv_activation))
```

```
    model.add(keras.layers.Conv2D(64, 4, strides=2,
            activation=conv_activation))
    model.add(keras.layers.Conv2D(64, 3, strides=1,
            activation=conv_activation))

    model.add(keras.layers.Flatten())

    # 全连接层
    for hidden_size in fc_hidden_sizes:
        model.add(keras.layers.Dense(hidden_size,
                activation=fc_activation))
    model.add(keras.layers.Dense(output_size,
            activation=output_activation))

    optimizer = keras.optimizers.RMSprop(learning_rate, 0.95,
            momentum=0.95, epsilon=0.01)
    model.compile(loss=keras.losses.mse, optimizer=optimizer)
    return model
```

神经网络的输入状态是堆叠的多个灰度图像。代码清单 10-3 给出了从观测的彩色图像得到状态的方法。该函数得到彩色图像后，先改变大小，然后转换成灰度图像，再和历史灰度图像堆叠得到状态值。

代码清单 10-3　堆叠灰度图像得到状态

```
def get_next_state(self, state=None, observation=None):
    img = Image.fromarray(observation, 'RGB')
    img = img.resize(self.img_shape).convert('L') # 改大小，变灰度
    img = np.asarray(img.getdata(), dtype=np.uint8).reshape(
            img.size[1], img.size[0]) # 转成 np.array
    if state is None:
        next_state = np.array([img,] * self.img_stack) # 初始化
    else:
        next_state = np.append(state[1:], [img,], axis=0) # 堆叠图像
    return next_state
```

代码清单 10-4 利用神经网络的输出做 ε 贪心判决。如上节所述，为了鼓励探索，Nature DQN 一方面强制要求回合的前几步在动作空间里随机选择（相当于 $\varepsilon=1$），并且其后还应该使用给定的 ε 值。代码清单 10-4 实现了相关逻辑。

代码清单 10-4　用 ε 贪心策略做判决

```
def decide(self, state, test=False, step=None):
    if step is not None and step < self.random_initial_steps:
        epsilon = 1.
    elif test:
        epsilon = 0.05
    else:
        epsilon = self.epsilon
```

```
        if np.random.rand() < epsilon:
            action = np.random.choice(self.action_n)
        else:
            if self.rescale_state:
                state = state / 128. - 1.
            q_values = self.evaluate_net.predict(state[np.newaxis])[0]
            action = np.argmax(q_values)
        return action
```

代码清单 10-5 给出了智能体学习部分的逻辑。智能体每获得 4 条经验，就启动一次学习过程。每次学习先从经验库中采样出一批经验，然后更新评估网络。多次更新评估网络后，再用评估网络更新目标网络。最后更新 ε 的值。

代码清单 10-5　智能体学习逻辑

```
    def learn(self, state, action, reward, next_state, done):
        self.replayer.store(state, action, reward, next_state, done)
        self.step += 1

        if self.step % self.update_freq == 0 and \
                self.replayer.count >= self.replay_start_size:
            states, actions, rewards, next_states, dones = \
                    self.replayer.sample(self.batch_size) # 回放

            if self.rescale_state:
                states = states / 128. - 1.
                next_states = next_states / 128. - 1.
            if self.clip_reward:
                rewards = np.clip(rewards, -1., 1.)

            next_qs = self.target_net.predict(next_states)
            next_max_qs = next_qs.max(axis=-1)
            targets = self.evaluate_net.predict(states)
            targets[range(self.batch_size), actions] = rewards + \
                    self.gamma * next_max_qs * (1. - dones)
            h = self.evaluate_net.fit(states, targets, verbose=0)
            self.fit_count += 1
            if self.fit_count % self.target_network_update_freq == 0:
                self.update_target_network()

        # 更新 epsilon 的值：线性下降
        if self.step >= self.replay_start_size:
            self.epsilon = max(self.epsilon - self.epsilon_decrease_rate,
                    self.min_epsilon)
```

至此，我们已经完全实现了智能体类 DQNAgent。代码清单 10-6 构造了智能体对象。下一节将利用这个智能体对象完成 Nature DQN 的全部算法。

代码清单 10-6 构造智能体对象

```
agent = DQNAgent(env, input_shape=input_shape, batch_size=batch_size,
        replay_memory_size=replay_memory_size,
        learning_rate=learning_rate, gamma=gamma,
        epsilon=epsilon, epsilon_decrease_rate=epsilon_decrease,
        min_epsilon=min_epsilon, random_initial_steps=random_initial_steps,
        load_path=load_path,
        update_freq=update_freq,
        target_network_update_freq=target_network_update_freq)
```

10.2.3 智能体的训练和测试

本节将训练和测试上节构造的智能体类 DQNAgent 对象，完整实现 Nature DQN 算法。

代码清单 10-7 给出了智能体的训练代码。这个训练过程和传统深度 Q 网络的训练大致相同。主要的区别在于，由于 Nature DQN 算法的状态是由多个观测运算而得，所以在调用 decide() 函数和 learn() 函数前先要用 get_next_state() 函数算出状态。

代码清单 10-7 智能体的训练

```
frame = 0
max_mean_episode_reward = float("-inf")
for episode in itertools.count():
    observation = env.reset()
    episode_reward = 0
    state = agent.get_next_state(None, observation) # 计算状态
    for step in itertools.count():
        if render:
            env.render()
        frame += 1
        action = agent.decide(state, step=step) # 决策
        observation, reward, done, _ = env.step(action)
        next_state = agent.get_next_state(state, observation) # 计算状态
        episode_reward += reward
        agent.learn(state, action, reward, next_state, done) # 学习

        # 验证
        if frame % test_freq == 0 or \
                (done and (frame + 1) % test_freq == 0):
            test_episode_rewards, test_steps = test(env=env,
                    agent=agent, episodes=test_episodes, render=render)
            if max_mean_episode_reward < np.mean(test_episode_rewards):
                max_mean_episode_reward = np.mean(test_episode_rewards)
                agent.save_network(save_path)
                path = save_path[:-2] + str(agent.fit_count) + '.h5'
                agent.save_network(path)

        if done:
```

```
            step += 1
            frame += 1
            break
        state = next_state
    if frame > frames:
        break
```

在训练的过程中，代码清单 10-7 还定期验证智能体的性能。智能体的性能由代码清单 10-8 验证，就是让智能体和环境交互 100 个回合，看看平均回合总奖励是多少。在训练完成后，也可以用代码清单 10-8 对智能体进行测试。

代码清单 10-8　智能体的测试

```
def test(env, agent, episodes=100, render=False, verbose=True):
    steps, episode_rewards = [], []
    for episode in range(episodes):
        episode_reward = 0
        observation = env.reset()
        state = agent.get_next_state(None, observation) # 计算状态
        for step in itertools.count():
            if render:
                env.render()
            action = agent.decide(state, test=True, step=step)
            observation, reward, done, info = env.step(action)
            state = agent.get_next_state(state, observation) # 计算状态
            episode_reward += reward
            if done:
                break
        step += 1
        steps.append(step)
        episode_rewards.append(episode_reward)
        logging.info('[ 测试 ] 回合 {}: 步骤 {}, 奖励 {}, 步数 {}'
                .format(episode, step, episode_reward, np.sum(steps)))

    if verbose: # 输出测试小结
        logging.info('[ 测试小结 ] 步数 : 平均 = {}, 最小 = {}, 最大 = {}.' \
                .format(np.mean(steps), np.min(steps), np.max(steps)))
        logging.info('[ 测试小结 ] 奖励 : 平均 = {}, 最小 = {}, 最大 = {}' \
                .format(np.mean(episode_rewards), np.min(episode_rewards),
                np.max(episode_rewards)))
    return episode_rewards, steps
```

至此，我们完成了智能体的训练和测试。

10.3　本章小结

本章为 Atari 电动游戏开发了深度强化学习 AI。首先我们完整安装了 Gym 库，使用了

Gym 库的最小安装中并不包括的 Atari 游戏环境；接着，我们复现了 Nature DQN 论文里的深度强化学习算法，它用带有相同参数的同一份代码解决了所有的 Atari 游戏问题。

本章要点

- Gym 库具有 atari、box2d 等子库，可通过完整安装获得。
- 输入是图像的神经网络常为卷积神经网络，主要有卷积层和全连接层这两个部分。
- 为了捕获图像的运动，可以用堆叠的多幅图像作为状态。
- 在经验回放的过程中，可以将图像的像素存储为 uint8 格式以节约内存。

CHAPTER 11

第11章 综合案例：棋盘游戏

棋盘游戏（board game）是在棋盘上落子或移动棋子的游戏。棋盘游戏多种多样：有些棋盘游戏是双人对战的，例如象棋、军棋、五子棋、围棋、将棋等；有些棋盘游戏是多人对战的，例如多人跳棋、四国军棋等。有些棋盘游戏具有随机性或玩家并没有掌握全部信息，例如飞行棋需要借助骰子；而有些棋盘游戏是确定的并且玩家掌握全部的信息，例如围棋、象棋等。有些棋盘游戏中同一玩家只需要一种样子的棋子，例如围棋、五子棋、黑白棋、跳棋等；有些棋盘游戏中同一个玩家需要不同样子的棋子表示不同的功能，比如象棋里面需要有象、马、车等不同的棋子。

本章考虑双人对战并且每个玩家只需要一种棋子的确定性棋盘游戏，用 DeepMind 在《科学》上发表的 AlphaZero 算法来求解这些棋盘游戏。

11.1 双人确定性棋盘游戏

本节介绍井字棋、五子棋、黑白棋和围棋的原理及其可解性。井字棋、五子棋、黑白棋等棋盘游戏有以下共同点。

- 棋盘是一个有很多网格的方形棋盘。
- 两个玩家依次在空闲的网格放棋子。先下棋的玩家称为“黑棋”，后下棋的玩家称为“白棋”。
- 两个玩家都掌握了目前棋局的全部信息，并且没有任何随机性。
- 游戏是回合制的零和游戏。要么黑棋获胜，要么白棋获胜，要么打成平手。

当然，每个游戏也有自己独特的规则。接下来逐一介绍这些游戏的具体规则和可解性。

11.1.1 五子棋和井字棋

五子棋（Gomuku，又称 Five in a row）是在 15×15 的棋盘上进行的游戏。五子棋有许多不同的规则，其中最为简单的是无约束规则（Free-style Gomuku）。无约束规则是这样的：在一个回合中，两个玩家依次在交叉点上放置自己的棋子，当某个玩家让自己的棋子在垂直方向、水平方向或对角方向中任意一个方向有至少 5 个棋子（包括 5 个）连成一条线，则该玩家获胜。如果棋盘已满，但是没有任何一方获胜，则该回合为平局。五子棋还有其他规则，如 Swap2 规则、Soosorv-8 规则等。本章只讨论无约束规则。

井字棋（Tic-Tac-Toe）是在 3×3 棋盘上进行的游戏。它的规则类似于五子棋的无约束规则，任意一方将三个自己的棋子连成一线即可获胜。

无约束规则的五子棋和井字棋都是 (m,n,k) 连线游戏（(m,n,k) k-in-a-row game）的特殊情形。在学术界，(m,n,k) 连线游戏定义为在 $m\times n$ 棋盘上的回合制游戏。在一个回合中，两个玩家依次在交叉点上放置自己的棋子，当某个玩家让自己的棋子在垂直方向、水平方向或对角方向中任意一个方向有至少 k 个棋子（包括 k 个）连成一条线，则该玩家获胜。如果棋盘已满，但是没有任何一方获胜，则该回合为平局。无约束五子棋就是 $(15,15,5)$ 连线游戏，井字棋就是 $(3,3,3)$ 连线游戏。研究人员已经证明 (m,n,k) 连线游戏在 (m,n,k) 的许多取值下采用最佳策略的对弈结果。根据 Wikipedia 上“m,n,k-game”的条目，目前已经证明，在双方都采用最优策略的情况下，有以下结论。

- $k=1$ 和 $k=2$：黑棋胜，除了 $(1,1,2)$ 和 $(2,1,2)$ 显然是平局。
- $k=3$：井字棋 $(3,3,3)$ 是平局，$\min\{m,n\}<3$ 也是平局，其他情况黑棋胜。实际上，对于 $k\geqslant3$ 并且 $k>\min\{m,n\}$ 的情况，都是平局。
- $k=4$：$(5,5,4)$ 和 $(6,6,5)$ 是平局，$(6,5,4)$ 黑棋胜，$(m,4,4)$ 对于 $m\geqslant30$ 是黑棋胜，对于 $m\leqslant8$ 是平局。
- $k=5$：$(m,m,5)$ 在 $m=6,7,8$ 的情况下是平局，对于无限制五子棋的情况（$m=15$）是黑棋胜。
- $k=6,7,8$：$k=8$ 在无限大的棋盘上是平局，在有限大的情况下没有完全分析清楚。$k=6$ 或 $k=7$ 在无限大的棋盘下也没有分析清楚。$(9,6,6)$ 和 $(7,7,6)$ 是平局。
- $k\geqslant9$ 是平局。

11.1.2 黑白棋

黑白棋（又称翻转棋，Reversi，Othello）是在 8×8 的棋盘上进行的棋盘游戏。刚开始，棋盘正中有 4 个黑白相隔的棋子，然后黑棋、白棋轮流落子。如果某个落子能和己方的另外一枚棋子在水平、垂直或对角方向夹住对方棋子，则可以将夹住的对方棋子变为己有；否则这个落子无效。当双方均不能下子时，游戏结束，子多的一方获胜。

如图 11-1 所示，一开始棋盘上的 4 个棋子如图 11-1a 所示，棋牌左边的数字和上面的数值表示各网格位置。这时候轮到黑棋下。黑棋可以在 (2, 4)、(3, 5)、(4, 2)、(5, 3) 这 4 个位置下棋，都可以夹住一个白棋。事实上，由于棋盘的对称性，这 4 个位置是等效的。现在让黑棋走 (2, 4) 这个位置。这时，位置 (3, 4) 的白棋被夹住了，变成了黑棋，得到图 11-1 b。现在轮到白棋下。这时候白棋可以下在 (2, 3)、(2, 5)、(4, 5) 这 3 个位置，这 3 个位置都能夹住一个黑棋。如果白棋下在 (2, 5)，那么就会得到图 11-1c 的局面。

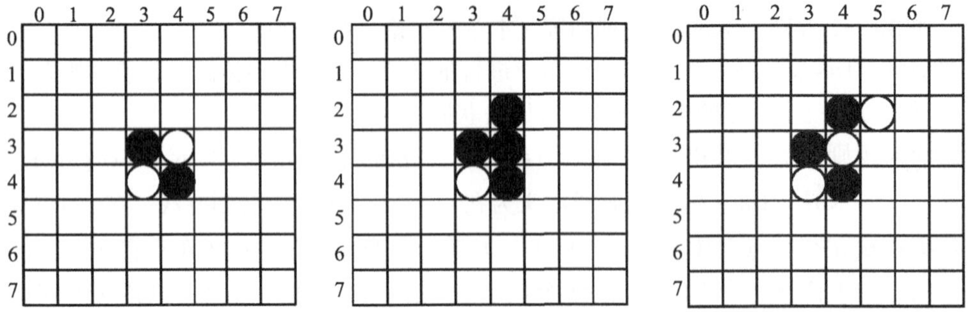

a）回合开始时的棋盘　b）黑棋下 (2,4) 以后的棋盘　c）白棋下 (2,5) 以后的棋盘

图 11-1　黑白棋开局“烟囱”(Chimney) 的前 2 步

如果将黑白棋扩展到 $n\times n$ 的棋盘，可以证明这个问题是 PSPACE 完全问题（PSPACE-complete）。如果两个玩家都按最佳策略对弈，则在 $n=4$ 或 6 时白棋获胜，在 $n=8$ 时未有关于结局的理论证明。目前大多数人认为在 $n=8$ 时应该是平局。

11.1.3　围棋

围棋是一种在 19×19 棋盘上进行的棋盘游戏。它一般被认为是世界上最复杂的棋盘游戏之一。

围棋的规则如下。

- 四向相连：棋盘上的一个棋子可以在上下左右方向和同色棋子连成一片棋（对角线方向不可以）。
- 无气即死：一片棋子的气是其上下左右方向直接邻接的空白交叉点的个数。如果一片棋子没有气，那么它就是死棋，要从棋盘上拿走。
- 顺序下棋：黑棋、白棋轮流下棋，每次可以在一个空白网格上下子，但是需要满足某些条件。其中一个著名的规则是打劫：如果一方下棋刚刚用一个子杀死的另一方一个子，另外一方不能马上在刚刚死子的那个地方下棋并杀死刚刚下的那个棋（但是如果能够杀死多个棋子则无此限制）。某些规则可能还有其他规则，例如禁止自杀：如果一个棋子不能杀死对方任意一个棋子，那么就不能让自己刚刚下的那个子是死棋。
- 胜负计算：围棋有很多种胜负计算的规则。其中的中国规则（Chinese rule）基于双方占据棋盘网格数，当黑棋占据的网格数减去白棋占据的网格数大于规则给定的一个数值（例如 3.75）时，黑棋获胜，否则白棋获胜。

学术界已经证明，如果将其扩展到 $n\times n$ 的棋盘，其复杂度关于 n 是 PSPACE-hard 的。围棋比五子棋与翻转棋困难得多。当然最主要的原因还是在于它的棋盘最大。另外，围棋与五子棋和翻转棋相比有还以下区别，这也增加了求解的难度。

- 在(m,n,k)连线游戏与翻转棋中，如果给出了“当前棋盘的图案”和“当前下棋是哪个玩家”这两个信息，就可以完全表征游戏的状态，但是对于围棋则不行。原因在于，围棋有打劫的规则。打劫的规则依靠上一步棋子的死亡信息来决定这一步哪些地方可以下棋，哪些地方不能下棋。所以当前棋盘的图案不足以给出这个信息，而需要有更多步历史棋盘的信息来判定。
- 在(m,n,k)连线游戏与翻转棋中，如果某个棋盘的结局的白棋胜，那么改变棋盘上的全部棋子的颜色（即黑棋变白棋，白棋变黑棋），就会变成黑棋胜；对于围棋则不一定。这是因为，黑棋要想获胜，不仅仅需要比白棋占更多的地方，而且对白棋的优势要超过一个给定的值（如 3.75）。如果黑棋只比白棋多占很少的地方并且不超过胜利需要的阈值（例如黑棋只比白棋多 0.5），仍然是白棋胜；但是如果改变全部棋子的颜色，那么白棋比黑棋多占地方，还是白棋胜。所以，围棋棋盘对于双方具有某种不对称性。

因为围棋比五子棋和翻转棋都复杂得多，所以开发围棋 AI 需要比开发连线游戏 AI 和翻转棋 AI 多很多的资源。

11.2 AlphaZero 算法

在棋盘游戏中，智能体能够完全知道环境模型，所以它可以利用模型进行有模型的学习。这样的有模型学习与本书 4 ～ 9 章介绍的无模型算法有本质的不同。本节介绍 D. Silver 等人在《科学》期刊上发表的文章《 A general reinforcement learning algorithm that masters chess, shogi and Go through self-play 》。这篇文章提出了可以用于多种双人确定性棋盘游戏的强化学习算法 AlphaZero。

在本节，我们先介绍 AlphaZero 算法的三个关键元素：回合更新树搜索、深度残差网络和自我对弈，再介绍如何利用这三个关键元素完成 AlphaZero 算法。

11.2.1 回合更新树搜索

在双人棋盘游戏中，两个玩家依次下棋。黑棋要下某一步棋的时候，当前黑棋可能有多种可能的下法，而每一种下法的后续白棋也会有多种可能的下法，而每种白棋的后续下法又对应的多种黑棋的后续下法，依此类推。如图 11-2 所示，这就像一棵树，树的每个节点代表着一种棋盘局势，而节点后的分支代表当前局势下可以演进得到的后续局势。树的叶子节点表示胜负已分的终局局势。玩家在做每一步的决策时，都需要考虑后续的多种可能，即考虑以当前节点为根的整棵子树。具体而言，玩家在当前局势下处在某个节点，要思考当前可以在哪些地方下棋进而会将局势演进到哪些节点，而每种局势后对方会将局势演进到哪些节点，依此类推。这样的过程就称为**树搜索**（tree search）。

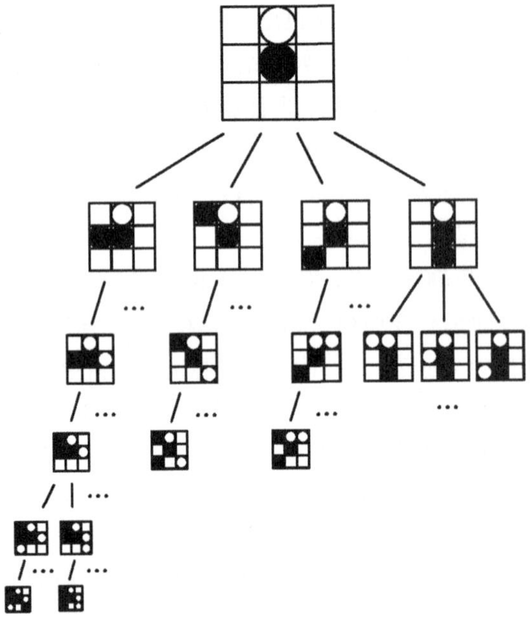

图 11-2　井字棋的树搜索

在树搜索的过程中，要从一个节点出发去搜索它的子节点，需要了解当前棋盘局势可以演进到哪些局势。在有的局势下胜负已分，没有后续的局势，这时候对应的节点就是叶子节点，不能继续往下搜索。从这个角度看，树搜索过程要求了解棋盘游戏规则。也就是说，这样的树搜索基于完备的环境模型。

对于规模较小的问题，可以进行完全树搜索。完全树搜索在每一个棋盘局势下，都考虑后续所有可能出现局势，判断每个终局的胜负。在这个基础上，玩家可以使用极大极小算法（minimax），从终局出发进行倒推，选择无论对方怎么下都对自己尽可能有利的做法。如图 11-2 所示，在井字棋游戏中，最上面的一行（下称第 0 行）的局面后续有其下的那一行（称为第 1 行）的多种情形，而黑棋按照最左边的那个分支走在 (1,0) 位置后，白棋无论怎么下，黑棋都能获胜。黑棋在这种局势下搜索到这种情况后，就会选择这种必胜的下法。

一般的棋牌游戏问题的规模都比较大，没有办法穷尽考虑所有的后续局势。在 AlphaZero 发明以前，常常使用以下两种思路来解决搜索树过大的问题。

- 限制搜索的深度：在搜索的过程中，从当前节点出发最多搜索指定的步数，而不搜索到终局；
- 剪枝（prun）：在搜索某一步时，只选择某些下法进行后续的搜索，而不对所有的下法进行搜索。

这两种思路有明显的缺点：限制搜索的深度会导致玩家需要依靠中间局势的某种价值评估来进行决策，而这个价值评估是在没有见到终局做出的，可能会有偏差；剪枝算法可能会漏掉某些未来有很大影响的下法。

AlphaZero 算法采用了**回合更新树搜索**（Monte Carlo Tree Search，MCTS）来解决树搜索中节点过多的问题。所谓的回合更新，指的就是在从某个节点开始进行搜索时，需要一直搜索到胜负已分的叶子节点。从某个节点开始一直到叶子节点的这一串选择就称为搜索的路径。在搜索的过程中，不限制搜索的深度，并且所有可能的步骤都有可能被搜索到。所以，回合更新树搜索可以避免限制搜索深度和剪枝所带来的缺点。但是，我们只能进行有限次数的搜索，得到有限条搜索路径。在可能的分支总数非常大的时候，搜索的路径数会远远小于可能的分支总数。如果胡乱搜索，就有极大的概率没有搜索到最具有价值的那些分支。为了解决这个问题，需要巧妙设计搜索的方法，使得极可能搜索那些有价值的分支。

为了介绍 AlphaZero 回合更新树搜索的具体搜索方法，我们先来回顾一下在第 4 章中的回合更新价值迭代是如何进行的。回顾第 4 章中基于动作价值的最优策略求解算法，算法定义状态动作对 (s,a) 的访问次数为 $c(s,a)$，动作价值估计为 $q(s,a)$。当一个状态动作对获得了新的回合回报 G 时，用以下回合更新式来更新访问次数和动作价值估计：

$$c(s,a) \leftarrow c(s,a)+1,$$

$$q(s,a) \leftarrow q(s,a)+\frac{1}{c(s,a)}\left[G-q(s,a)\right]$$

这样的方法可以迁移到回合更新树搜索中。我们把树上的每一个节点看作状态 s，我们可以根据环境模型得到它下一步可能的动作集合 $\mathcal{A}(s)$，对于每个状态动作对 (s,a)，我们也可以定义它的访问次数为 $c(s,a)$，动作价值估计为 $q(s,a)$。如果在某条路径上访问过了某个状态 (s,a)，就可以用相同的回合更新式来更新访问次数和动作价值估计。值得一提的是，这里的回合总奖励 G 就是叶子节点处的胜负结果。一般定义在状态 s 时进行决策的玩家获胜则回合总奖励为 $+1$，如果另外一个玩家获胜则回合总奖励为 -1，平局则为 0。在下次位于状态 s 时需要决定用哪个动作进行搜索时，就可以选择哪些 $q(s,a)$ 较大的动作进行搜索了。

不过，在首次访问某个节点 s 时，这个节点下的所有状态动作对都没有被访问过，(s,a) 对应的访问次数 $c(s,a)$ 都是 0，动作价值估计 $q(s,a)$ 也都是初始化的值（一般初始化为全 0），只能做随机选择。AlphaZero 算法需要引导估计器来引导异步策略价值回合更新树搜索的启动。引导估计器包括以下两个部分：

- 策略的先验概率估计器 $\pi_{\text{先验}}(a|s;\boldsymbol{\theta})$：输入是状态动作对 (s,a)，输出是在状态 s 下选择动作 $a \in \mathcal{A}(s)$ 的概率的先验估计值，估计器的参数记为 $\boldsymbol{\theta}$。
- 动作价值的先验估计器 $q_{\text{先验}}(s,a;\mathbf{w})$：输入是状态动作对 (s,a)，输出是状态动作对的动作价值估计，估计器的参数记为 $\mathbf{w}$。

有了这两个估计值，搜索过程就可以选择使得下式最大的动作：

$$\lambda(s,a)\pi_{\text{先验}}(a|s;\boldsymbol{\theta})+q(s,a),$$

其中

$$\lambda(s,a)=\left[c_{初始}+\ln\left(1+\frac{1+c(s)}{c_{基础}}\right)\right]\frac{\sqrt{c(s)}}{1+c(s,a)}$$

$$c(s)=\sum_{a\in\mathcal{A}(s)}c(s,a),$$

参数取值 $c_{初始}=1.25$ 且 $c_{基础}=19652$。这样的表达式可以看作是“预测－信任动作上界”(Predictor-Upper Confident Bound，PUCT）的变形，它由以下两个部分组成：

- 先验概率部分：即 $\pi_{先验}(a\,|\,s;\mathbf{\theta})$，刚开始搜索时可以再加上 Dirichlet 分布的噪声。
- 动作价值估计部分：当动作价值对没有被访问过时，用先验价值估计器的结果 $q_{先验}(s,a;\mathbf{w})$ 作为动作价值估计；如果动作价值对 (s,a) 已经被访问过了，那么它已经有了动作价值估计 $q(s,a)$，直接用它的估计。

这两个部分之间的权重由 $\lambda(s,a)$ 指定，它是随着搜索的过程不断变化的。一般情况下 $c_{基础}$ 是一个非常大的值，所以 $\ln\left(1+\frac{1+c(s)}{c_{基础}}\right)\approx 0$，其变化主要由比率 $\frac{\sqrt{c(s)}}{1+c(s,a)}$ 的变化决定。这个比率的分子有求和但开了根号，分母没有求和也没有开根号。所以，在刚开始搜索时比率较大，随着搜索的进行这个比率会不断减小。这就相当于在探索和利用之间进行了折中：刚开始更倾向于根据先验概率进行探索，后来更倾向于基于价值估计进行利用。

在 AlphaZero 算法中，要确定在某个节点 s 处应当采用哪个动作，先要进行树搜索，得到每个动作的访问次数 $c(s,a),a\in\mathcal{A}(s)$，然后用访问次数幂次的经验分布作为策略分布，即

$$\pi(a\,|\,s)=\frac{\left[c(s,a)\right]^k}{\sum_{\tilde{a}\in\mathcal{A}(s)}\left[c(s,\tilde{a})\right]^k}$$

其中幂次 $k\in[0,1]$ 是控制探索和利用之间折中的参数，可以随着迭代过程变化，k 越小就越鼓励探索。

最后要强调的是，树搜索依赖于对环境的彻底理解。在树搜索时，需要能够知道每一个局面 s 是不是胜负已分的终局；如果胜负已分，那么这个局面对应的赢家是谁；如果胜负未分，则这个局面后有哪些合法动作 $a\in\mathcal{A}(s)$，并知道每个合法动作后对应的下一个局面是什么。

11.2.2　深度残差网络

前一节提到，异步策略价值树搜索需要先验概率估计器 $\pi_{先验}(a\,|\,s;\mathbf{\theta})$ 和先验动作价值估计器 $q_{先验}(s,a;\mathbf{w})$ 来引导启动。如果这些估计器设计得好，树搜索就能用很少的路径覆盖大多数有价值的路径；如果这些估计器设计得差，树搜索用很多路径也难以覆盖那些有价值的路径。所以，我们希望这些估计器能够尽量准确。

考虑到这两个估计器需要用到相同的棋盘特征，所以 AlphaZero 把这两个网络进行了

合并，用一个统一的神经网络来实现了这两个估计器，并训练这个神经网络。本节就来介绍 AlphaZero 算法中的神经网络。

AlphaZero 算法维护的神经网络记为 $\begin{pmatrix}\boldsymbol{\pi}\\ v\end{pmatrix}=f(s;\boldsymbol{\theta})$。由于棋盘游戏的解往往比较复杂，需要比较深的神经网络，所以 AlphaZero 选择了深度残差网络。这个网络的输入是节点状态 s，输出有两个部分，分别对应着两个估计器的输出。

- 第一部分 $\boldsymbol{\pi}$ 对应着先验概率估计器的输出，它的输出是矢量，表示不同动作对应的概率估计值；
- 利用棋盘游戏的环境模型，我们知道每个状态动作对的下一个状态；要估计某个状态动作对的先验动作价值估计，等价于知道其下一个状态的状态价值；第二个部分 v 就是对应状态价值估计器的输出。

网络结构如图 11-3 所示。两个输出公用整个神经网络的大部分结构，以综合利用两个估计的数据训练深度残差网络特征，使得训练更容易。网络的参数 $\boldsymbol{\theta}$ 相当于原来两个估计器的参数，只不过有些参数仅用来估计先验概率，有些参数仅用来估计状态价值。

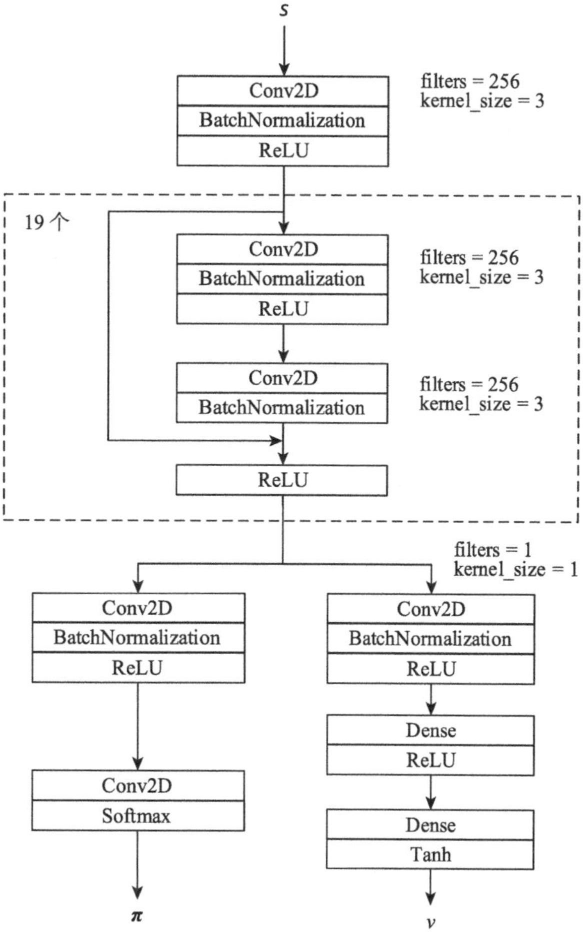

图 11-3 AlphaZero 神经网络结构

网络训练的目标是实际对弈时的策略概率和回合总奖励 G。训练时使用的损失函数包括以下两个部分。

策略概率估计损失：这个部分定义为网络输出 $\boldsymbol{\pi}(s;\boldsymbol{\theta})$ 和在对弈时实际的策略概率 $\pi(a|s)$ 的互熵损失，即

$$-\sum_{a\in\mathcal{A}(s)}\left[\boldsymbol{\pi}(s;\boldsymbol{\theta})\right]_a\log\pi(a|s)$$

状态价值估计损失：这个部分定义为网络输出 $v(s;\boldsymbol{\theta})$ 和实际回合收益 G 的最小二乘损

失，即

$$\left[v(s;\boldsymbol{\theta})-G\right]^2$$

除了这两部分损失外，还可以对参数进行惩罚，比如使用 ℓ_2 惩罚。将以上三部分综合起来，可以得到总损失的表达式为

$$-\sum_{a\in\mathcal{A}(s)}\left[\boldsymbol{\pi}(s;\boldsymbol{\theta})\right]_a\log\pi(a\mid s)+\left[v(s;\boldsymbol{\theta})-G\right]^2+c_2\|\boldsymbol{\theta}\|_2^2$$

其中 c_2 是决定 ℓ_2 惩罚程度的参数。

11.2.3 自我对弈

AlphaZero 通过自我对弈将回合更新树搜索和深度残差网络结合起来。本节就来介绍自我对弈。

在 11.2.1 节中我们知道，智能体是根据树搜索时的访问次数来决定各动作的概率。如果遵循这个规则的智能体作为两个玩家自相残杀，这样的对弈就是**自我对弈**（self-play）。如图 11-4 所示，在自我对弈的过程中，玩家会遇到各种各样的局势，并需要做出相应的决定。每次做决定都需要进行树搜索。

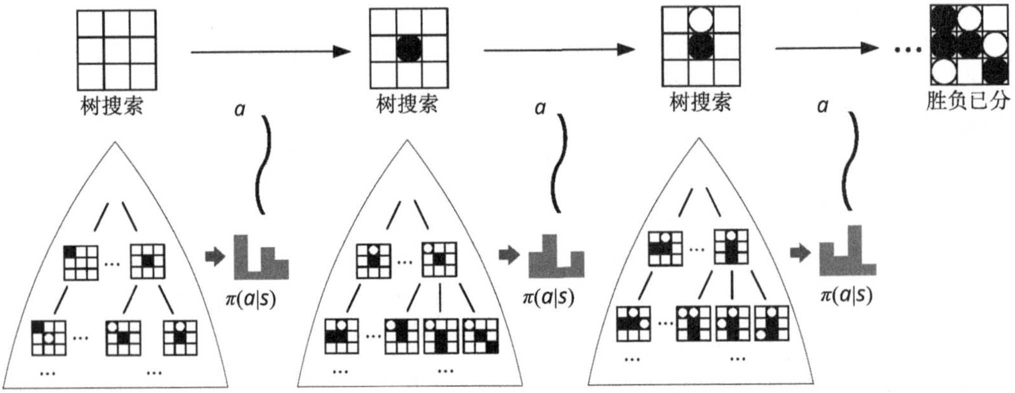

图 11-4 基于搜索树的自我对弈

自我对弈使神经网络的参数可以间接确定策略。具体而言，神经网络直接决定了先验策略概率的估计值和状态价值的估计值，利用这个估计值再搭配上固定不变的游戏模型进行树搜索，就得到了任意局面下各动作的概率，也就是策略。树搜索是用神经网络引导的，而搜索树里存储的价值估计是针对神经网络引导的策略而言的。一旦神经网络发生了变化，整个策略也就变了，自我对弈产生的回合轨迹都变了，回合最终的胜负也就变了。也就是说，一旦神经网络的参数由于训练发生了变化，就需要重新进行树搜索和自我对弈来确定策略。

在每个自我对弈的回合中，我们可以知道每一步的棋盘状态 s ，当前状态下的策略概率 $\pi(s,a)$ （$a \in \mathcal{A}(s)$），以及最终的回合总回报 G 。用这个结果，就可以训练神经网络。为了有效地训练神经网络，需要获得比较全面的轨迹，进而需要较多的自我对弈的回合数，而每个回合也有许多步，每下一步需要进行多次树搜索，所以自我对弈是整个 AlphaZero 算法最费时间费资源的部分。AlphaZero 论文中指出它用了 5000 个 TPU 进行自我对弈。相比之下，神经网络训练只用了 16 个 TPU，需要的资源就小得多。

注意： AlphaZero 论文用到的巨量计算资源是个人开发者和小型研究机构无法承担的。所以，本书的随书代码并没有完全恢复出全部规模的实验。本书的随书代码只是针对小规模的连线游戏和黑白棋进行学习，在普通计算机上用数小时即可运行完毕。

由于自我对弈是 AlphaZero 算法中最费时的部分，所以如果能对已有自我对弈数据进行简单扩展从而得到更多的对弈数据，就能显著加速训练数据的准备过程。在棋盘游戏中，往往有这样的机会。例如，对于 11.1 节介绍的那些棋盘游戏，把整个棋盘及其相应的动作概率左右翻转、上下翻转或 90° 旋转，都不会改变价值估计（见表 11-1）。利用这一性质，就可以从一个回合的自我对弈数据扩展出多个回合的自我对弈数据，而计算量和一个回合的自我对弈相当。对于有些棋盘问题，还可以交换其中的黑棋和白棋（比如五子棋和黑白棋）。这些操作都要基于对棋盘游戏的对称性的理解。

表 11-1　等价的 8 个棋盘局面

	直接旋转	转置后旋转
逆时针旋转 0°	 board	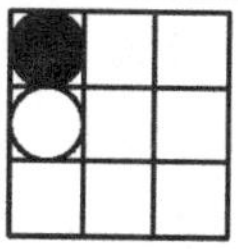 np.transpose(board)
逆时针旋转 90°	 np.rot90(board)	 np.flipud(board)
逆时针旋转 180°	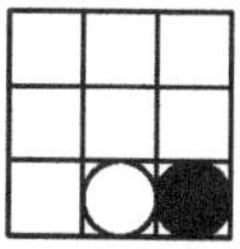 np.rot90(board, k=2)	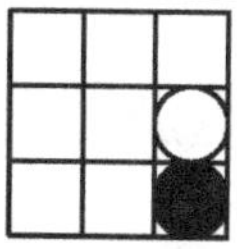 np.rot90(np.flipud(board))
逆时针旋转 270°	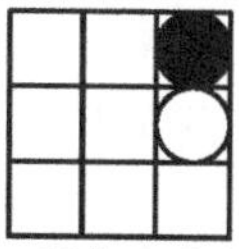 np.rot90(board, k=3)	 np.fliplr(board)

注意：由于 AlphaZero 论文还需要处理国际象棋、日本将棋等旋转后不等价的棋盘，所以 AlphaZero 论文中的算法没有使用对称性。但是，AlphaZero 算法的前一个版本 AlphaGo Zero 算法是专门为围棋设计的，所以用了对称性。一般认为，对于能利用对称性的任务的，使用对称性能够加快训练。

11.2.4　算法流程

本节介绍 AlphaZero 算法的总体流程，看看它如何综合使用前文介绍的三个关键元素：回合更新树搜索、深度残差网络和自我对弈。

算法 11-1 给出了 AlphaZero 算法的基本流程。首先是初始化过程，它随便指定了一个策略作为当前最好的策略。在 11.2.3 节提到，神经网络的参数可以间接确定策略。所以我们可以通过常规的神经网络参数初始化来给出一个策略。接着，算法采用迭代的方法逐步提升策略。由于神经网络的参数可以确定策略，逐步提升策略的过程实际上就是逐步更新神经网络参数的过程。为了更新神经网络的参数，迭代的主体先用目前最好的策略进行自我对弈，得到许多经验。这里的每条经验包括棋盘状态 s、对应的各动作概率 $\pi(a|s)$（$a \in \mathcal{A}(s)$），以及回合总奖励 G。然后利用收集到的经验来更新神经网络的参数。不过，更新后得到的神经网络参数对应的策略不一定会比原来的策略好，所以，在迭代步骤的末尾还通过新旧策略的互相对弈进行验证，如果更新后的策略比原来的策略好，才接受这次迭代带来的更新；否则，本次迭代作废。

算法 11-1　AlphaZero 算法

1.（初始化策略）取任一策略，记为当前目前最好的策略（如 $\boldsymbol{\theta} \leftarrow$ 任意值）。
2. 迭代执行以下操作。
   - 2.1（自我对弈）用当前最好的策略进行自我对弈，得到经验集合 $\mathcal{D}$。
   - 2.2（神经网络训练）多次进行以下操作：
     - 2.2.1 从经验集合 $\mathcal{D}$ 中多次采样得到一批经验 $\mathcal{B}$；
     - 2.2.2 利用经验 $\mathcal{B}$ 更新神经网络的参数（记为 $\boldsymbol{\theta}_{新}$）。

11.3　棋盘游戏环境 boardgame2

本节开发棋盘游戏的环境。Gym 库的最新版本并没有提供棋盘游戏的环境。本节试图在 Gym 库的基础上进行扩展，开发一个和 Gym 库兼容的棋盘游戏环境 boardgame2，使得这个棋盘游戏环境可以像 Gym 库中现有的环境那样使用。

11.3.1 为 Gym 库扩展自定义环境

本节来学习为 Gym 库扩展自定义环境的具体方法。通过 Gym 库的使用，我们可以知道要定义自定义环境需要满足以下几点。

- Gym 库的使用需要通过 gym.make() 函数获取环境对象 env，而每个环境对象的基类都是 gym.Env 类。所以，我们自定义的环境要定义为 gym.Env 类的扩展类，并且要以某种方式注册在 Gym 库里使得 gym.make() 函数可以找到。
- Gym 库里的环境对象 env 可以通过 env.observation_space 得到观测空间，env.action_space 得到动作空间。所以，自定义的环境类需要重写构造函数，并在构造函数里构造出 self.observation_space 和 self.action_space。
- Gym 库里的环境对象 env 可以通过 env.seed() 确定随机数种子并消除环境的随机性。env.seed() 函数返回的是整数列表。所以，自定义环境类需要重写 seed() 函数。即使对于不需要随机数发生器的确定性的环境（如本章考虑的确定性棋盘游戏的环境），也需要重写 seed() 函数并返回空列表，否则在调用 seed() 函数时会发生告警。
- Gym 库中环境的主要核心逻辑是回合内的逻辑，特别是 env.reset() 函数对应的初始化逻辑和 env.step() 函数对应的下一步逻辑。自定义的环境类当然要实现自己环境的逻辑。另外，env.render() 函数的显示逻辑和 env.close() 对应的释放资源逻辑也要相应实现。

综合以上分析，要扩展 Gym 库，关键就是要实现一个 gym.Env 类的扩展类，并重写构造函数、seed() 函数、reset() 函数、step() 函数、render() 函数，有时还需要重写 close() 函数。构造函数应该构造出观测空间 observation_space 和动作空间 action_space。seed() 函数应当对环境中的随机数生成器初始化。随机数生成器常取名为 np_random。reset() 函数、step() 函数、close() 函数应当完成相应的回合逻辑。render() 函数实现显示的功能。

实现好的类可以用 gym.envs.registration.register() 函数注册到 Gym 库里。gym.envs.registration.register() 函数有两个关键参数，id 和 entry-point。id 是 str 类型的参数，表示要用 gym.make() 得到环境时用的环境 ID。entry_point 则指向环境对应的环境类。这个环境类需要放置在某个包下。

例如，如果想要把扩展库 boardgame2 里的 ReversiEnv 的类注册为 ID 是 'Reversi-v0' 的环境，则可以使用以下语句完成注册：

```
from gym.envs.registration import register
register(id='Reversi-v0', entry_point='boardgame2:ReversiEnv')
```

本章涉及的各棋盘环境，都是遵循这样的规则，实现为一个环境类，并注册在 Gym 库里。在后文，我们会看到相关的代码。

11.3.2 boardgame2 设计

本章的各棋盘游戏都实现在了一个扩展库 boardgame2 中。它含有以下 Python 文件：

- boardgame2/env.py 这个文件实现了双人确定棋盘游戏环境的基类 BoardGameEnv，还实现了一些常量和一些辅助函数；
- boardgame2/kinarow.py 这个文件实现了连线游戏环境类 KInARowEnv；
- boardgame2/reverse.py 这个文件实现了黑白棋环境类 ReversiEnv；
- boardgame2/__init__.py 这个文件将各环境类注册在 Gym 库中。

在 boardgame2 库中，定义了以下概念。

- 玩家（player）：取值为 $\{-1,1\}$ 的 int 型数值。+1 表示黑棋（定义为常量 boardgame2.BLACK），–1 表示白棋（定义为常量 boardgame2.WHITE）。这里把两个玩家定义为 +1 和 –1 是巧妙设计的，便于棋盘的翻转。
- 棋盘（board）：是一个 np.array 的对象。其中的每个元素是取自 $\{-1,0,1\}$ 的 int 型数值，0 表示对应位置没有棋子，+1 和 –1 表示对应位置有相应玩家的棋子。
- 赢家（winner）：取值为 $\{-1,0,1\}$ 的 int 型数值或 None。对于一个棋盘胜负已分，那么赢家取值自 $\{-1,0,1\}$，表示白棋胜、平局或是黑棋胜；如果一个棋盘胜负未分，那么就没有赢家，取值 None。
- 位置（location）：是一个形状为 (2,) 的 np.array 对象。它用下标的形式表示棋盘 board 上的某个交叉点。
- 有效棋盘（valid）：是一个 np.array 的对象。其中的每个元素是取自 $\{0,1\}$ 的 int 型数值，0 表示对应位置是不可以下棋的，1 表示对应位置是可以下棋的。

利用上述概念，boardgame2 库将状态和动作定义如下。

- 状态：定义为由棋盘 board 和玩家 player 组成的 tuple 对象。它表示在棋盘局面 board 与下一个要下棋的玩家 player。值得一提的是，根据 11.1 节的分析，对于五子棋和黑白棋，局面 board 和下一玩家 player 一起确实完全表示了状态；但是对于围棋，却没有完全确定棋局的状态。所以这样的定义对于围棋并不合适。
- 动作：定义为一个位置。不过，它的元素取值可以不是棋盘的下标，这时候表示玩家想要跳过这步（定义为常量 env.PASS）或是认输（定义为常量 env.RESIGN）。

有了这些概念，就可以相应的为 boardgame2 里面的环境设计与 Gym 库兼容的接口，如 reset() 函数、step() 函数等。

为了让 AlphaZero 这样的有模型算法能够与扩展库 boardgame2 交互，boardgame2 还提供了用于树搜索的接口。回顾在 AlphaZero 算法中，树搜索需要能够知道每一个局面 s 是不是胜负已分的终局。如果胜负已分，那么这个局面对应的赢家是谁；如果胜负未分，则这个局面后有哪些合法动作 $a \in \mathcal{A}(s)$，并知道每个合法动作后对应的下一个局面是什么。为此，boardgame2 需要为每个棋盘游戏提供了表 11-2 中的接口，来支持树搜索。

实际上，在实现 Gym 库规定的那些接口时，可以利用表 11-2 中已经提供的函数。特别是成员函数 step()，它实际上可以直接调用表 11-2 中的 next_step() 函数来实现。

表 11-2 用来支持树搜索的环境接口

成员函数名	成员函数功能	输入参数	返回值
get_winner()	判断一个局面是不是终局。如果是终局，赢家是谁	当前状态 s（但不使用其中的玩家信息）	赢家 winner（可以为 None）
get_valid()	求当前状态 s 下所有可能的动作 $\mathcal{A}(s)$	当前状态 s	有效棋盘 valid
next_step()	求当前状态 s 下执行动作 $a \in \mathcal{A}(s)$ 后会达到哪一个状态 s'	状态动作对 (s,a)	下一状态，奖励，回合结束指示，和 dict 对象

综合上述考虑，可以得到棋盘游戏基类的设计（见代码清单 11-1）。BoardGameEnv 类继承自 gym.Env 类，并重写了必须重写的所有函数，包括构造函数、seed() 函数、reset() 函数、step() 函数和 render() 函数。render() 函数的参数 mode 支持两种参数 'ansi' 和 'human'，mode 为 'ansi' 时返回字符串，mode 为 'human' 时将字符串打印到标准输出上。这个信息记录在类的成员 metadata 里。另外，还有为树搜索服务的成员函数，以及为实现这些成员函数而设计的辅助函数。

代码清单 11-1 棋盘游戏基类 BoardGameEnv

```
class BoardGameEnv(gym.Env):
    # 代表跳过和认输的动作
    PASS = np.array([-1, 0])
    RESIGN = np.array([-1, -1])

    # Gym 库扩展要求的接口
    def __init__(self, board_shape, ... # 构造函数，确定观测空间动作空间
    def seed(self, seed=None): ... # 初始化随机数生成器
    def reset(self): ... # 初始化环境
    def step(self, action): ... #  下一步，可调用 next_step() 实现
    def render(self, mode='human'): ... # 显示棋盘
    metadata = {"render.modes": ["ansi", "human"]} # render() 函数的参数

    # MCTS 要求的接口
    def get_winner(self, state):
        ... # 计算是否胜负已分。若胜负已分，赢家是谁。next_step() 函数也要用这个函数
    def next_step(self, state, action):
        ... # 计算状态动作对对应的下一步
    def get_valid(self, state):
        ... # 获得当前棋盘中有效动作的位置
    # MCTS 要求接口的辅助函数
    def is_valid(self, state, action):
        ... # 判断一个动作是否是有效的，用于 get_valid() 等函数
    def has_valid(self, state):
        ... # 判断是否还有有效的位置，用于 get_winner() 函数
    def get_next_state(self, state, action):
        ... # 获取下一状态，用于 next_step() 函数
```

11.3.3　Gym 环境接口的实现

本节更具体地讨论环境类 Gym 的接口是如何实现的。如前所述，boardgame2 库中环境类的基类是 BoardGameEnv 类，本章中各棋盘游戏的环境类都从这个类派生出来的。BoardGameEnv 类继承自 gym.Env 类，并重写了所有必须重写的函数。接下来逐一介绍这些函数的实现。

代码清单 11-2 给出了构造函数。构造函数可以有很多参数，比如表示棋盘大小的参数 board_shape，还有一些带有默认值的参数。构造函数最后还定义了观测空间 self.observation_space 和动作空间 self.action_space。

代码清单 11-2　BoadGameEnv 类的构造函数

```
def __init__(self, board_shape,
        illegal_action_mode='resign', render_characters='+ox',
        allow_pass=True):
    self.allow_pass = allow_pass

    if illegal_action_mode == 'resign':
        self.illegal_equivalent_action = self.RESIGN
    elif illegal_action_mode == 'pass':
        self.illegal_equivalent_action = self.PASS
    else:
        raise ValueError()

    self.render_characters = {player : render_characters[player] for player \
            in [EMPTY, BLACK, WHITE]}

    if isinstance(board_shape, int):
        board_shape = (board_shape, board_shape)
    assert len(board_shape) == 2 # 检查棋盘形状
    self.board = np.zeros(board_shape)
    assert self.board.size > 1 # 检查棋盘形状

    # 定义观测空间和动作空间
    observation_spaces = [
            spaces.Box(low=-1, high=1, shape=board_shape, dtype=np.int8),
            spaces.Box(low=-1, high=1, shape=(), dtype=np.int8)]
    self.observation_space = spaces.Tuple(observation_spaces) # 观测空间
    action_spaces = [spaces.Box(low=-np.ones((2,)),
            high=np.array(board_shape)-1, dtype=np.int8),]
    self.action_space = spaces.Tuple(action_spaces) # 动作空间
```

代码清单 11-3 重写了 seed() 函数。由于棋盘游戏是确定性的环境，所以不需要构造随机数生成器。但是，即使不需要构造随机数生成器，也需要重写 seed() 函数，否则会产生告警。seed() 函数返回一个列表。

代码清单 11-3 BoardGameEnv 类的 seed() 函数

```
def seed(self, seed=None):
    return [,]
```

接下来就是最重要的 reset() 函数和 step() 函数，它们实现了最核心的逻辑。BoardGameEnv 类的 reset() 函数实现见代码清单 11-4，它就是简单的初始化了棋盘，并确定先走的玩家。对于初始棋盘不是空棋盘的情况，需要在这里放上初始棋盘。例如，对于黑白棋，开局时盘面有 4 个棋子，它的 reset() 函数见代码清单 11-5。代码清单 11-6 给出了 step() 函数的实现，它可以通过使用树搜索的支持接口 next_step() 函数直接实现。

代码清单 11-4 BoardGameEnv 类的 reset() 函数

```
def reset(self):
    self.board = np.zeros_like(self.board, dtype=np.int8)
    self.player = BLACK
    return self.board, self.player
```

代码清单 11-5 ReversiEnv 类的 reset() 函数

```
def reset(self):
    super().reset()
    x, y = (s // 2 for s in self.board.shape)
    self.board[x - 1][y - 1] = self.board[x][y] = 1
    self.board[x - 1][y] = self.board[x][y - 1] = -1
    return self.board, self.player
```

代码清单 11-6 BoardGameEnv 类的 step() 函数

```
def step(self, action):
    state = (self.board, self.player)
    next_state, reward, done, info = self.next_step(state, action)
    self.board, self.player = next_state
    return next_state, reward, done, info
```

接下来来看 render() 函数。之前提到，参数 mode 支持两种参数 'ansi' 和 'human'，mode 为 'ansi' 时返回字符串，mode 为 'human' 时将字符串打印到标准输出上。将棋盘转换为字符串的核心逻辑用 boardgame2.strfboard() 函数来实现。

代码清单 11-7 BoardGameEnv 类的 render() 函数

```
def render(self, mode='human'):
    outfile = StringIO() if mode == 'ansi' else sys.stdout
    s = strfboard(self.board, self.render_characters)
    outfile.write(s)
    if mode != 'human':
        return outfile
```

11.3.4　树搜索接口的实现

本节介绍支持树搜索的函数和它们的辅助函数。

我们先来介绍与判断一个动作是不是有效动作相关的函数。代码清单 11-8 给出了 3 个函数。

- is_valid(state, action)：给定状态 s 和动作 a，判断 a 是否在 $\mathcal{A}(s)$ 里；
- has_valid(state)：给定状态 s，判断 $\mathcal{A}(s)$ 是否为空；
- get_valid(state)：给定状态 s，求出 $\mathcal{A}(s)$。

其中 has_valid() 函数和 get_valid() 函数是以 is_valid() 为基础循环遍历得到的。

代码清单 11-8　BoardGameEnv 类的 is_vaild() 函数、has_valid() 函数和 get_valid() 函数

```
def is_valid(self, state, action):
    board, _ = state
    if not is_index(board, action):
        return False
    x, y = action
    return board[x, y] == EMPTY

def has_valid(self, state):
    board = state[0]
    valid = np.zeros_like(board, dtype=np.int8)
    for x in range(board.shape[0]):
        for y in range(board.shape[1]):
            if self.is_valid(state, np.array([x, y])):
                return True
    return False

def get_valid(self, state):
    board, _ = state
    valid = np.zeros_like(board, dtype=np.int8)
    for x in range(board.shape[0]):
        for y in range(board.shape[1]):
            valid[x, y] = self.is_valid(state, np.array([x, y]))
    return valid
```

对于绝大多数的棋盘游戏，要判断一个动作是不是合理的，只需要判断下标范围对不对（由 boardgame2.is_index(board, action) 实现），再判断要下棋的位置是不是空闲即可。不过，并不是所有的棋盘游戏都是这样。例如，黑白棋要求每一步棋必须要翻转敌方的棋子。所以这样的派生类需要重写 is_valid() 函数。代码清单 11-9 给出了翻转棋环境类 ReversiEnv 重写的 is_valid() 函数。

代码清单 11-9　ReversiEnv 类的 is_valid() 函数

```
def is_valid(self, state, action):
    board, player = copy.deepcopy(state)
```

```
    if not is_index(board, action):
        return False

    x, y = action
    if board[x, y] != EMPTY:
        return False

    for dx in [-1, 0, 1]: # 8个方向循环
        for dy in [-1, 0, 1]:
            if (dx, dy) == (0, 0):
                continue
            xx, yy = x, y
            for count in itertools.count():
                xx, yy = xx + dx, yy + dy
                if not is_index(board, (xx, yy)):
                    break
                if board[xx, yy] == EMPTY:
                    break
                if board[xx, yy] == -player:
                    continue
                if count: # 是当前玩家
                    return True
                break
    return False
```

接下来来看 get_winner() 函数。一般情况下，如果双方都无棋可下，那么游戏就结束了，游戏的赢家就是占地多的一方。这个逻辑由代码清单 11-10 实现。不过，对于连线游戏，它以连线成功作为判断标准，这样的逻辑由代码清单 11-11 实现。

代码清单 11-10　BoardGameEnv 类的 get_winner() 函数实现

```
def get_winner(self, state):
    board, _ = state
    for player in [BLACK, WHITE]:
        if self.has_valid((board, player)):
            return None
    return np.sign(np.nansum(board))
```

代码清单 11-11　KInARowEnv 类的 get_winner() 函数实现

```
def get_winner(self, state):
    board, _ = state
    for player in [BLACK, WHITE]:
        for x in range(board.shape[0]):
            for y in range(board.shape[1]):
                for dx, dy in [(1, -1), (1, 0), (1, 1), (0, 1)]: # 4个方向循环
                    xx, yy = x, y
                    for count in itertools.count():
                        if not is_index(board, (xx, yy)) or \
                                board[xx, yy] != player:
                            break
```

```
                    xx, yy = xx + dx, yy + dy
                if count >= self.target_length: # 连线成功，胜负已分
                    return player
    for player in [BLACK, WHITE]:
        if self.has_valid((board, player)):
            return None
    return 0
```

最后看获得下一个状态的 next_step() 函数及其辅助函数 get_next_step() 函数。get_next_step() 函数返回的是当前玩家下一个子，并等待对手下棋时的状态。但是，如果对手无棋可下，应当让其自动跳过（特别是黑白棋常出现这个情况）。所以，next_step() 函数据此逻辑进行进一步封装，见代码清单 11-12。

代码清单 11-12　BoardGameEnv 类的 next_step() 函数及其辅助函数 get_next_state()

```
def get_next_state(self, state, action):
    board, player = state
    x, y = action
    if self.is_valid(state, action):
        board = copy.deepcopy(board)
        board[x, y] = player
    return board, -player

def next_step(self, state, action):
    if not self.is_valid(state, action):
        action = self.illegal_equivalent_action
    if np.array_equal(action, self.RESIGN):
        return state, -state[1], True, {}
    while True:
        state = self.get_next_state(state, action)
        winner = self.get_winner(state)
        if winner is not None:
            return state, winner, True, {}
        if self.has_valid(state):
            break
        action = self.PASS
    return state, 0., False, {}
```

至此，我们已经完全了解了棋盘游戏环境 boardgame2 地实现。

11.4　AlphaZero 算法实现

11.2 节已经介绍了 AlphaZero 算法的原理。本节我们将实现 AlphaZero 算法，并用其求解棋盘游戏环境 boardgame2。

11.4.1　智能体类的实现

本节实现智能体类 AlphaZeroAgent。代码清单 11-13 给出了 AlphaZeroAgent 类的总体

设计。接下来我们就来看看每个成员是如何实现的。

代码清单 11-13　AlphaZeroAgent 类总体设计

```
class AlphaZeroAgent:
    def __init__(self, env, batches, batch_size, kwargs, load,
            sim_count, c_init, c_base, prior_exploration_fraction): ...
    def build_network(self, conv_filters, residual_filters, policy_filters,
            learning_rate, regularizer): ... # 搭建网络
    def reset_mcts(self): ... # 初始化树搜索
    def decide(self, observation, greedy=False, return_prob=False): # 判决
    def search(self, board, prior_noise=False): ... # MCTS 搜索
    def learn(self, dfs): ... # 训练
```

首先来看 AlphaZeroAgent 类的构造函数（见代码清单 11-14）。因为 AlphaZero 是有模型算法，所以智能体类应该有维护环境的成员 self.env。在构造函数里调用了成员方法 build_network() 来搭建深度残差网络。搭建网络的代码见代码清单 11-15 中的 build_network()。搭建的过程中用到了全局函数 residual()，这个函数实现了一个残差块。全局搭建好网络后，还要初始化回合更新树搜索。

代码清单 11-14　AlphaZeroAgent 类的构造函数

```
class AlphaZeroAgent:
    def __init__(self, env, batches=1, batch_size=4096,
            kwargs={}, load=None, sim_count=800,
            c_init=1.25, c_base=19652., prior_exploration_fraction=0.25):
        self.env = env
        self.board = np.zeros_like(env.board)
        self.batches = batches
        self.batch_size = batch_size

        self.net = self.build_network(**kwargs)
        self.reset_mcts()
        self.sim_count = sim_count # MCTS 次数
        self.c_init = c_init # PUCT 系数
        self.c_base = c_base # PUCT 系数
        self.prior_exploration_fraction = prior_exploration_fraction
```

代码清单 11-15　深度残差网络的搭建

```
def residual(x, filters, kernel_sizes=3, strides=1, activations='relu',
        regularizer=None): # 残差块，这个函数不是 AlphaZeroAgent 的成员
    shortcut = x
    for i, filte in enumerate(filters):
        kernel_size = kernel_sizes if isinstance(kernel_sizes, int) \
                else kernel_sizes[i]
        stride = strides if isinstance(strides, int) else strides[i]
        activation = activations if isinstance(activations, str) \
                else activations[i]
        z = keras.layers.Conv2D(filte, kernel_size, strides=stride,
                padding='same', kernel_regularizer=regularizer,
```

```
            bias_regularizer=regularizer)(x)
        y = keras.layers.BatchNormalization()(z)
        if i == len(filters) - 1:
            y = keras.layers.Add()([shortcut, y])
        x = keras.layers.Activation(activation)(y)
    return x

def build_network(self, conv_filters, residual_filters, policy_filters,
        learning_rate=0.001, regularizer=keras.regularizers.l2(1e-4)):
    # 公共部分
    inputs = keras.Input(shape=self.board.shape)
    x = keras.layers.Reshape(self.board.shape + (1,))(inputs)
    for conv_filter in conv_filters:
        z = keras.layers.Conv2D(conv_filter, 3, padding='same',
                kernel_regularizer=regularizer,
                bias_regularizer=regularizer)(x)
        y = keras.layers.BatchNormalization()(z)
        x = keras.layers.ReLU()(y)
    for residual_filter in residual_filters:
        x = residual(x, filters=residual_filter, regularizer=regularizer)
    intermediates = x

    # 概率部分
    for policy_filter in policy_filters:
        z = keras.layers.Conv2D(policy_filter, 3, padding='same',
                kernel_regularizer=regularizer,
                bias_regularizer=regularizer)(x)
        y = keras.layers.BatchNormalization()(z)
        x = keras.layers.ReLU()(y)
    logits = keras.layers.Conv2D(1, 3, padding='same',
            kernel_regularizer=regularizer, bias_regularizer=regularizer)(x)
    flattens = keras.layers.Flatten()(logits)
    softmaxs = keras.layers.Softmax()(flattens)
    probs = keras.layers.Reshape(self.board.shape)(softmaxs)

    # 价值部分
    z = keras.layers.Conv2D(1, 3, padding='same',
            kernel_regularizer=regularizer,
            bias_regularizer=regularizer)(intermediates)
    y = keras.layers.BatchNormalization()(z)
    x = keras.layers.ReLU()(y)
    flattens = keras.layers.Flatten()(x)
    vs = keras.layers.Dense(1, activation=keras.activations.tanh,
            kernel_regularizer=regularizer,
            bias_regularizer=regularizer)(flattens)

    model = keras.Model(inputs=inputs, outputs=[probs, vs])

    def categorical_crossentropy_2d(y_true, y_pred):
        labels = tf.reshape(y_true, [-1, self.board.size])
```

```
        preds = tf.reshape(y_pred, [-1, self.board.size])
        return keras.losses.categorical_crossentropy(labels, preds)

    loss = [categorical_crossentropy_2d, keras.losses.MSE]
    optimizer = keras.optimizers.Adam(learning_rate)
    model.compile(loss=loss, optimizer=optimizer)
    return model
```

代码清单 11-16 实现了回合更新树搜索。成员方法 reset_mcts() 实现了初始化部分。在这个部分，引入了树搜索需要的成员 self.q、self.count、self.policy、self.winner 和 self.valid。这些成员都是 dict 类型，它们的键是表示棋盘局势的。不过，由于 np.array 类型不能用作 dict 的键，所以需要用 boardgame2.strfboard() 函数把表示棋盘的 np.array 类型转换为 str 类型，作为 dict 的键。self.q、self.count、self.policy、self.valid 都是将 str 类型的键对应到 np.array 类型的值，而 self.winner 则是对应到 None 或 int。用 self.policy、self.valid 和 self.winner 将计算过程存储起来，以避免对相同的棋盘局面重复计算。成员方法 search() 实现了树搜索的核心逻辑。树搜索可以用循环实现，而这里采用了和循环实现等价的递归实现。先判断是不是已经搜索到了叶子节点，如果是则搜索做相应的计算。对于不是叶子节点的情况，则要继续搜索下一步。

代码清单 11-16　回合更新树搜索

```
def reset_mcts(self):
    def zero_board_factory(): # 用于构造 default_dict
        return np.zeros_like(self.board, dtype=float)
    self.q = collections.defaultdict(zero_board_factory) # q值估计
    self.count = collections.defaultdict(zero_board_factory) # q值计数
    self.policy = {} # 策略
    self.valid = {} # 有效位置
    self.winner = {} # 赢家

def search(self, board, prior_noise=False): # MCTS 搜索
    s = boardgame2.strfboard(board)

    if s not in self.winner:
        self.winner[s] = self.env.get_winner((board, BLACK)) # 计算赢家
    if self.winner[s] is not None: # 赢家确定的情况
        return self.winner[s]

    if s not in self.policy: # 未计算过策略的叶子节点
        pis, vs = self.net.predict(board[np.newaxis])
        pi, v = pis[0], vs[0]
        valid = self.env.get_valid((board, BLACK))
        masked_pi = pi * valid
        total_masked_pi = np.sum(masked_pi)
        if total_masked_pi <= 0: # 所有的有效动作都没有概率，偶尔可能发生
            masked_pi = valid # workaround
            total_masked_pi = np.sum(masked_pi)
```

```
        self.policy[s] = masked_pi / total_masked_pi
        self.valid[s] = valid
        return v

    # PUCT 上界计算
    count_sum = self.count[s].sum()
    coef = (self.c_init + np.log1p((1 + count_sum) / self.c_base)) * \
            math.sqrt(count_sum) / (1. + self.count[s])
    if prior_noise: # 先验噪声
        alpha = 1. / self.valid[s].sum()
        noise = np.random.gamma(alpha, 1., board.shape)
        noise *= self.valid[s]
        noise /= noise.sum()
        prior = (1. - self.prior_exploration_fraction) * self.policy[s] + \
                self.prior_exploration_fraction * noise
    else:
        prior = self.policy[s]
    ub = np.where(self.valid[s], self.q[s] + coef * prior, np.nan)
    location_index = np.nanargmax(ub)
    location = np.unravel_index(location_index, board.shape)

    (next_board, next_player), _, _, _ = self.env.next_step(
            (board, BLACK), np.array(location))
    next_canonical_board = next_player * next_board
    next_v = self.search(next_canonical_board) # 递归搜索
    v = next_player * next_v

    self.count[s][location] += 1
    self.q[s][location] += (v - self.q[s][location]) / \
            self.count[s][location]
    return v
```

代码清单 11-17 给出了做智能体决策的代码。每次做决策时，先要充分地进行回合更新树搜索得到策略概率，然后根据策略概率采样得到动作。因为神经网络学习时需要策略概率作为目标，所以 decide() 函数还返回策略概率以便于神经网络地训练。

代码清单 11-17 智能体做决策

```
def decide(self, observation, return_prob=False):
    board, player = observation
    canonical_board = player * board
    s = boardgame2.strfboard(canonical_board)
    while self.count[s].sum() < self.sim_count: # 多次进行 MCTS 搜索
        self.search(canonical_board)
    prob = self.count[s] / self.count[s].sum()
    location_index = np.random.choice(prob.size, p=prob.reshape(-1))
    location = np.unravel_index(location_index, prob.shape)
    if return_prob:
        return location, prob
    return location
```

代码清单 11-18 实现了神经网络的训练。神经网络的参数变化后，整个策略就变化了，所以之前的回合更新树搜索都失效了，需要重新初始化回合更新树搜索。

代码清单 11-18　神经网络的学习

```
def learn(self, dfs):
    df = pd.concat(dfs).reset_index(drop=True)
    for batch in range(self.batches):
        indices = np.random.choice(len(df), size=self.batch_size)
        players, boards, probs, winners = (np.stack(
                df.loc[indices, field]) for field in df.columns)
        canonical_boards = players[:, np.newaxis, np.newaxis] * boards
        vs = (players * winners)[:, np.newaxis]
        self.net.fit(canonical_boards, [probs, vs], verbose=0) # 训练
    self.reset_mcts() # 重置 MCTS
```

至此，我们就实现好了智能体类 AlphaZeroAgent。

11.4.2　自我对弈的实现

本节实现智能体与环境的交互。代码清单 11-19 给出了智能体与环境交互的代码。self_play() 函数利用智能体进行自我对弈。这个函数有个 bool 类型的参数 return_trajectory，当其为 True 时不仅返回回合奖励（即获胜的玩家），还返回轨迹用于训练。

代码清单 11-19　自我对弈

```
def self_play(env, agent, return_trajectory=False, verbose=False):
    if return_trajectory:
        trajectory = []
    observation = env.reset()
    for step in itertools.count():
        board, player = observation
        action, prob = agent.decide(observation, return_prob=True)
        if verbose:
            print(boardgame2.strfboard(board))
            logging.info('第 {} 步：玩家 {}, 动作 {}'.format(step, player,
                    action))
        observation, winner, done, _ = env.step(action)
        if return_trajectory:
            trajectory.append((player, board, prob))
        if done:
            if verbose:
                print(boardgame2.strfboard(observation[0]))
                logging.info('赢家 {}'.format(winner))
            break
        if step > 10:
            raise None
    if return_trajectory:
        df_trajectory = pd.DataFrame(trajectory,
                columns=['player', 'board', 'prob'])
```

```
        df_trajectory['winner'] = winner
        return df_trajectory
    else:
        return winner
```

11.4.3 训练智能体

本节利用环境 boardgame2 和自我对弈逻辑，训练实现好的智能体类。代码清单 11-20 给出了训练智能体的代码，并提供了 AlphaZero 论文的参数。不过，这套参数需要极大的计算资源和计算时间，在普通计算机上不可能算完。所以随书代码还提供了小规模的参数。在每轮训练中，先通过自我对弈收集许多经验，然后利用经验进行学习。每轮训练后会显示一局自我对弈的结果来展示训练效果。

代码清单 11-20　训练智能体

```
train_iterations = 700000 # 训练迭代次数
train_episodes_per_iteration = 5000 # 每次迭代自我对弈回合数
batches = 10 # 每回合进行几次批学习
batch_size = 4096 # 批学习的批大小
sim_count = 800 # MCTS 需要的计数

# 构造智能体对象
kwargs = {}
kwargs['conv_filters'] = [256,]
kwargs['residual_filters'] = [[256, 256],]
kwargs['policy_filters'] = [256,]
agent = AlphaZeroAgent(env=env, kwargs=kwargs, sim_count=sim_count,
        batches=batches, batch_size=batch_size)

for iteration in range(train_iterations):
    # 自我对弈
    dfs_trajectory = []
    for episode in range(train_episodes_per_iteration):
        df_trajectory = self_play(env, agent,
                return_trajectory=True, verbose=False)
        logging.info(' 训练 {} 回合 {}: 收集到 {} 条经验 '.format(
                iteration, episode, len(df_trajectory)))
        dfs_trajectory.append(df_trajectory)

    # 利用经验进行学习
    agent.learn(dfs_trajectory)
    logging.info(' 训练 {}: 学习完成 '.format(iteration))

    # 演示训练结果
    self_play(env, agent, verbose=True)
```

11.5 本章小结

本章讨论了双人确定性棋盘游戏环境下的有模型强化学习求解。求解算法 AlphaZero 是本书涉及的唯一有模型深度强化学习算法，它和第 7 ~ 9 章介绍的无模型深度强化学习算法有明显的不同。我们在多个不同的棋盘游戏上使用了这个代码。通过这个例子，我们对强化学习算法有了更全面的了解。

本章要点

- 为 Gym 扩展自定义环境，需要派生 gym.Env 类，并重写构造函数、seed()、reset()、step()、render() 等方法，再用 gym.envs.registration.register() 函数注册环境。
- AlphaZero 算法基于回合更新树搜索、深度残差网络和自我对弈。神经网络的参数通过基于树搜索的自我对弈间接确定策略。
- 深度残差网络的输入是棋局状态，输出是先验动作概率和状态价值估计。这两个输出共享卷积层和残差层构造的特征。神经网络用回合更新学习，损失分别是互熵损失和均方误差损失。
- 在自我对弈的过程中，每次做决定都要进行多次树搜索。树搜索的过程需要先计算“预测 – 信任动作上界”的变形，然后选择上界最大的动作。
- AlphaZero 算法是有模型算法，在树搜索过程中需要完全了解环境模型，包括每个局势状态是不是胜负可分的，如果胜负可分则胜者是谁，如果胜负不可分则有哪些可行的动作及对应的下一状态是什么。

CHAPTER 12

第 12 章

综合案例：自动驾驶

自动驾驶任务存在于连续的时间环境中，并且没有公认的奖励的定义，也没有公认的回合划分。本章将自动驾驶问题转化为回合制的强化学习任务，设计以车辆观察图像和运行状态为输入的自动驾驶算法，并在 AirSim 仿真环境中训练和测试。

12.1 AirSim 开发环境使用

本章的自动驾驶算法基于 AirSim 仿真环境。AirSim 是 Microsoft 发布的开源仿真软件（网址：https://github.com/Microsoft/AirSim）。本节介绍在 Windows、Linux 等操作系统上 AirSim 自动驾驶环境的安装和运行，并使用 Python 程序来读取信息和控制车辆。

12.1.1 安装和运行 AirSim

AirSim 本身是一个免安装的绿色软件。请访问网页 https://github.com/Microsoft/AirSim/releases，选择对应操作系统（如 Windows，Linux）的最新版本的压缩包并解压。本章教程选用的压缩包是 AirSimNH.zip，其大小约 1.2GB。AirSimNH 对应着一个小城镇的仿真环境（如图 12-1 所示）。您也可以尝试其他环境，例如大城市、张家界山地、茂密的红树林、风车场等。

图 12-1 AirSimNH 运行界面

解压后，Windows 系统下双击运行 bat 文件（即 AirSimNH.bat），Linux 系统下运行其中的 sh 文件（即 AirSimNH.sh），即可出现图形界面窗口。不过，由于 AirSim 依赖于 Unreal 引擎，首次运行可能会提示安装 Unreal 引擎及其依赖的软件。在这种情况下，请根据图形界面提示安装，并在安装完毕后重新启动计算机，再重新运行 bat 文件或 sh 文件。另外，若启动时提示选择要驾驶的设备（汽车或四旋翼无人机），选择汽车即可。

现在我们已经启动了 AirSim 界面。默认情况下，AirSim 处于键盘控制模式。在键盘模式下，可以按照表 12-1 用方向键控制汽车的移动，按照表 12-2 控制窗口的观察场景，还可以按照表 12-3 显示或隐藏和前景有关的子视图（见图 12-2）。按退格键（Backspace）可以将汽车重置到原点。按功能键 F1 可以显示帮助。

表 12-1　键盘模式下方向键控制汽车移动

键	控制效果
向上	加油门前进
向下	倒挡加速后退
向左	逆时针打方向盘
向右	顺时针打方向盘

表 12-2　切换主视图的键值

键	窗口主视图
F	第一人称视图（坐在驾驶位置上的驾驶员看到的图像）
B	飞行跟随视图（在高空中有个自动跟随的摄像头看到的图像）
\	陆地观察者视图
/	刚载入时的默认视图
M	键盘控制视图（可用方向键、上一页、下一页、WSAD 进一步控制）

表 12-3　显示和隐藏子视图的键值

键	窗口主视图
0	开关所有子视图
1	深度视图（对前景的深度信息用灰度图像表示）
2	划分视图（对前景的观测进行简单的物体划分）
3	场景子窗口（前景的彩色图像）

图 12-2　窗口下面的 3 个子视图，从左到右分别是深度视图、划分视图、场景视图

注意： AirSim 需要借助 GPU 才能流畅运行。可以在键盘模式用方向键控制汽车移动来测试计算机是否能流畅运行 AirSim。

AirSim 不仅支持用键盘控制汽车移动和在窗口读取信息，还支持通过 Python 等语言完成控制和读取。下一节我们来看如何用 Python 进行操作。

12.1.2 用 Python 访问 AirSim

本节介绍如何通过 Python 扩展库访问和控制 AirSim。

首先要安装需要的 Python 扩展库 msgpack-rpc-python 和 airsim。其中，msgpack-rpc-python 是远程过程调用（Remote Procedure Control，RPC）的库，airsim 库使用这个库和上一节中的仿真窗口通信。安装这两个库的命令是：

```
pip install msgpack-rpc-python
pip install airsim
```

安装好后，用以下语句导入扩展库

```
import msgpackrpc
import airsim
```

接下来，要让 Python 程序连接仿真窗口。连接的代码是：

```
car_client = airsim.CarClient()
car_client.confirmConnection()
```

连接成功后，就可以读取仿真环境的信息。

读取汽车状态可以用下列代码：

```
car_state = car_client.getCarState()
```

返回的结果是一个 airsim.CarState 对象。可以进一步用 car_state.speed 读取汽车速度，用 car_state.kinematics_estimated 读取其动力学估计值（比如定位信息）。

除此之外，AirSim 还提供了一些 API 读取仿真环境中的信息。这样的方法一般命名为 airsim.Client.simXXX()，例如 simGetImages() 可以读取图像，simGetCollisionInfo() 可以读取碰撞信息。代码清单 12-1 读取视图，修改 airsim.ImageType 可以改变要读取的视图内容（如读取深度信息为 airsim.ImageType.DepthVis）。代码清单 12-2 可以判断是否发生了碰撞。

代码清单 12-1 读取视图

```
image_request = airsim.ImageRequest(0, airsim.ImageType.Scene, False, False)
image_response = self.car_client.simGetImages([image_request,])[0]
image1d = np.frombuffer(image_response.image_data_uint8, dtype=np.uint8)
image_rgba = image1d.reshape(image_response.height, image_response.width, -1)
image = image_rgba.astype(float)
```

代码清单 12-2 判断是否发生碰撞

```
collision_info = car_client.simGetCollisionInfo()
collision_info.has_collided
```

接下来介绍如何控制汽车的运行。首先，要将 AirSim 从键盘控制模式切换到 API 控制模式，使得汽车的控制由 Python API 来接管：

```
car_client.enableApiControl(True)
```

在 API 模式下，可以通过 airsim.CarClient 类的 setCarControls() 方法控制汽车的运行。这个方法的参数是一个 airsim.CarControls 对象。airsim.CarConrols 的构造方法有以下参数。

- throttle：float 类型，表示油门。
- steering：float 类型，表示方向盘转动。负数是逆时针转方向盘，正数是顺时针转方向盘。
- brake：float 类型，表示刹车。
- handbrake：bool 类型，表示是否拉手刹。

代码清单 12-3 给出了控制车辆运行的代码片段。

代码清单 12-3 API 模式下控制车辆运行

```
car_controls = airsim.CarControls(throttle, steering, brake, handbrake)
car_client.setCarControls(car_controls)
```

最后来看一下如何将汽车放在环境中任意的位置。代码清单 12-4 给出了将汽车放在某个地方的代码。先构造代表位置坐标的 airsim.Vector3r 对象，再用 airsim.to_quaternion() 函数确定汽车的朝向。汽车在水平方向的朝向 yaw 是用弧度值表示的。最后构造 airsim.Pose 对象，将其作为参数传给 airsim.Client 类的 simSetVehiclePose() 方法。

代码清单 12-4 将汽车放在地图上某个位置

```
position = airsim.Vector3r(point[0], point[1], -0.6)
orientation = airsim.to_quaternion(pitch=0., roll=0., yaw=yaw)
pose = airsim.Pose(position, orientation)
car_client.simSetVehiclePose(pose, True)
```

注意：将汽车放在地图上的某个位置时，并没有办法控制汽车当前的速度。所以，放置汽车后，汽车可能会以原来的速度继续运行，甚至撞上其他物体。如果要让汽车静止地放置在某个位置，一般要先放置汽车，让汽车在刹车的情况下运行几秒钟，然后再放置一次。

12.2 基于强化学习的自动驾驶

本节介绍 M. Spryn 等发表在教程《Distributed Deep Reinforcement Learning for Autonomous Driving》上的自动驾驶算法（原教程网址：https://github.com/Microsoft/Autonomous-DrivingCookbook/tree/master/DistributedRL。选入本书时有改动）。

12.2.1 为自动驾驶设计强化学习环境

自动驾驶问题没有定义奖励，并不是一个天然的强化学习问题。为了将自动驾驶问题转化为强化学习问题，需要设计奖励函数。

我们希望自动驾驶算法能够安全而快速驾驶汽车。“道路千万条，安全第一条”，我们不希望撞到其他汽车或冲出路面。行驶也要讲究效率，最好不要行驶过慢甚至一直静止不动。

在本节中，我们使用以下奖励函数：

- 如果汽车撞到其他东西，则奖励为 0；
- 如果汽车速度小于 2，则奖励为 0；
- 在其他情况下，计算汽车和路面中心的最小距离 distance，奖励值为 exp(-1.2 * distance)。

这样的奖励函数鼓励汽车以大于 2 的速度在道路中心行驶。这个奖励函数离真实的需求有很大的差距。例如，在路中间行驶不一定是好事，它也没有鼓励以更高的速度前进，等等。不过，训练和测试结果表明，这个奖励函数已经可以引导汽车在环境中巡航行驶了。

有了奖励函数后，自动驾驶问题就变成了强化学习问题。

为了训练方便，我们进一步将自动驾驶问题建模为回合制的问题。回合的定义参考了奖励函数的定义。当出现下面任意一个状况时，回合结束：

- 汽车撞到其他东西；
- 汽车速度小于 2；
- 汽车和路面中心的最小距离大于 3.5 时；
- 在设置回合最长时间的情况下，运行时间超过设置时间。

在训练过程中有必要限制回合的最长时间。试想，训练过程中，可能会出现汽车一直在某个小范围内转圈圈（比如就围绕着一个小街区顺时针转）。如果不限制回合的最长时间，那么这个转圈圈就不会停止，就没有办法进入后续回合。

基于同样的道理，在训练过程中，回合开始也最好选择不同的起点以避免陷入局部行为。同时，在回合开始应该先对汽车进行加速，使得其速度超过 2，以免出现因为启动速度过小而使回合立即结束的情况。

至此，我们已经初步设计了回合制的强化学习任务。接下来，我们将这个任务实现为环境类 AirSimEnv。

代码清单 12-5 给出了环境类 AirSimCarEnv 的设计框架。它的成员方法 reset() 可以开始新的回合，成员方法 get_image() 和 get_car_state() 可以获得观测。reset() 方法和获得观测的方法联合起来，相当于 Gym 库中的 env.reset() 函数。成员方法 control() 可以控制车辆的运动，成员方法 get_reward() 可以返回最近的奖励并判断回合是否结束。成员 control() 运行后，可以等一段时间，然后再调用 get_reward() 函数。这个过程联合起来相当于 Gym 库中的 env.step() 函数。

代码清单 12-5 环境类 AriSimCarEnv 的框架

```
class AirSimCarEnv:
    def __init__(self): self.connect()
    def connect(self): ...
    def reset(self, explore_start=False, brake_confirm=True,
            start_accelerate=True, max_epoch_time=None,
            verbose=True): ... # 开始新回合
    def get_image(self): ... # 获得图像
    def get_car_state(self): ... # 获得车辆状态
    def control(self, throttle=0, steering=0, brake=0, handbrake=False): ...
    def get_reward(self): ... # 计算奖励，判断回合是否结束
```

接下来具体看看 reset() 函数和 get_reward() 函数的实现。

reset() 函数的代码由代码清单 12-6 给出。启动新回合的第一步是要在地图上随机选择一个起始点，这个逻辑由函数 get_start_pose() 实现，具体在后文再介绍。设置起始位置时并没有设置速度，所以汽车可能会沿着设置前的速度继续行驶，甚至会翻车、碰撞。为此，brake_confirm 选项（默认为 True）使得设置位置前先预设置一次，然后再刹车一段时间，最后再正式设置，这样可以让汽车在设置的位置速度为 0。然后 start_accelerate 选项（默认为 True）使得汽车从速度为 0 开始加速，使得一开始汽车有一些速度，不至于一开始就判断成回合结束。最后，还要记录回合的起始时间，以便后续判断回合是否超时。

代码清单 12-6 启动新的回合

```
def reset(self, explore_start=False, brake_confirm=True,
        start_accelerate=True, max_epoch_time=None, verbose=True):
    if verbose:
        print('开始新回合')

    # 起始探索
    start_pose = self.get_start_pose(random=explore_start)

    if brake_confirm:
        # 预设值起始位置，刹车，并等待车稳定下来
        # 因为 set_simSetVehiclePose() 不能设置速度，只能选择刹车再等待
        self.car_client.simSetVehiclePose(start_pose, True)
        env.control(brake=1, handbrake=True)
        time.sleep(4)

    # 设置初始位置
    if verbose:
        print('设置初始位置')
    self.car_client.simSetVehiclePose(start_pose, True)

    if start_accelerate:
```

```
        # 让车加速一段时间，否则如果车的速度太小，后面会认为回合结束
        if verbose:
            print('直行一段时间')
        env.control(throttle=1)
        time.sleep(4)

    # 回合开始时间和预期结束时间
    self.start_time = dt.datetime.now()
    self.end_time = None
    if max_epoch_time:
        self.expected_end_time = self.start_time + \
                dt.timedelta(seconds=max_epoch_time)
    else:
        self.expected_end_time = None
```

确定起始位置的函数 get_start_pose() 的实现见代码清单 12-7。当参数 random=True 时，随机选择起始位置。不过，起始位置不能随便选，要选在路上。并且，因为回合开始的时候需要加速运行一段时间，所以起始的位置需要在一段路的中间，并且车的起始朝向需要顺着路的方向。

代码清单 12-7　确定回合起始位置

```
def get_start_pose(self, random=True, verbose=True):
    if not random: # 固定选择默认的起始位置
        position = np.array([0., 0.])
        yaw = 0.
    else: # 随机选择一个位置
        if not hasattr(self, 'roads_without_corners'):
            self.roads_without_corners = self.get_roads(
                    include_corners=False)

        # 计算位置
        road_index = np.random.choice(len(self.roads_without_corners))
        p, q = self.roads_without_corners[road_index]
        t = np.random.uniform(0.3, 0.7)
        position = t * p + (1. - t) * q

        # 计算朝向
        if np.isclose(p[0], q[0]): # 与 Y 轴平行
            yaws = [0.5 * math.pi, -0.5 * math.pi]
        elif np.isclose(p[1], q[1]): # 与 X 轴平行
            yaws = [0., math.pi]
        yaw = np.random.choice(yaws)

    if verbose:
        print('起始位置 = {}, 方向 = {}'.format(position, yaw))

    position = airsim.Vector3r(position[0], position[1], -0.6)
    orientation = airsim.to_quaternion(pitch=0., roll=0., yaw=yaw)
    pose = airsim.Pose(position, orientation)
    return pose
```

代码清单 12-8 给出了这个类的 get_reward() 函数。首先它判断是否撞车了，如果撞车了则返回奖励 0 并指示回合结束。然后它判断车是否停止了，如果停止了则返回奖励 0 并指示回合结束。接着计算当前车到路的最小距离，也就是当前车到任意一段路的距离的最小值。这里用到了点到线段距离的计算方法：如图 12-3 所示，为了求点 C 到线段 PQ 上任意一点的最小距离，过点 C 做直线 PQ 的垂线并与直线 PQ 交于点 S。考虑到

$$\cos\angle CPQ = \frac{\overrightarrow{PC}\cdot\overrightarrow{PQ}}{\left\|\overrightarrow{PC}\right\|\left\|\overrightarrow{PQ}\right\|}$$

所以

$$\overrightarrow{PS} = \left\|\overrightarrow{PC}\right\|\cos\angle CPQ\frac{\overrightarrow{PQ}}{\left\|\overrightarrow{PQ}\right\|} = \frac{\overrightarrow{PC}\cdot\overrightarrow{PQ}}{\overrightarrow{PQ}\cdot\overrightarrow{PQ}}\overrightarrow{PQ}$$

设点 T 是线段 PQ 上离点 C 最近的点。如果点 S 在线段 PQ 上，则 $S=T$；否则点 T 为 P 或 Q。分类讨论可得

$$\overrightarrow{PT} = \operatorname{clip}\left(\frac{\overrightarrow{PC}\cdot\overrightarrow{PQ}}{\overrightarrow{PQ}\cdot\overrightarrow{PQ}},0,1\right)\overrightarrow{PQ}$$

其中 clip() 是截断函数。获得点 T 的坐标后，$\left\|\overrightarrow{CT}\right\|$ 就是待求的点到线段的最小距离。

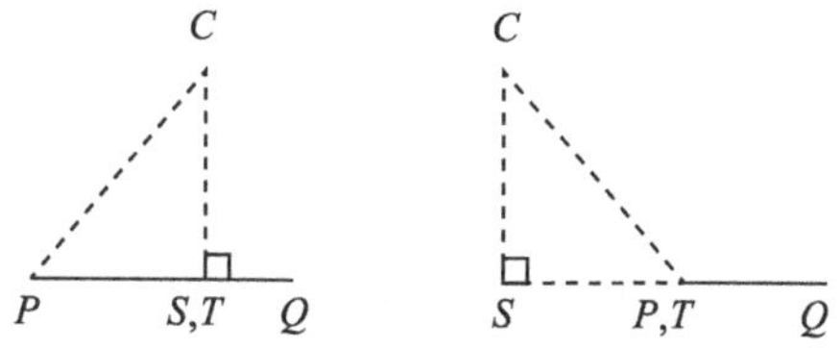

a）S 在线段 PQ 上　　b）S 不在线段 PQ 上

图 12-3　计算点 C 到线段 PQ 的距离

代码清单 12-8　计算回合奖励并判断回合是否结束

```
def get_reward(self):
    collision_info = self.car_client.simGetCollisionInfo() # 碰撞信息
    if collision_info.has_collided: # 如果撞车了，没有奖励，回合结束
        self.end_time = dt.datetime.now()
        return 0.0, True, {'message' : 'collided'}

    car_state = self.car_client.getCarState() # 获取车辆速度信息
    if car_state.speed < 2: # 如果停车了，没有奖励，回合结束
        self.end_time = dt.datetime.now()
        return 0.0, True, {'speed' : car_state.speed}

    # 获取车辆位置信息
```

```
car_point = car_state.kinematics_estimated.position. to_numpy_array()

if not hasattr(self, 'roads'):
    self.roads = self.get_roads()

# 计算位置到各条路的最小距离
distance = float('+inf')
for p, q in self.roads:
    # 点到线段的最小距离
    frac = np.dot(car_point[:2] - p, q - p) / np.dot(q - p, q - p)
    clipped_frac = np.clip(frac, 0., 1.)
    closest = p + clipped_frac * (q - p)
    dist = np.linalg.norm(car_point[:2] - closest)
    distance = min(dist, distance) # 更新最小距离

reward = math.exp(-1.2 * distance) # 基于距离的奖励函数
far_off = distance > 3.5 # 若偏离路中心太远，则回合结束
info = {'distance' : distance}

# 判断是否超时
now = dt.datetime.now()
if self.expected_end_time is not None and now > self.expected_end_time:
    self.end_time = now
    info['start_time'] = self.start_time
    info['end'] = self.end_time
    return reward, True, info # 回合超时结束

return reward, far_off, info
```

无论是在回合开始时在路上选取回合起始点，还是在回合进行过程中计算车到路的距离，都需要获得地图上路的坐标信息。代码清单 12-9 中的 get_roads() 函数根据街道地图（见图 12-4）返回各街道起始点坐标。get_roads() 函数有个参数 include_corners。当参数 include_corners 为 True 时，返回的坐标包括在道路拐弯和交叉处的小斜线的坐标。这些小斜线会参与距离的计算。当参数 include_corners 为 False 的时候，返回的坐标不包括那些小斜线的坐标，只包括较长的道路线段，这可用于回合起始位置确定时的道路选择。

代码清单 12-9 获得街道起始坐标

```
def get_roads(self, include_corners=True):
    lines = [
            [[-128, -121], [-128, 119]],
            [[-120, -129], [120, -129]],
            [[-120, 127], [120, 127]],
            [[128, -121], [128, 119]],
            [[0, -121], [0, 119]],
            [[-120, 0], [120, 0]],
            [[80, -124], [80, -5]],
            ]
    if include_corners: # 路的拐弯
```

```
    for x0, x1 in [[-128, -120], [0, -8], [0, 8], [120, 128]]:
        corners = [
                [[x0, -121], [x1, -129]],
                [[x0, -8], [x1, 0]],
                [[x0, 8], [x1, 0]],
                [[x0, 119], [x1, 127]],
                ]
        lines += corners
    for x0, x1 in [[80, 75], [80, 85]]:
        corners = [
                [[x0, -124], [x1, -129]],
                [[x0, -5], [x1, 0]],
                ]
        lines += corners
    roads = [(np.array(p), np.array(q)) for p, q in lines]
    return roads
```

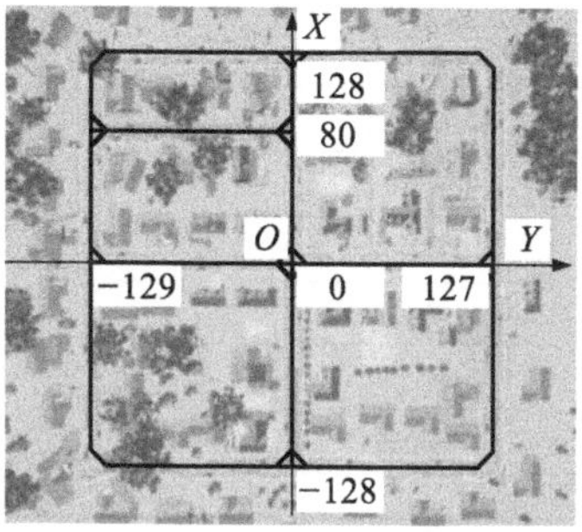

图 12-4　AirSimNH 的街道地图

至此，我们已经实现了 AirSimCarEnv 类，完成了“智能体 / 环境接口”中的环境部分。

12.2.2　智能体设计和实现

本节使用带目标网络的基于深度 Q 网络算法设计并实现智能体。

深度 Q 网络的设计见图 12-5。网络输入是一张形状为 (59, 255, 3) 的彩色图像，它由前景图像裁剪而来。网络的设计是典型的卷积神经网络的设计，先有 3 层带有最大池化的卷积层，再有 2 层全连接层。网络的输出是 5 个动作价值函数估计，分别代表转向 steering 为 −1，−0.5，0，+0.5，+1 时的动作价值函数估计。也就是说，这个深度 Q 网络只能对这 5 种转向进行区别，在进行车辆控制时也只能在这 5 个转向中选择一个方向。代码清单 12-10 实现了这个深度 Q 网络。

注意： 这里的深度 Q 网络的输入是单幅图像，不包括运动信息。如果采用连续的多幅图像输入，能够得到更好的运动信息，进一步增强智能体的能力。

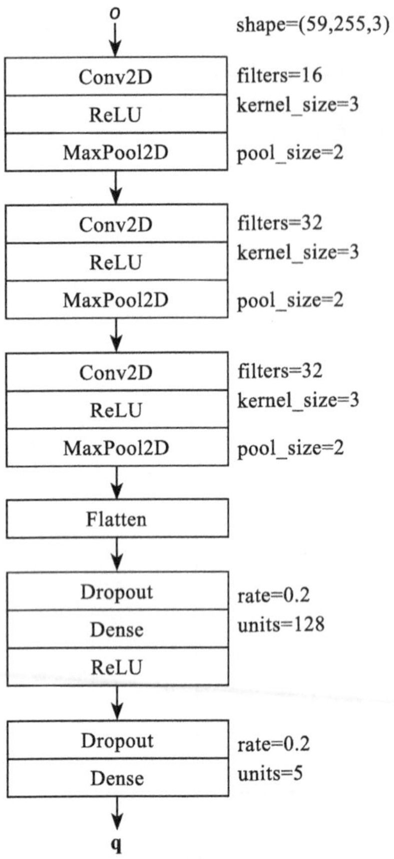

图 12-5　深度 Q 网络的设计

代码清单 12-10　构造 Q 网络的代码

```
def build_network(self, activation='relu', weight_path=None,
        train_conv=True, verbose=True):
    inputs = keras.Input(shape=(59, 255, 3))

    # 卷积层
    x = inputs
    for filte in [16, 32, 32]:
        z = keras.layers.Conv2D(filte, 3, padding='same',
                activation=activation, trainable=train_conv)(x)
        x = keras.layers.MaxPooling2D(pool_size=2)(z)

    y = keras.layers.Flatten()(x)

    # 全连接层
    x = keras.layers.Dropout(0.2)(y)
    z = keras.layers.Dense(128, activation=tf.nn.relu,
```

```
            kernel_initializer=RandomNormal(stddev=0.01))(x)
    y = keras.layers.Dropout(0.2)(z)
    outputs = keras.layers.Dense(self.action_n,
            kernel_initializer=RandomNormal(stddev=0.01))(y)

    net = keras.Model(inputs=inputs, outputs=outputs)
    net.compile(optimizer='adam', loss='mse')

    if weight_path:
        net.load_weights(weight_path)
        if verbose:
            print('载入网络权重 {}'.format(weight_path))

    return net
```

智能体在根据输入图像做决策时，先根据深度Q网络输出5个动作价值估计，然后选择价值估计最大的动作编号（取值范围为 $\{0,1,2,3,4\}$ ）。这个逻辑由代码清单12-11中的decide()函数实现。这个动作编号可以一一对应到方向值 $\{-1,-0.5,0,0.5,1\}$ 。另外，还根据车辆的速度决定油门和刹车。速度小了则加油门，速度大了则踩刹车，这样使得车辆的速度基本保持稳定。这部分的逻辑由代码清单12-11中的action2control()函数实现。

代码清单 12-11　智能体根据观测图像和车辆速度决定车辆控制信息

```
def decide(self, observation, random=False):
    if random or np.random.rand() < self.epsilon:
        return np.random.randint(self.action_n)
    observations = observation[np.newaxis]
    qs = self.evaluate_net.predict(observations)
    return np.argmax(qs)

def action2control(self, action, car_state):
    steering = 0.5 * action - 1. # 方向，可取 -1, -0.5, 0, 0.5, 1
    if car_state.speed > 9:
        return 0, steering, 1
    else:
        return 1, steering, 0
```

将上述网络结构和控制信号设计整合进常规的深度Q网络智能体（见代码清单6-6和代码清单6-7中的DQNAgent类），就完成了本节需要的智能体代码。

12.2.3 智能体的训练和测试

在上面两个小节我们已经得到了环境和智能体。在训练和测试时，我们可以用代码清单12-12的play_once()函数让智能体和环境交互一个回合。这个函数有个参数random，表示智能体是否在回合里随机选择动作。在第9章中提到，在刚开始收集经验时，网络并没有训练好，通过神经网络运算得到的动作与随机动作相比并没有太大优势。这时候用随机动作填充经验，能加快经验收集的速度。

代码清单 12-12　智能体与环境的交互一个回合

```
def play_once(env, agent, explore_start=False, random=False, train=False,
    max_epoch_time=None, wait_delta_sec=0.01, verbose=True):

    # 启动新回合，在地图上选择一个地方，并让汽车前进一段
    env.reset(explore_start=explore_start, max_epoch_time=max_epoch_time)

    # 正式开始学习
    for step in itertools.count():

        image = env.get_image()
        car_state = env.get_car_state()
        action = agent.decide(image, random=random)

        # 根据动作影响环境
        throttle, steering, brake = agent.action2control(action, car_state)
        if verbose:
            print('动作 = {}, 速度 = {}, 油门 = {}, 方向 = {}, 刹车 = {}' \
                    .format(action, car_state.speed, throttle, steering, brake))
        env.control(throttle, steering, brake)

        # 等待一段时间
        time.sleep(wait_delta_sec)

        # 获得更新后的观测、奖励和回合结束指示
        next_image = env.get_image()
        reward, done, info = env.get_reward()

        # 如果回合刚开始就结束了，就不是靠谱的回合
        if step == 0 and done:
            if verbose:
                print('不成功的回合，放弃保存')
            break

        if train: # 根据经验学习
            agent.learn(image, action, reward, next_image, done)

        # 回合结束
        if done:
            if verbose:
                print('回合 从 {} 到 {} 结束. {}'.format(
                        env.start_time, env.end_time, info))
            break
```

代码清单 12-13 给出了训练智能体的代码。从头开始训练智能体需要非常长的时间（例如一周）。代码清单 12-13 用了无限循环来不间断地训练。在训练过程中，我们可以通过 AirSim 图形界面观察训练的情况。当训练到满意的结果时，我们可以手动中断程序运行，再存储训练得到的权重。

代码清单 12-13 训练智能体

```
while True: # 无限循环，永不停止。需要手动中断
    try:
        # 判断是否用随机动作填充经验库
        random = agent.replayer.count < random_initial_steps

        play_once(env, agent, explore_start=True, random=random,
                train=True, max_epoch_time=max_epoch_time)

    # 极少数情况下 AirSim 会停止工作，需要重新启动并连接
    except msgpackrpc.error.TimeoutError:
        print('与 AirSim 连接中断。开始重新链接')
        env.connect()
```

注意：由于训练时间太长，随书的代码默认跳过训练，直接从文件载入训练好的权重进行测试。

训练结束后，我们可以测试算法。代码清单 12-14 给出了测试的代码。首先取消智能体的探索环节，然后调用 play_once() 函数运行一个回合。我们可以在图形界面中查看自动驾驶的效果。

代码清单 12-14 运行训练好的自动驾驶算法

```
agent.epsilon = 0. # 取消探索
play_once(env, agent, max_epoch_time=max_epoch_time)
```

12.3 本章小结

本章用强化学习算法来解决自动驾驶问题。我们为自动驾驶问题设计了奖励函数和回合的划分，将其转化为了回合制的强化学习问题。然后我们对已有的带经验回放的深度 Q 网络算法略作修改，训练得到了能控制车自动巡航的智能体。

本章要点

- 为没有定义奖励的任务设计奖励函数，可以将任务转化为强化学习问题。奖励函数的设计直接决定了智能体是否能够满足功能要求。
- 对于连续性的任务，设计带有起始探索的回合开始，并定义回合的时间（或步数）的上界，可以避免在训练过程中陷于某个局部。
- AirSim 提供了自动驾驶的仿真环境，可以通过 Python 扩展库读取信息和控制车辆。